2022年の
次世代自動車産業
異業種戦争の攻防と日本の活路

Michiaki Tanaka
田中　道昭

PHP
Business Shinsho

PHPビジネス新書

序　章

次世代自動車産業をめぐる戦国時代の幕開け

◆三つの「戦いの構図」

「次世代自動車産業」と聞いて、どのようなことをイメージされるでしょうか。

既存の自動車産業に何か新たな価値が加わってくる。現在の「自動車」とは全く異なる「クルマ」が誕生する。産業自体の定義も変わり、それが全ての産業の定義まで変えていく。いろいろなことが想起される重要なキーワードではないかと思います。

自動運転車、ＥＶ（電気自動車）、ライドシェア、車載用音声ＡＩアシスタント、走行ビッグデータ、ＩｏＴ（モノのインターネット）としてのクルマなど――。

新聞、雑誌、オンラインメディアなどにおいて、これらの言葉を目にする機会も急速に増えてきました。

「次世代自動車産業をめぐる異業種戦争の攻防と日本の活路」をテーマとする本書の序章。その冒頭においては、これから詳しく見ていく異業種戦争における「戦いの構図」を簡単に三つに絞ってお話ししたいと思います（そのあとで、それぞれの戦いを繰り広げる主要企業や国＝「登場人物」も紹介していきますので、ここでは「戦いの構図」だけおさえていただければ結構です）。

一つ目は、**「テクノロジー企業vs.既存自動車会社」の戦い**です。

次世代自動車産業は、米テスラが「クリーンエネルギーのエコシステム構築」を目指してEV化を促進し、グーグルが「人々が自分のあるべき姿、本当にやりたいことのためにより有意義に時間を過ごせるようなスマートな社会を実現したい」という使命感で自動運転化の準備を進めてきたことで大きな進展を見せています。

そのなかでウーバーやリフトのようなライドシェア会社が「所有からシェア、そして都市デザインを変革」することを使命としてクルマのあり方を変え、そしてアマゾンがアレクサを武器に「ただ話しかけるだけの優れたユーザー・インターフェース」である音声認識AIアシスタントをクルマに搭載する流れを不動のものにしました。

図表１　次世代自動車産業をめぐる戦いの構図

（１）「テクノロジー企業 vs. 既存自動車会社」の戦い

（２）「日本、米国、独、中国」の国の威信をかけた戦い

（３）全ての産業の秩序と領域を定義し直す戦い

また、自動運転化が中核の一つとなる次世代自動車は、「ＡＩが運転手」ということが指摘できますが、それを実現するのに「半導体消費」が著しいこと（ＡＩ用半導体が生命線となっていること）も特徴です。したがって、インテルやエヌビディア（ＮＶＩＤＩＡ）などの半導体メーカーもテクノロジー企業側の主要プレイヤーとなっています。

そうした一方で、もちろんトヨタ、ホンダ、日産やＧＭ、フォードといった既存の自動車会社も、テクノロジー企業に負けるわけにはいきません。特に安全性の徹底という最重要部分を担うのは、やはり日本勢を中心とする自動車メーカーでしょう。それでも既得権にはもはやしがみついていられないと社内外で危機感を高め、テクノロジー企業として、そしてモビリティーサービス企業として生まれ変わろうとしているのが既存の自動車会社なのです。

日本ではグーグルやテスラと比較すると一般の話題に上ること

は少ないのですが、「GMやフォードの逆襲」も見逃せません。第4章で詳しく見ていきますが、フォードの現CEOのジム・ハケット氏は、数年前まで自動車産業の経験がまったくなかった経営者です。彼は老舗の家具メーカーの経営者として、デザイン思考で有名なIDEOに出資し、シリコンバレーのテクノロジー企業のオフィス改革で実績を上げてきました。そんな人物が、まさに「デザイン思考での経営改革」を進め、次世代自動車産業の王者を目指しているのです。

二つ目は、**「日本、米国、独、中国」の国の威信をかけた戦い**です。それは自動車産業が、国際経済のみならず国際政治とも密接な関係にあるからです。裾野がさらに拡大される次世代自動車産業ともなれば、サイバーセキュリティーの重要性も考えると、もはや国家間の安全保障そのものと言ってもいいでしょう。

そのようななかで、EV化への急速な動きは、トヨタに代表される日本勢のハイブリッド車による脅威から、中国やドイツがゲームのルールをその先のEVにまで一気に進めてしまおうとする国策が背景にあると言われています。

従来型自動車では日本やドイツに圧倒されてきた米国も、テクノロジーが勝負のポイン

図表２　次世代自動車産業、主な「登場人物」

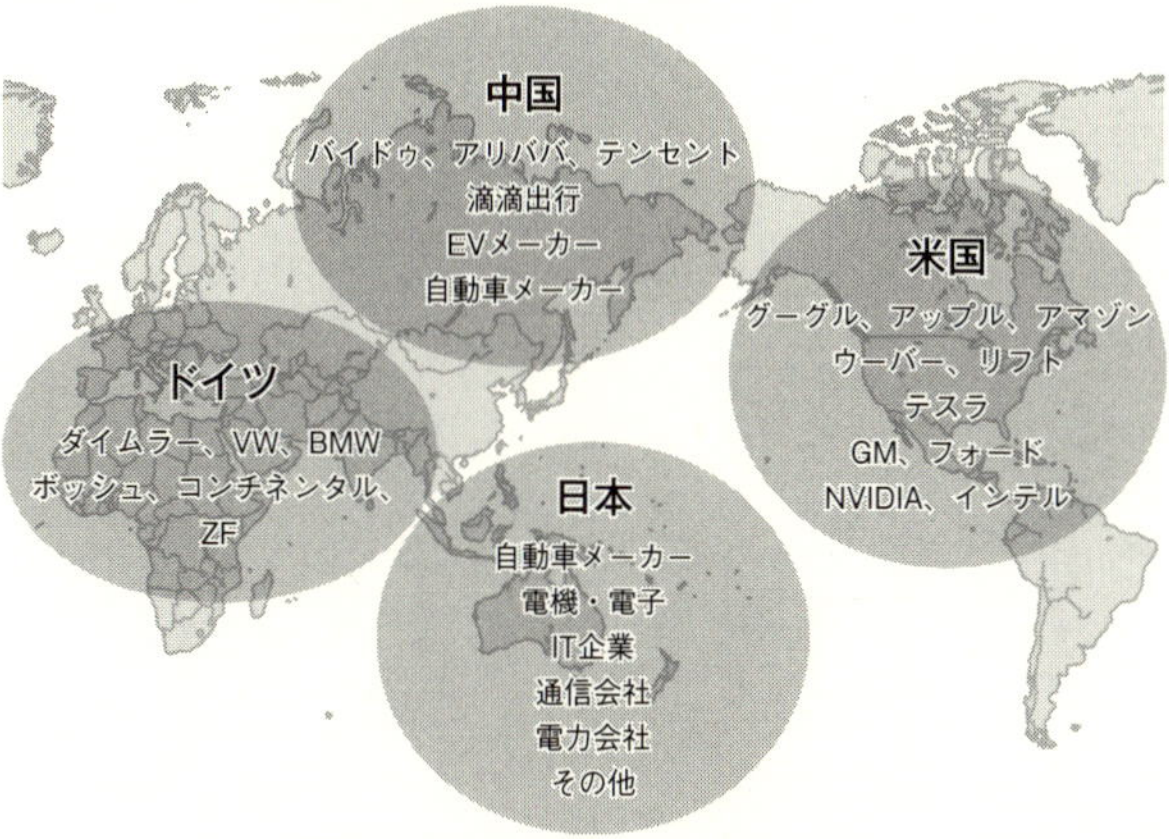

トになってきている次世代自動車産業においては覇権を握ろうと狙っています。

そして特筆すべきは中国です。中国政府は、２０１７年４月、「自動車産業の中長期発展計画」を発表しました。同国を消費国としての「自動車大国」から製造国としての「自動車強国」に躍進させることがその中核となっています。刮目《かつもく》して見るべき点は、単に開発力や製造力を向上させるだけではなく、２０２０年までに世界に通用する「中国ブランド」を構築し、「自動車先進国」に輸出をすることを明快な目標としていることです。そのためにも自動車のＥＶ化やスマート化を推し進め、様々な関連分野において先端レベルの技術力を具備することを細部にわたって計画しているのです。

自動車産業が国の基幹産業になっている日本としても、次世代自動車産業の覇権をめぐる戦いは、「絶対に負けられない戦い」です。だからこそ、本書刊行の最大の目的は、「日本の活路」を探ることにあるのです。

三つ目は、**全ての産業の秩序と領域を定義し直す戦い**ということです。次世代自動車産業は、まずは「クルマ×IT×電機・電子」が融合しつつある巨大な産業です。さらにそこにはクリーンエネルギーのエコシステムとして電力・エネルギーが加わってきます。半導体消費が大きいことに加えて通信消費が大きいのも、次世代自動車の特徴です。クルマが「IoT機器」の重要な一部になる近未来においては、通信量は膨大なものになります。これらが全て交差してくると「東京電力のような電力会社やNTTドコモのような通信会社がクルマを売る」「トヨタのような自動車会社が電力や通信を提供する」「近未来のメルカリのようなシェアリング会社がクルマの最大の買い手となる」といったことも現実になってくるでしょう。そして、ソニーやパナソニックといった企業も次世代自動車産業の主要プレイヤーとして期待されています。

この三つ目の戦いの構図は、本書においても最も重要視しているものの一つです。詳しくは次章から述べていきたいと思いますが、ここで一点だけ指摘しておくと、グーグルなどが志向している完全自動運転が実現すると、「自動車はもはや自動車ではない」ということです。人が運転しなければならない現在の自動車における最大のポイントは「いかに運転するか」にあると思います。それに対して人が運転する必要がなくなり、ハンドルやペダルまでなくなる完全自動運転車における最大のポイントは「いかにクルマのなかで過ごすか」に転化されてきます。このテーマに明快な答えを出し、顧客の支持を受けるのは、既存の自動車会社でもテクノロジー企業でもないかもしれないのです。

このように、全産業の秩序を激変させ、全産業における領域をも再定義するのが次世代自動車産業。これまでの自動車産業に破壊的創造が起きるばかりでなく、その新たな王者が全産業を掌握する可能性すらあるのです。

それでは、こうした「戦いの構図」についてもう少し詳しく見ていきましょう。

◆テクノロジー企業の攻勢

自動車産業はいま、中国の『三国志』にもたとえられるような、群雄割拠の大混戦時代に突入しています。同時に、自動運転、ＥＶといった新しい技術は、自動車産業のみならず、あらゆる産業にインパクトをもたらし、ひいては私たちの暮らし方・働き方・生き方にも大きな影響を及ぼすことになるでしょう。

本書は、「クルマ×ＩＴ×電機・電子」というキーワードのもと、次世代自動車産業の行方を活写し、また欧米・中国勢に対して日本のプレイヤーが、自動車産業の「覇権」を獲得するためのストーリーを導き出そうとするものです。

ここでは、先に述べた「戦いの構図」をさらに推し進め、次世代自動車産業における主要プレイヤーたちの動向と戦略、そして『三国志』同様に多士済済な、彼らのキャラクターの一端をご紹介します。

第一に特筆すべきは、テクノロジー企業が仕掛けた緒戦です。ＥＶや自動運転といったテーマのもと、名だたるメガテック企業が自動車産業に集結しています。

グーグルは2009年から「自動運転」の実用化に向けて動き始め、2018年2月までに公道で行った試験走行距離が実に800万㎞に達しているといいます。異業種であるグーグルがカメラや高精度マップ、AIなどを搭載したクルマを走らせている様子を世界中が注視しています。

もっとも、グーグルは自動車そのものを作りたいわけではありません。グーグルという企業は、「世界中のデータを整理し、世界中の人々がアクセスし、使えるようにすること」をミッションに据えています。そしてグーグルの持株会社であるアルファベット社は「あなたの周りの世界を利用しやすく便利にすること」、また自動運転関連の子会社であるウェイモは「自動運転技術によって誰もが楽に安全に出かけられる世界」の実現をミッションとしています。

一方で、グーグル全体の売上の約9割が広告収入であり、またスマホOSのアンドロイドが象徴するようにオープンプラットフォームを志向しています。

以上を踏まえるなら、グーグルが自動運転車において実現しようとしているのは、ハードを提供することではなく、オープンプラットフォームとしてのOSを広範囲に展開することで顧客接点を増やし新たなサービスを提供すること、そして最終的には広告収入を増やすことであると予想できます。

グーグルに続いて絶対に忘れてはならないのは、ＥＶの雄となったテスラです。足元ではＥＶ車の量産化と資金繰りに苦闘していますが、その時価総額は５００億ドルを超え、一時はフォードやＧＭなども抜き、自動車メーカー全米首位に躍り出ました。

同社のイーロン・マスクＣＥＯは現在のＥＶの流れを作ってきた大立役者です。ペイパルの創業メンバーの一人でもあるイーロンは、自動車業界にＩＴ業界のものづくりを導入しました。そのキャラクターも強烈の一言で、「地球滅亡をスローダウンさせ、人類を救うためにクリーンエネルギーを定着させる」という壮大なミッションを掲げています。彼の尖《とが》ったキャラクターと人類救済にかける使命感は米国や中国の富裕層を魅了し、高級車セグメントのＥＶ車の販売を伸ばしています。

しかし上場以来、一期を除くとすべて赤字。足元では手軽な価格帯のＥＶ車「モデル３」が量産化のタイミングに差し掛かり、産みの苦しみを迎えています。果たして、イーロン・マスクのテスラとして生き残れるのか、グーグル、アップルなどメガテックの傘下に入るのか、最注目のプレイヤーです。

一方で、ウーバー、リフトといったシェアリング&サービスのプレイヤーも台頭しています。まだ日本上陸前とあって単なる「白タク」と見る向きも少なくないようですが、それでは彼らの本質を見誤ります。ライドシェア会社はテクノロジー企業であり、さらに言えば「ビッグデータ×ＡＩ」企業であるという点が本質です。

そもそもライドシェアとは、自家用車を「相乗り」、つまりシェアリングする仕組みのこと。一般の人が自分の空き時間を活用して移動したい人を運ぶ、アプリを使った決済、ＳＮＳによるドライバー評価のシステムなどがビジネス上の特性です。日本の国土交通省はタクシー業界からの反発を受けてライドシェア解禁を「慎重に検討する」としていますが、米国や中国では社会実装が進行。すでに米国では「タクシーよりもウーバー」が常識です。ウーバーの企業価値は7兆円を超えているとも言われています。

ライドシェアサービスは、アプリでドライバーの経歴や評価を確認できることから、障害者にとっても安心できる交通手段であるとして、障害者の自立に大きく貢献しているとの事例も報告されるなど、単なる輸送サービスにとどまらない情緒的価値、精神的価値まで提供しています。

そして、ビル・ゲイツを抜いて世界一の富豪となったジェフ・ベゾス率いるアマゾン。現時点では、他のメガテックに比べて、アマゾンと自動車産業の接点はそれほど明らかにはなっていませんが、アマゾンが自動運転に進出しないはずがないと私は考えています。アマゾンは単なるオンライン書店から、家電もファッションも生活用品も扱うエブリシングストアへ、さらにクラウドも物流も動画配信も「無人コンビニ」も、そして宇宙事業も行うエブリシングカンパニーへと進化してきた会社だからです。現に物流においては無人システムやロボットをフル活用しています。私は前著『アマゾンが描く2022年の世界』（PHPビジネス新書）においてこう書きました。

「『ベゾス帝国』で計画を進めている宇宙事業やドローン事業は、『無人システム』であるということが本質です。そして無人コンビニ店舗であるアマゾン・ゴーも『無人システム』です。音声認識AIであるアマゾン・アレクサがすでに自動車メーカーのスマート・カーにも搭載され始めていることなども考え合わせると、実はベゾスは完全自動運転の覇権を握ることまでも企んで、水面下で準備を進めているのかもしれないのです」

本書第3章ではこの論考を深めていきます。「地球上で最も顧客第一主義の会社」であることをミッションに掲げ、ユーザー・エクスペリエンス重視のアマゾンが、アマゾン・アレクサをインターフェースとし、ハードまで垂直統合により展開していくのは、自然かつ論理的な帰結であると思われます。

自動運転やＥＶ車のキーとなっている部品を担うメーカーの力が巨大化していることも見逃すわけにはいきません。なかでも象徴的なのは、エヌビディアやインテルといった半導体企業です。なぜなら半導体こそが自動運転の心臓部、あるいは頭脳にも相当するからです。エヌビディアの自動運転向けＡＩ用半導体は優れた計算能力を持ち、トヨタ、ダイムラー、テスラ、フォードといった多数のメーカーがこぞって採用しています。自動運転を実現させようとするプレイヤーたちが、半導体メーカーを取り囲むようにしてエコシステムを形成しつつあるのです。こうして急成長を果たしたエヌビディアの時価総額は3年で10倍に膨らんでいます。

◆ルールの再整理が進められるドイツ

こうしたテクノロジー企業の攻勢を受けて、既存の自動車メーカーたちは、ゲームのルールの再整理を進めています。ここではドイツメーカー二社の動きを紹介しましょう。

ディーター・ツェッチェ会長率いるダイムラーは、パリのモーターショー2016において「CASE」を発表しました。これが現在、自動車産業が取り組むべきテーマの頭文字を整理したものになっています。すなわち、Connected（つながる化）、Autonomous（自動運転）、Shared & Service（シェアリングとサービス）、Electric（電動化）です。

壇上で語ったディーター・ツェッチェ会長の経歴も業界の変化を実感させるものでした。「自分はこれまでなんでメカニカルエンジニアリングでなくエレクトリカルエンジニアリングを専攻したのかと聞かれた。ようやく自分の専攻を活かす時代が来た」。機械でなく電子。それはガソリン車からEV車、そして自動運転車へという時代の変化に呼応するかのようです。

2017年を振り返ってみても、EV普及が加速した年でした。ドイツ自動車メーカーは2020年までに400億ユーロを次世代自動車に投資し、今後2~3年のあいだに100車種のEVを市場に投入するとしています。またフランスと英国は、ディーゼル車とガソリン車の販売を2040年までに禁止すると発表しました。

ドイツといえば、これまでディーゼル・エンジンに注力してきた国であり、EV車の開発は遅れていました。それが大きくＥＶへと戦略を大転換した背景には、ドイツ最大手の自動車メーカーであるフォルクスワーゲン（ＶＷ）の排ガス不正問題があります。ディーゼル車の排ガス規制を逃れるため、不正なソフトウェアを搭載、規制されている窒素酸化物を最大で基準値の40倍も放出していました。そこに都市部の大気汚染も加わり、ディーゼル規制議論が爆発、欧州全土で一気にＥＶ化が進むことになったのです。

◆「自動車強国」をもくろむ中国

そして中国です。自動車大国ならぬ「自動車強国」を実現することを発表した中国は、既存のガソリン車の技術では日本勢、欧米勢に敵わないと認め、国策としてＥＶにシフトしました。中国政府の支援もあり、すでに60社を超えるＥＶ車の完成メーカーが誕生しています。２０１８年1月にラスベガスで開催されたエレクトロニクスの見本市「ＣＥＳ２０１８」では、２０１６年に創業したばかりのＦＭＣ社による新ＥＶブランド「バイトン」が注目を集めていました。

現在進められている「国家戦略性新興産業発展計画」においても、新エネルギー車（Ｎ

EV）が推進事業として定められています。さらには「NEV法（乗用車企業平均燃費・新エネルギー車クレジット同時管理実施法）」の制定によって、2019年以降、販売台数の10％以上を新エネルギー車とすることを義務付け、EV化を推進しています。

外資系メーカーは中国ではEVやPHEV（Plug-in Hybrid Electric Vehicle）をほとんど生産しておらず、2019年までに新エネルギー車を10％以上にもっていくのは困難。その場合は、他社から「新エネルギー車ポイント」を購入する必要があるとしています。一方では、「新エネルギー車に限り外国企業の出資制限を撤廃」すると発表、これは外資系企業が中国で独自資本によって新エネルギー車企業を創業できるということを意味しています。実際、テスラが上海に現地法人を作るため政府と協議しているとの報道もなされました。そのほか、フォードが中国企業とEVを製造販売する合弁会社を設立、GMは2020年までに中国でEVまたはPHEVを10モデル投入する計画を発表しています。

さらに驚くべきは、「世界最強の自動運転プラットフォーム」を作ろうとする動きがあることです。「次世代人工知能の開放・革新プラットフォーム（国家新一代人工智能開放創新平台）」と題されたプロジェクトのもと、「2030年には人工知能の分野で中国が世界の最先端になる」と宣言。そして国家の委任を受けてＡＩ事業を進める４事業者が定められました。

そのうち、自動運転事業を委託されたのが、「中国のグーグル」とも言われるインターネット検索のバイドゥ（百度）です。バイドゥ検索、バイドゥ地図、バイドゥ翻訳などを事業化し、アリババ、テンセントと並ぶ中国三大ＩＴ企業の一角です。

すでにバイドゥは、ＡＩ事業の根幹となる「百度大脳」、音声ＡＩアシスタント「デュアーOS」プロジェクトなどを進めていますが、何といっても強力なのが「アポロ計画」です。言うまでもなく、アメリカが威信をかけて成功させた有人宇宙飛行計画「アポロ計画」を意識してつけた名称です。バイドゥのアポロ計画は、バイドゥが持つ自動運転の技術をオープンソース化することで、多様なパートナー事業者が独自の自動運転システムを構築することを可能にする仕組みです。そこでは、「バイドゥ地図」により蓄積してきたビッグデータも、自動運転技術と掛け合わされることになるでしょう。

アポロ計画が発表された２０１７年４月からわずか半年で、中国内外の約１７００のパートナーが参画したと見られています。また、そのなかには、ダイムラーやフォードなどの完成メーカー、ボッシュやコンチネンタルなどのメガサプライヤー、自動運転の心臓部を握るＡＩ用半導体メーカーのエヌビディアやインテルなど、あらゆるレイヤーの主要プレイヤーが含まれています。一方、日本企業の参加はパイオニアなど極めて限定的。アポロ計画を見て、中国・ドイツ・米国の連合であると政治的に見る必要があるかもしれません。

◆ＧＭとフォードの逆襲

米自動車メーカーの動きはどうでしょう、かつてクライスラーとあわせて「ビッグ３」と呼ばれたＧＭとフォードは、メガテック企業の攻勢にどう立ち向かおうとしているのでしょうか。自動車シェアでは大きく劣るテスラに、時価総額では一時は超えられてしまった両社。新規参入組には相当な脅威を感じているはずで、ただ手をこまねいているわけがありません。彼らがこれまで水面下で進めていた自動運転車、ＥＶ車の構想が、明らかになりつつあります。

２０１８年１月、ＧＭは「２０１９年にも無人運転の量産車を実用化する」と発表、まずは全米での展開を視野に入れているといいます。ここでいう無人運転とは、人が運転に関与しない「レベル4」、つまり完全自動運転車のことです。それを印象づけるものとして、GMは「ハンドルもペダルもない」鮮烈なビジュアルイメージも公開しました（164ページの写真参照）。これが本当に実現するなら、世界で最も早く完全自動運転車の量産に成功するのはGMということになるかもしれません。この発表をテスラではなく、日本ではおそらく「ノーマーク」だったであろうGMが発表したことが衝撃的でした。かつて何度も経営危機にさらされたGMですが、自動運転においてメガテック企業に先行できれば「GM復活」を強く世界に印象づけることになるでしょう。

フォードは「破壊的改革」（ディスラプション）によって、そのビジネスを一新させようとしています。先に述べたように、現CEOのジム・ハケット氏はフォードに入社するまで何と自動車産業の経験がありませんでした。老舗のオフィス家具メーカー出身で、2013年からフォードの取締役および自動運転とサービスの子会社の社長を務めていた人物です。フォードの自動運転ビジネスやライドシェアビジネスを構築してきました。

CES2018初日の基調講演においてハケット氏はこう宣言しました。「フォードはデータとソフトウェアとAIを駆使し、トランスポーテーションを基軸に都市を活発にするソリューションカンパニーに転換する」。フォードもまた既存の自動車メーカーから脱却し、ソフトウェアとＡＩを中核とする次世代自動車企業へ移行するとの宣言でした。

◆電力・エネルギーや通信とのフュージョン

さて、次世代自動車はエネルギー消費、電力消費が高くつく製品でもあります。そうしたなか、ガソリン車からＥＶ車への大転換に対しては、自動車業界以上に、エネルギー業界が危機感を強めています。

しかも、いまや再生可能エネルギーは、石油・ガスより安いのです。２０１９年から稼働するアブダビのスワイハン太陽光発電事業では、１キロワット時あたり約２・６円という価格で、丸紅と中国の太陽光発電パネルメーカーのジンコソーラーの連合が事業権を獲得しています。日本の固定価格買取制度のもとでは太陽光発電の買取価格は18円ですから、まさに価格破壊といってもいいインパクトがあります。

ドイツでは、「限界費用ゼロ社会」（増産しようとしたときに増えるコストがゼロであるインフラに支えられた社会）に移行しつつあります。２０１４年11月、ドイツの四大電力会社の一つであるエーオン社は、これまでの本業だった原子力発電、火力発電事業を採算悪化により分社化し、再生可能エネルギーに注力することを発表しました。再生可能エネルギーはインフラさえ整えれば、電力生産におけるコストがほぼゼロに近づいていきます。２０２５年までにドイツの電力の40～45％が太陽光と風力などから生み出されるようになり、さらに２０５０年にはその割合は80％に達する見通しだといいます。

電力コスト低下は、それに関わる企業の戦い方も変えることになるでしょう。国際的には、日本は必要以上に原子力と化石燃料のエネルギーに執着している、日本の産業は電力業界が制約要因となり国際舞台で競争力を失う要因ともなっている、といった指摘もあります。

日本のエネルギー業界はこれを受けて、日本の自動車メーカーに先行する形でＥＶ化への対応を進めてきています。キーワードは「三つのＤ」、脱炭素化（Decarbonization）、分散化（Decentralization）、デジタル化（Digitalization）です。脱炭素化は、低炭素の燃料への移行、分散化はエネルギー設備をより消費者に近いところに移すこと、デジタル化はビッグデータの活用などを指しています。

これは旧来型の電力会社が不要になる流れでもあります。かわりに再生可能エネルギーの新たなプレイヤーが登場しています。例えば、ソフトバンクグループの自然エネルギー事業会社である、ＳＢエナジーです。やがて訪れるのは、おそらくモビリティとエネルギーの融合です。ソフトバンクはこれを「ビッツ（情報革命、ＩｏＴ）、ワッツ（エネルギー革命）、モビリティ（移動の最適化）のゴールデントライアングル」と評しています。たとえて言うなら、トヨタとソフトバンクと東電がフュージョンすることで、三つのＤがさらに加速していくことになります。

◆いざ決戦。そのとき日本はどうなるのか

以上を踏まえて、これまでの「自動車王国」、日本を振り返ってみましょう。本書内で深掘りする一社は、やはりトヨタ自動車です。

「トヨタは、生きるか死ぬか」「勝ち残りではなく、生き残り」、豊田章男社長はそう危機感を募らせています。豊田社長は早くから「三代目は会社を潰す」というジンクスを強く意識しており、産業の先行きについても「(自動車業界は）１００年に一度の大変革の時代」と述べ、問題意識を表明していました。「生きるか死ぬか」というほどの危機感も、冷静な状況分析の裏返しだといえます。豊田社長は、誰よりも現在の状況をよく理解した

上で最悪の事態を想定し、それを回避することを真剣に考えているのです。

例えば、次世代自動車においては、これまでの「主役」だった完成車メーカーがその座を奪われ、メガテック企業に覇権を握られる可能性があること。それから、EV化をはじめとする「CASE」への対応において、トヨタが立ち遅れる懸念があること。そして、次世代自動車産業においては、巨大なトヨタグループや関連企業、関連産業の雇用を維持するのが極めて困難となる可能性があること。

それでもトヨタは勝ち残る。そう私が考える理由があります。その点については、第10章において、論じていきます。

もう一社の重要なプレイヤーが、孫正義社長が率いるソフトバンクです。次世代自動車産業の、あらゆるレイヤーに投資をすることで事業領域を広げ、各階層から着実に利益が入ってくる仕組みを整えつつあるのが、ソフトバンクなのです。通信、自動運転、半導体、EV、電力・エネルギーと各レイヤーの主要企業をおさえており、ウーバーの筆頭株主でもあります。その戦略の背景には、どのような孫正義社長の思想があるのか。これもまた、第10章で深掘りしていきたいと思います。

ところで、序章において指摘しなければならない最大の事実は、次世代自動車産業における競争の主舞台、「完全自動運転」実用化のタイミングを、日本勢が見誤っていた可能性があるということです。それは2030年でも、2025年でもない。来年、再来年に迫っている話なのです。人間が運転に介入する「レベル2」の自動運転から漸次的に実用化を進めてきた日本企業と、最初から完全自動運転に挑んできた海外企業、ここにきて両者の明暗は分かれつつあります。

また、海外においてはADAS（先進運転支援システム）推進よりは完全自動運転実用化に力点が置かれています。それは運転者に自動運転か否かの判断を委ねるのは安全ではないと実証的に判明してきたからです。レベル2からレベル3を目指す日本企業と最初からレベル4を目指す海外企業。その構図は、商品へのICタグ付き「無人コンビニ」vs.アマゾン・ゴー型「完全無人コンビニ」にも酷似しています。

日本が、「モビリティをサービスと考え、完全自動運転を中核技術とする次世代自動車産業」に出遅れた理由は、さまざま考えられます。既得権益を守ろうとする国と企業。持続的成長に固執するあまり、破壊的ビジネスや破壊的テクノロジーへの対応が遅れてしまったこと。自動運転でいえば、「完全自動運転で描く未来」という消費者が求めるニーズから考えるのではなく、自社が持つ技術や資源にとらわれて「レベル2」からアプローチしてしまうシーズ発想も、イノベーションを妨げる要因です。そして最も重要な要因としては、日本の基幹産業として数多くの企業や従業員を抱えていることから、生産量や雇用が減少すると予想される次世代自動車産業に舵を切るには勇気が必要だった、という点が挙げられるでしょう。

日本はこのまま、自動車王国、電子立国としての座を降りることになるのでしょうか。

いいえ、日本は2年後に、またとない好機を控えています。東京オリンピック2020。私はこれを次世代自動車産業における「桶狭間の戦い」と捉えるべきだと考えています。すなわち、織田信長がわずか3000人の兵で今川義元率いる4万5000人の大軍勢を破ったときのように、攻撃を一点に集中すること。次世代自動車産業の覇権を獲得するという一点に、全リソースを投下するべし、ということです。それだけ次世代自動車産業のインパクトは日本経済にも大きいからです。

孫子の兵法には、こう記されています。

「戦いの地を知り、戦いの日を知らば、すなわち千里にして会戦すべし。戦いの地を知らず、戦いの日を知らざれば、すなわち左は右を救うこと能《あた》わず」

戦いが起こる地点、時点が事前に判明しているならば、たとえ千里の遠方であっても戦場に到着して戦える。逆に、戦いが起こる地点も日時も予知できないのであれば、互いに救援しあうことができない。そのような意味です。

日本にとっては、東京オリンピックこそが、その戦いの時です。その日はもう決定しています。ならば、どうするか。東京オリンピック2020を様々な技術の「ショールーム」にとどめるのではなく、自動運転車などをはじめ、様々な先端技術の社会実装の基点とし、一点集中の戦法により、最大効果を上げることに全力を尽くす。主要企業がそこに経営資源を集中させるのです。これらの内容をさらに展開していくのが本書の最終章となります。

◆経営者の哲学・想いから各社の戦略を読み解く

序章の最後として、本書の位置付け、筆者としての自分自身の価値観やスタンス、そして本書最大の目的である「日本の活路」という三つの点について述べておきたいと思います。それは、現在進行形で様々なニュースが日々飛び交っている次世代自動車産業については、何をどのような切り口で取り上げるのかによって全く違う性格の本になる可能性があること、また、結論が出ていない重要な論点が数多く残っている分野であり、客観的に考察するだけではなく、書き手の価値観やスタンスを明確にしておく必要がある、と私自身が考えているからです。筆者の想いの部分は不要なので、早く次世代自動車産業自体の記述が読みたいという方は、ここからは読み飛ばしていただき、第1章やご興味のある章から読み進めていただければ幸いです。

本書は、2017年11月に刊行された『アマゾンが描く2022年の世界』の姉妹作品です。前作では、国家や社会に大きな影響を与えているアマゾンという企業の「大戦略」を筆者の専門である「ストラテジー&マーケティング」と「リーダーシップ&ミッションマネジメント」という視点から分析、さらには同社を通じて近未来の予測を行いました。

本書をその姉妹作品と位置付けているのは、前作と同じようにストラテジー&マーケティングとリーダーシップ&ミッションマネジメントという視点から、次世代自動車産業とそれに深く関係する企業の分析を行い、近未来の予測を行っているからです。次世代自動車産業における戦いの構図を分析し、主要各社の戦略を読み解き、関連するテクノロジーを解説し、読者が見るべきポイントを提示し、最後に日本の活路について考察しました。

筆者の本書における最大のこだわりの一つは、前作と同じように、登場する企業やその経営者の哲学・想い・こだわり、言い換えるとミッション・ビジョン・バリューから各社の戦略を読み解いていることです。それは、その企業が何を考え、将来どのような事業展開をするのかを予測するには、商品・サービスという階層における日々のニュースにだけ追われていては本質を見失う恐れがあるからです。創業者や経営者が次世代自動車産業に対して、何のために、誰のために、どのような哲学・想い・こだわりで取り組んでいるのか。それを読み解く手段が、「ストラテジー&マーケティング」と「リーダーシップ&ミッションマネジメント」なのです。このために、登場する主要各社のアニュアルレポートや決算資料、関連資料等の直接資料を分析し、様々な手段で経営者の発言なども検証しました。

前作は、アマゾンに興味をお持ちの方々はもとより、アマゾンと競合する企業の現場の方々ばかりでなく、アマゾンとは全く異業種の企業の経営者や経営企画等の方々にも、まさに「ストラテジー&マーケティング」と「リーダーシップ&ミッションマネジメント」の教材として広く読まれました。本書も、次世代自動車産業や自動車産業に携わる方々だけではなく、幅広い業種における幅広い職種の方々に対しても、次世代自動車産業を題材とする「ストラテジー&マーケティング」と「リーダーシップ&ミッションマネジメント」の教材としてお読みいただける作品になるように腐心しています。

◆自動車は人の命を預かる特別な製品

第1章で詳しく述べている通り、自動車とは本当に特殊な「製品」であると私は考えています。私自身、大学入学前の春休みに自動車運転免許を故郷の山梨で取得した後、上京してからは完全なペーパードライバーとして30歳手前までを過ごしました。その後、米国に留学してからは自動車が自分の生活や生き方にとって不可欠な存在となり、現在でも自動車を保有しています。

私が若かった時代には、自動車とはまさにステータスシンボルのようなものでした。もっとも、私自身、保有する車の稼働率自体は必ずしも高いわけではないという利用の仕方のなかで、本当に保有する必要があるのか疑問を感じ始めていることも事実です。ただし、やはりクルマは私にとって、単なる「製品」であることを超越した「愛車」と呼べる存在であることに変わりはありません。自分のライフスタイルやあり方の象徴でもあると思っています。したがって、完全自動運転やライドシェアが身近にある世界となっても、最後まで愛車が手放せない層に残っているのではないでしょうか。

そして製造業の経営コンサルティングにも長期にわたって携わってきたなかで、「創って・作って・売る」という開発・製造・販売の三位一体が求められる製造業の難しさや、生産管理・量産技術の重要性も痛感してきています。市場情報のフィードバックや顧客ニーズへの迅速な対応、より正確な受注予測と製造依頼、部材の適切な調達への対応及びコストやクオリティーの向上など、メーカーには三位一体を全体最適かつ高速回転でやらなければならないことが多いのです。製造のプロセスは、文書化されたものと目には見えないもので形成されていると思っていますが、後者こそがその企業と一体化した競争優位でもあるからです。整理・整頓・清潔の「3S」が、工場から営業現場、本社に至るまで全社で徹底されているのも製造業の特徴でしょう。工場から店頭在庫や顧客在庫を見えるようにする、生産管理や工場から会社全体を見る視点など、製造業には他の業種にはない優れたノウハウがあるのです。

このように様々なニーズや視点から次世代自動車産業のリサーチを行ってきたなかで、私にとって最大のニュースだったのは、先にも述べたように、米GMが〝無人運転〟の量産車を2019年には実用化する方針であると発表したことです。アクセルペダルも、ブレーキペダルも、ハンドルもなし。その運転席の画像は衝撃的でSF映画を彷彿とさせるものでした。GMはサンフランシスコやアリゾナの公道で200台以上を使って走行実験を繰り返し、無人タクシーとしての実用化を目指しています。そしてGMのニュースに触発されたかのように、主要各社では自動運転の開発・実用化競争に拍車がかかっています。

しかしそうした一方で、米国では、ウーバーとテスラの自動運転車が相次いで死亡事故を起こしました。やはり、自動車は「重み」のある「製品」、人の命という「重み」を預かる特殊で重要なもの。筆者としては、実用化を急ぐより、安全性を徹底する方向に業界全体として舵を切り直してほしいと願っています。そして、技術とともにその動きを先導するところに日本の活路の一つがあると考えています。

◆「日本の活路」を探ること

自動車産業は日本の基幹産業です。そして「電機・電子立国」が崩れてしまったと言われているなかでは、日本が世界に誇れる「最後の砦」でもあります。安全性や機能性へのこだわりとそれに裏付けられた高い品質から、世界市場でも活躍してきた日本勢。自動運転の実用化が主戦場となってきているなかでも、先に述べたように安全性を徹底していく方向に日本の存在意義や活路の一つがあるのは確実です。

もっとも、最近の他の産業での国際的なルールの出来上がり方を観察してみると、ルールづくりのためのルール先行ではないことがわかります。米国のプラットフォーム企業は、まずは自分が事業を通じて対峙していきたい社会的な問題を定義し、その問題に対する解決策を自分の商品・サービスを通じて提示していくことを徹底的に考えます。

そして自らの新たな事業や商品が提供されることでどのような問題が解決され、どのような新たな価値が生まれるかを顧客や社会に対して提示していきます。もし既存の法律やルールのなかで実現困難であれば、まずは自主的に必要なルールを考え、業界内でルール化し、政府に働きかけ、さらに他の国にも働きかけていく。これがまさに現在の自動運転をめぐる米国でのルールづくりの流れなのです。

筆者はラスベガスで開催されたＣＥＳ２０１８にも参加しましたが、自動運転をテーマとする数多くのセッションを通じて、単に実用化を急ごうとする機運よりは、様々な論点について関係する当事者がきちんと議論して自主的なルールを策定していこうとする流れを感じました。もちろん、すべてのプレイヤーがみんなそうだとは思いませんが、この点は日本ではもしかしたら誤解がある部分かもしれません。筆者が参加したセッションだけでも、安全性の徹底、サイバーセキュリティー、障害者の自立への貢献、保険や補償のあり方などをテーマとしたものがありました。そこで痛感したのは、ルールづくりに加わり、ルールづくりをリードしていくためには、ルールづくりありきではなく、技術でも先行し、関係するリスクマネジメントでも先行し、人々の生活のあり方までをも提示できるような知見、見識、そしてリーダーシップが不可欠であるということだったのです。

そして、日本にとっても「絶対に負けられない戦い」である次世代自動車産業の戦いにおいては、日本勢にはその役割を自らが担っていく覚悟と力が求められているのです。

最終章は筆者としても覚悟と勇気を持って「日本と日本企業の活路」と命名しました。筆者の専門である「ストラテジー&マーケティング」と「リーダーシップ&ミッションマネジメント」の視点から提示したものですが、実際に日本の活路に少しでも貢献するものになることを切望しています。

2022年の次世代自動車産業◆目次

序章　次世代自動車産業をめぐる戦国時代の幕開け

第1章

自動車産業の「創造的破壊」と次世代自動車産業の「破壊的創造」

第2章　EVの先駆者・テスラとイーロン・マスクの「大構想」

第3章

「メガテック企業」の次世代自動車戦略
――グーグル、アップル、アマゾン

第4章 GMとフォードの逆襲

第5章 新たな自動車産業の覇権はドイツが握る？
――ドイツビッグ3の競争戦略

第6章

「中国ブランド」が「自動車先進国」に輸出される日

第7章 「ライドシェア」が描く近未来の都市デザイン
――ウーバー、リフト、滴滴出行

第8章 自動運転テクノロジー、〝影の支配者〟は誰だ？
——エヌビディア、インテル……

第9章 モビリティと融合するエネルギーと通信
――再生可能エネルギーと5Gが拓く未来

第10章　トヨタとソフトバンクから占う日本勢の勝算

最終章　日本と日本企業の活路

第1章

自動車産業の「創造的破壊」と次世代自動車産業の「破壊的創造」

◆そもそも自動車とは何であったか

次世代自動車産業を考えるための下準備として、これまで私たちが慣れ親しんできた従来型の自動車産業というものを、改めて振り返ってみたいと思います。

自動車とは何か。そこに求められる第一の価値は、「移動する」という機能的価値であることは、論をまたないでしょう。それも安全に、快適に移動できるクルマであるほど、機能的価値は高くなります。

しかし、機能的価値にとどまらない、様々な価値を含む存在であるという点で、自動車はほかの工業製品と一線を画しています。

例えば、自動車には高級時計のような「情緒的価値」があります。情緒的価値とは、乗っていて楽しい、嬉しい、ハッピーだ、そういった感情を呼び起こすものです。

また自動車には「精神的価値」があります。ある人にとってはステータス・シンボルであり、ある人には自分のあり方やライフスタイルを表現する手段でもある。マズローの欲求5段階説によれば、人間の欲求は生理的欲求、安全欲求、社会的欲求、尊厳欲求、自己実現欲求の５段階のピラミッドのように構成されていますが、自動車はこのうち尊厳欲求、自己実現欲求といったより高次の欲求に訴求するもの、とも言えるかもしれません。序章でもお話しした通り、私自身も自動車には特別な思いを持っています。

同時に、自動車は実に裾野が広い総合産業でもあります。だからこそ、人間にとって自動車は、誇りであり、文化になり得ました。どの国においても自動車産業は先端技術の象徴であり、優れた自動車を作ることができる＝先進国の証。「自動車王国、日本」と呼ばれるたび、私たち日本人が、どれほど誇らしい気持ちになるか。ただの移動手段であるなら、自動車にそこまでの深い思い入れを持つ人はいないでしょう。

そして何より、自動車は人の命を預かるものであり、扱い方を誤れば命を奪いかねないもの。この点においても、他の工業製品と自動車は決定的に異なります。ほかの点がどれほど優れていたとしても、人々の安心・安全に対する信頼を裏切る存在であってはならない。そのような、非常な重みを持った存在として自動車はあります。

これから実現される次世代自動車でも、安全の重要性という既存の価値観は、最重要視されると思います。その価値観を前提として、「さらにその先へ」と自動車を進化させるものになるでしょう。ＥＶ車も、自動運転車も、シェアリング＆ライドシェアサービスも、「より」安心・安全であることが最重要の課題。完全自動運転車にしても、「人間が運転するよりも安全」であることを前提として開発が進められています。

既存のプレイヤーはもちろんのこと、他分野から参入してくる企業も、これまでの自動車産業の価値観を軽視しているわけではないでしょう。ただし、本当にテクノロジー企業の全てが、これまで既存の自動車会社が安全性を徹底してきたのと同等のこだわりを持っているか否かはまだわかりません。自動運転車両での死亡事故も起きているなか、この点は特に注視していくべきではないでしょうか。

今回、次世代自動車産業を分析するにあたって改めて痛感したのは、自動車産業に従事する人たちの生産技術や量産技術に対する強い自尊心でした。「自動車は、ＩＴ製品やＩＴサービスのようにバグが出てもあとから修正すればいいというわけにはいかない厳しい業界」という声を多くの人から聞きました。自動車を一定以上の品質で一定以上の数量を効率的に安定して生産することの難しさ。組織的に統率して高い品質を維持することの難しさ。「自動車産業で開発に携わる人たちは、販売されて半年以上経過した自動車でないと購入しない」ということもよく耳にしましたが、量産化の難しさを改めて思い知るとともに、危機感や問題意識のレベルも業界内で大きな格差があることを感じ、複雑な思いを抱くことにもなりました。

そんななかで、人々の暮らし方、働き方、考え方もめまぐるしく変化しています。「そもそも自動車とは何か」という価値観が、問い直される機会も増えてくることでしょう。例えば、ミレニアム世代以降の若者にとって重要なのは、ステータス・シンボルとしての自動車よりも、「コスパ」のいい自動車だったりします。また「所有よりシェア」を好む人にとっては、自家用車よりもシェアリングカー、ということになるでしょう。

それでもなお、単に「よく走るクルマ」ではなく「いいクルマ」に乗りたいという価値観が全ての人のなかで失われるというのは考えにくいことだと思います。「愛車」という言葉が示すように、車を所有し愛しむ喜びも、消えはしないはずです。今後10年単位の時間をかけて、次世代自動車と旧世代の自動車の住み分け、そして同じ人でも状況による使い分けが進んでいくことになると、私は予想しています。

◆業界構造の崩壊を示す証拠は枚挙にいとまがない

しかしいま、そうした価値観の変化をはるかに上回るスピードと規模で、自動車産業の

FMC社の「バイトン」(筆者撮影)

構造が崩れようとしているのもまた事実です。

テスラはその象徴です。テスラの上場は2010年。米国で自動車メーカーが上場したのは、フォードが1956年に上場して以来、実に半世紀以上ぶり。日本でも同様に、自動車メーカーの上場は長年ないことです。

そして中国では新しいEVブランド「バイトン」が誕生しました。バイトンを手がけるFMC社(Future Mobility Corporation)は2016年3月に起業したばかりですが、完成車はそれが信じられないほどの完成度であり、搭載された最新テクノロジーも洗練されたデザイン性も欧米や日本のクルマに引けを取りません。

つまり、参入障壁が高いはずの自動車産業に、新規プレイヤーが大量参入しているという事実。これが自動車業界の構造が崩壊していることの証左です。

なぜこんな現象が起きているのか。業界構造の崩壊を大きな流れとして捉えてみましょう。

一つには「ガソリン車からＥＶ車へ」という潮流があります。いまだ世界の自動車の売上に占める割合は１％以下にとどまりますが、脱ガソリン車、脱ディーゼル車の流れは不可逆的なものです。２０１７年だけでも、イギリス、フランスといった国々がガソリン車及びディーゼル車を段階的に廃止していくことを発表しています。中国も、２０１９年から販売台数の10％以上を新エネルギー車とすることを義務付けました。

単純化してしまえば、ガソリン車＝エンジンで走るクルマであり、ＥＶ車＝モーターで走るクルマなのですが、それを支える事業構造自体は大きく異なっています。整理したものが図表3です。

ここでいう、垂直統合ビジネスモデルのガソリン車と、水平分業のビジネスモデルのＥＶ車の対比は、企画、生産、販売まで系列企業で賄おうとする既存の自動車産業のものづくりと、各段階で外部に発注する次世代自動車産業のものづくりの対比を意味しています。

また、ガソリン車の製造には系列部品サプライヤーが不可欠であり、それが参入障壁として機能していたのに対して、ＥＶ車は標準化された部品を組み合わせる「モジュール化」を進めていることから、製造過程において「熟練の技」が必要な部分が著しく減少します。これが、自動車産業への参入障壁の一つを破壊することになりました。

インパクトの大きさを想像するにたやすいのは、吸気系、排気系、冷却系など多くの機械系装置・部品を要するガソリン車から、それらが簡素化あるいは不要になる電気電子系部品中心のＥＶへ、という変化ではないでしょうか。つまり、ＥＶが普及すると、これまでエンジン関連部品が占めていたコストの割合が大きく減り、モーターや電池、インバーターといった部品が重要な位置を占めることになります。自動車のエレクトロニクス化は進み、「自動車」というより「クルマ×ＩＴ×電機・電子」としたほうが、実態に即しています。

こうした変化を受けて、既存のプレイヤーはどれほど大きな経済的インパクトを受けることでしょうか。自動車は実に裾野が広い産業です。日本の自動車メーカーは系列の部品メーカーに支えられたピラミッド構造の頂点にあるため、１台の自動車を作るのに多くの人、多くの企業が関わります。

図表3　ガソリン車vs.EV車の比較

項目	ガソリン車	EV車
中心的な部品	機械系部品が中心	電気・電子系部品が中心
車体の重量	車体は重量	車体は軽量化が可能
垂直・水平モデル	垂直統合モデル	水平分業モデル
部品サプライヤーとの関係性	系列部品サプライヤーが不可欠で参入障壁を構成	モジュール化で対応可能、参入障壁の1つを破壊
部品サプライヤーのポジショニング	「単体の部品」中心	「システム・サプライヤー」へと進化（が必要）
製品のライフサイクル	比較的ライフサイクルは長い	ライフサイクルは短期化
ビジネスモデル	サプライチェーン型ビジネスモデル	レイヤー構造型ビジネスモデル
「車」の本質	「自動車」	「クルマ×IT×電機・電子」
パワープラント	エンジンとエンジン関連部品	電気モーター
エネルギープラント	燃料タンク、燃料ポンプ、インジェクターなど	リチウムイオン電池など車載用電池
制御系	エンジンコントロール、車載コンピュータユニットなど	統合制御システム、インバーターなど
吸気系	スロットルバルブ、エアクリーナー、ターボチャージャーなど	不要
排気系	排ガス再循環装置、ブローバイガス還元装置、排ガス浄化装置など	不要
冷却系	ラジエーター、ウォーターポンプ、サーモスタットなど	簡素なもの／もしくは不要
潤滑系	オイルポンプ、オイルフィルター、オイルストレーナーなど	簡素なもの
駆動系	トランスミッション、クラッチ、トルク、コンバーターなど	簡素な変速機／部分的に動力伝達装置

さらにはそこに、運送サービス、ガソリンスタンド、ディーラーといった関連サービス業まで加わる。その結果、日本の主要製品出荷額約300兆円のうち、自動車製造業の製造品出荷額は約2割の53兆円。また自動車関連産業の就業人口534万人は日本の就業人口6440万人のうち8・3％を占めています。経済産業省は、自動車産業は我が国の「リーディング産業」であり、貿易黒字の約5割を占める「外貨の稼ぎ頭」、そして「国民産業」にして「日本を代表するブランド」であると、「自動車産業戦略2014」に記していますが、それも納得。自動車産業は、日本の産業の主柱だったのです。

ガソリン車からEV車へという流れは、その主柱を大きく揺さぶります。

◆自動車産業を取り巻く環境の変化を概観する

さらに視野を広げてみましょう。自動車産業を取り巻く環境の変化についてPEST分析を行いました（図表4）。PEST分析とは、政治、経済、社会、技術の視点から、国、産業、企業、人のそれぞれにもたらす変化を分析するものです。

政治的要因としては、グローバルでは「閉じる大国、開くメガテック企業」という動き

図表４　PEST分析

項目	グローバルの状況	国内の状況
Politics/政治	「閉じる大国、開くメガテック企業」 自国第一主義と覇権争い 中国の台頭	アベノミクス 一億総活躍社会 働き方改革
Economy/経済	株価の上昇 カネ余り 中国の台頭	有効求人倍率の上昇 賃金の上昇 アベノミクス
Society/社会	スマホ、SNS等の浸透 価値観の変化と多様化 所有からサービス 環境問題への意識の高まり	人口動態の変化 構造的な人手不足 購買心理の変化 「コスパ」重視
Technology/技術	AI×ビッグデータ×IoT　「CASE」 ロボット　4Gから5Gへ シェアリング　ブロックチェーン	

が顕著です。これは前著『アマゾンが描く２０２２年の世界』でも論じたところですが、米国や英国が自国第一主義を掲げ、グローバリゼーションを否定するかのような動きを見せる反面、アマゾンなどのメガテック企業は国境や産業間の垣根を超え、その宿命として開いていきます。一方で、中国の台頭は、国際秩序のあり方を変えようとしています。国内に目を転じれば、アベノミクス、一億総活躍社会、働き方改革といったキーワードが挙げられるでしょう。

経済要因においては、世界的な株価の上昇、そしてやはり中国の台頭が目立ちます。国内では、構造的な人手不足からくる有効求人倍率の上昇、賃金の上昇が見て取れます。

評価経済、トークンエコノミーといった新しい経済圏が生まれていることも特筆すべき事実でしょう。

社会的要因としては、スマホやSNSの浸透、価値観の変化と多様化、所有からサービスへという流れ、環境問題への意識の高まり、人口動態の変化、構造的な人手不足、購買心理の変化、コスパ重視といった変化が指摘できます。

技術的要因としては、AI×ビッグデータ×IoT、ロボット、シェアリング、4Gから5Gへ、ブロックチェーンといったトピックが挙げられます。またダイムラーは次世代自動車の潮流を「CASE」として整理しましたが、いまの技術のまま「CASE」を推し進めようとすると、電力コスト、通信コストが高くつき、経済的合理性が見出しにくいのです。これを見据えて、世界の電力・エネルギー業界は再生可能エネルギーへと大きく舵を切り、通信業界も5G（第5世代移動通信システム）の導入・商用化を急いでいます（エネルギー・通信については第9章で改めて解説）。5Gの通信速度は、4Gの20倍（ユーザー体感速度は100倍程度とも）。遅延もほとんどなくなるといいます。

こうした複合的な環境変化にさらされている自動車産業について、さらに5F（五つの要因）による分析を試みました。5F分析とは、企業の競争戦略に影響を及ぼす「新規参入の脅威」「買い手の交渉力」「供給者の交渉力」「代替品の脅威」「競合状況」の五つの要因から、業界の収益性を理解するためのフレームワークです（図表５）。

まず明確に指摘できるのは、「新規参入の脅威」が上昇していることです。従来のガソリン車は、典型的な「参入障壁が高い」産業でした。他社より安く・より多く生産するため規模の経済が必須である一方、エンジン系の技術力と実績、系列部品のサプライヤー、販売のネットワークなど、様々な必要条件が高い参入障壁として機能していました。

ところが、部品のモジュール化、電子化、水平分業化が特徴であるＥＶ車になると、参入障壁が一気に下がります。テスラや中国のバイトンなど、異業種からの参入組が目立つようになった背景がこれです。

また、ガソリン車とＥＶ車双方に言えるのは、「買い手の交渉力」が増していることです。消費者の選択肢の増加、ＳＮＳの浸透による個人の影響力の増大、コスパ重視など価値観の変化と多様化、所有からシェアへ。これら様々な要因が、消費者が売り手に対して品質向上や価格の値下げを求める力を強化する方向に働きます。

「供給者の交渉力」も増しています。これは、例えば、自動運転車に欠かすことのできないキー技術である高精度地図、ＬｉＤＡＲ、ＡＩ用半導体を製造するメーカーの存在感が

図表5　新たな自動車産業の業界構造分析（5F分析）

項目	ガソリン車	EV車
Entry Barrier 新規参入の脅威	規模の経済 エンジン系の技術力と実績 系列部品サプライヤー 販売ネットワークの構築 →新規参入の脅威：小さい	モジュール化 電子化 水平分業化 レイヤー構造型ビジネスモデル →新規参入の脅威：大きい
Buyer Power 買い手の交渉力	消費者の選択肢の増加 SNSの浸透により個人の影響力が増大 「コスパ重視」など価値観の変化と多様化 所有からシェアへの変化 →買い手の交渉力：小さいから大きいへの変化	
Supplier Power 供給者の交渉力	モジュール化 電子化 高精度地図×LiDAR（レベル3以上の重要部分） 車載AI用半導体 →供給者の交渉力：小さいから大きいへの変化	
Substitute 代替品の脅威	所有からシェアへの変化 自家用車よりライドシェア 「クルマを買う」のは「コスパが良くない」 「クルマを買う」より「ほかにお金を使いたいことがある」 →代替品の脅威：小さいから大きいへの変化	
Rivalry 競合状況	CASEをめぐる熾烈な戦い 日本・米国・ドイツ・中国の熾烈な戦い 完成自動車メーカーの壮絶な生き残りへの戦い メガテック企業などの新規参入による競争の激化 →競合状況：中程度から大きいへの変化	
業界全体の 収益性	新たな自動車産業における「頭脳」：高収益を確保 新たな自動車産業における「心臓」：高収益を確保 →業界全体の収益性：覇権を握る一部の企業以外は低い収益性	

増し、「彼らなしでは自動車が作れない」状況を指しています。

「代替品の脅威」も増しています。「所有からシェアへ」という価値観の変化のなかで、自動車も「自家用車よりもライドシェア、あるいはシェアリングカー」の時代に。「クルマを買うのはコスパが悪い」「クルマを買うよりほかにお金を使いたいことがある」といったミレニアム世代に代表されるような価値観も代替品の脅威となっています。

「競合状況」も激化しました。日本、米国、ドイツ、中国という国と国との戦い、完成自動車メーカーの生き残りをかけた戦い、メガテック企業をはじめとする新規参入組の攻勢と、幾重もの戦いが繰り広げられています。

以上の分析から、新たな自動車産業を業界全体として見るなら、収益性が非常に低いものになるのは明白です。もっとも、この分析は業界全体の収益性を見るツール。個別の企業で見ていけば、危機のなかにチャンスあり。固まりきらない業界構造のなか、新旧のプレイヤーたちが、次世代自動車の「頭脳」あるいは「心臓」をおさえることで、あるいは次世代自動車における「プラットフォーマー」の座に就くことで、新たな自動車産業の覇権を握ろうとしているのが、現在の状況だといえます。

◆「ＣＡＳＥ」：次世代自動車産業の四つの潮流

ＥＶ車のみをもって次世代自動車を語ることはできません。２０１６年9月に行われたパリモーターショーにおいて、ダイムラーは「ＣＡＳＥ」と名付けた中長期戦略を発表しました。これがダイムラー自身はもとより、自動車産業が現在取り組んでいる四つのトレンドを見事に整理したものになっています。

ダイムラーがＣＡＳＥとして再整理した次世代自動車産業の潮流は、図表６で示したように、テクノロジー企業が牽引してきたものとして把握したほうがわかりやすいと思います。したがって、まずはＣＡＳＥの詳細を説明する前に図表６の順番でこれらの流れを説明しておきたいと思います。

テスラは「クリーンエネルギーのエコシステム構築」を狙ってＥＶ化を進めてきました。グーグルは「周りの世界を利用しやすく便利にする」というミッションのもとに自動運転化を進めてきました。そしてウーバーやリフトは「所有からシェア、そして都市デザインを変革する」という使命感でシェアリングやサービスの流れを作ってきました。さら

図表6　テスラ×グーグル×ウーバー・リフト×アマゾン
テクノロジー企業が牽引してきた次世代自動車産業

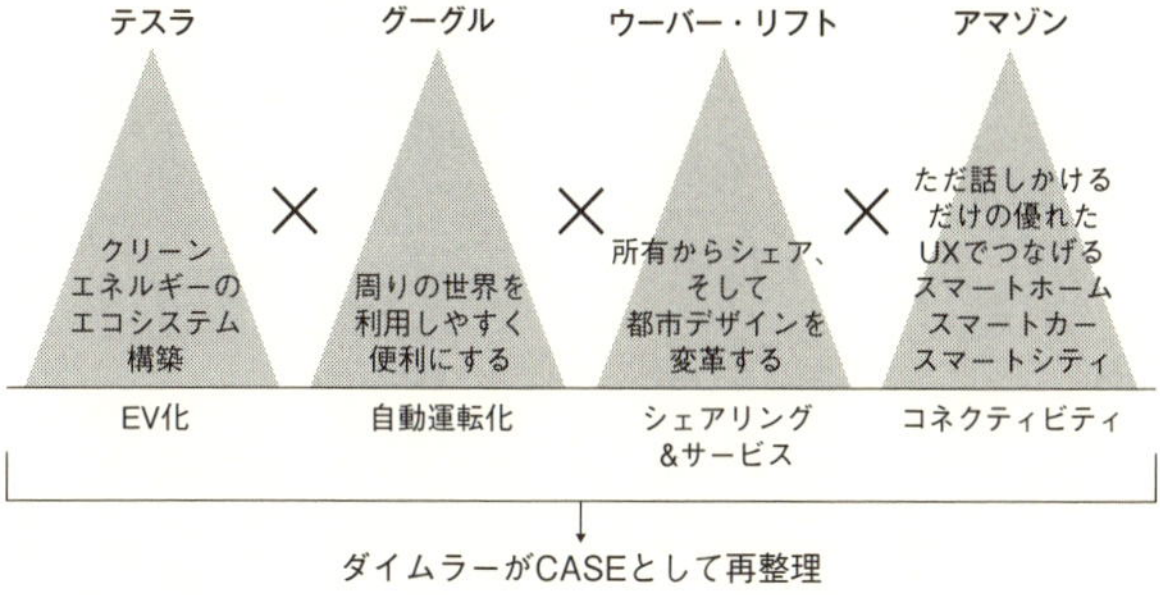

にアマゾンは「ただ話しかけるだけの優れたＵＸ（顧客の経験価値）でつなげる」ことを目指して、スマートホームとスマートカーをアレクサでつなげようとしています。

それではＣＡＳＥの順番で詳細を見ていきましょう。

C（Connected）はコネクテッド化、スマート化です。ＩｏＴ、クラウド技術の進化、通信速度の向上・大容量化などを背景に、クルマがありとあらゆるものと「つながる」時代に。例えば、自動車メーカーのもので述べると、ダイムラーが発表している「メルセデスミーコネクト」は、車の外からアプリを通じて駐車操作ができるリモートパーキング・アシスト機能を備えるほか、車内のマイクから専門のオペレーターにつながりレストランの予約などを行ってくれます。

A（Autonomous）は自動運転です。ＩｏＴ・ＡＩ技術の進化により、レベル２以上の自動運転車が普及しています。ひと口に自動運転といってもレベルがあり、レベル２は「部分的な自動運転」、人間が運転に介入する余地があります。今後は、全く人の手を借りない「完全自動運転」の技術を実装した車両が登場します。序章でも触れた通り、ＧＭは「２０１９年には完全自動運転車を実用化する」と発表、「ハンドルもペダルもない」ビジュアルイメージを公開しました。人が運転するよりも安全な自動運転車が、実現しようとしています。そして、それが大前提で進捗すべきであると強調したいと思います。

S（Shared & Service）はシェア化とサービス化です。先進国で顕著な「所有からシェアへ」という価値観の変化を背景に、ライドシェアやカーシェアが普及しています。ウーバーやリフトは、ライドシェアの代表的なプレイヤー。自動車メーカーでは、ダイムラーがカーシェアリングサービス「car2go（カーツーゴー）」を２００８年から展開、トヨタもライドシェア会社に出資したり実証実験を重ねたりしています。

E（Electric）は電動化です。技術的発展、環境性向上に対する政策的な要求もあり、ＥＶやＰＨＥＶが普及しています。一時はガソリン車にかわりディーゼル車が台頭しましたが、２０１５年に独フォルクスワーゲン社の排ガス不正が発覚、ＥＶへのシフトが決定的になっています。

◆ＣＡＳＥそれぞれの勝負のポイント

それでは次世代自動車産業における勝負のポイントはどこにあるのでしょうか。

Ｃ（Connected）の部分では、言葉が意味する通り、スマートカーに限定せず、スマートライフ全般で主導権を握れるかどうかが大きなポイントです。

ＣＥＳ２０１８ではスマートスピーカーの動向調査も発表されました。その結果を見ると、例えば「スマートスピーカーを購入してから本当に使っているのか」「購入したその月と比べてどうか」という質問に対して「より使っている」と答えた人が半分以上を占めました。また65％の購入者が「スマートスピーカーなしの生活に戻りたくない」と答えています。

ほかに興味深いデータがいくつも明らかにされたのですが、ここで触れたいのは「次に、どこでスマートスピーカーを使いたいか」という設問に対する回答です。トップの回答は「車のなか」。これは極めて重要な視点です。スマートホームからスマートカーへ、そしてスマートライフへ。カスタマー・エクスペリエンスのたどり着く先として、ユーザー自身がそれを要求しているのです。「ただ話しかけるだけ」という利便性を求める声は、自然な流れとして車のなかでもそれを使いたいというニーズになる。だとするならば、スマートホームとスマートカー、そしていずれはスマートオフィスやスマートシティまでをもつなげることのできる企業が勝利することは明らかでしょう。

A（Autonomous）の部分では、「完全」自動運転において先行できるかどうか。CES2018においても完全自動運転こそが、今年のハイライトでした。最近まで、日本では、自動運転といえば「アシステッドカー」、つまり自動といいながら人間の介入を要するイメージが主流でした。しかし世界は最初から「セルフドライビングカー」、つまり人間の介入を必要としない完全自動運転車の実現を見据えており、この点で日本企業の遅れは否めません。

ここで自動運転が米国でどのように表現されているかを理解しておくことは極めて重要です。先に述べたようにAutonomousという英語も自動運転を表すのに使われますが、米国人とのコミュニケーションで筆者が体感しているのは、印刷物においても、会話のなかでも、自動運転を表すのに使われている英語は圧倒的に「セルフドライビングカー」なのです。つまりは米国で実現したいと切望されている自動運転とは、レベル4の完全自動運転。クルマ社会で通勤にもクルマを使う人が多い米国では、自分が運転する必要がなくなり、クルマのなかでほかにやりたいことができるようになる「セルフドライビングカー」が求められているのです。

第8章で詳しく論じますが、完全自動運転車はＡＩ用半導体、高精度地図、カメラ、レーザー、音声認識ＡＩといった最先端のテクノロジーが集約、凝縮されたものです。もはやそれは「自動車」という括りには収まらず、いっそ「ロボットカー」としたほうがしっくりくるかもしれません。ならば、完全自動運転車＝ロボットカーが完成した暁には、それを基点に多方面に向けてロボット化を推進できるはず。また、それができるポジションに立つ者こそ、業界の覇者と言うべきなのでしょう。裏を返せば、完全自動運転車の競争で出遅れる痛手は大きなものです。部品のモジュール化、電子化、水平分業化などにより、ハードを作ることは容易な時代。２０２０年にはプレイヤーの百花繚乱ぶりはさらに加速していることでしょう。

S（Shared & Service）においては、シェアリング、サービス化、さらにはサブスクリプションにどう取り組むかが重要になります。サブスクリプションとは、ある商品やサービスを買い取るのではなく、「月々いくら」といった形の定期的な支払いによって利用することを表す概念です。もっとも、サブスクリプションは単に支払い方法を意味するものではなく、「売って終わり」ではない顧客との継続的な関係づくりや、それによるビッグデータの取得と活用などを含んだ新しい概念です。

また自動車を「オーナーカー」（消費者が所有するクルマ）と「サービスカー」（消費者は所有せずサービスとして利用するクルマ）に分類すると、近い将来には、サービスカーの世界においては、完成車メーカーとシェアリングサービスは現在の「航空機メーカーと航空会社」の関係性に近いものになる、というのが私の予想です。

飛行機を利用するのに「ボーイングかどうか」「ボーイングだとすると何という機体なのか」を気にする人はほとんどいないでしょう。気にかけるのはＪＡＬかＡＮＡか、シンガポール航空なのかといったオペレーターのほうです。同じことが自動車産業でも起こるでしょう。少なくともサービスカーにおいては、トヨタ、ベンツ、フォードといった、完成車メーカーのブランドが、あまり意味をなさなくなる。シェアリングサービス会社がどこかが最重要であり、どのメーカーのクルマかは二の次になる。そんな時代が早晩やってくるのです。

Ｅ（Electric）のＥＶ化においては、いかに量産化、収益化を先行して実現できるかが重要になるでしょう。充電スポットや電池コストなど、いまだにテクノロジー上のハードルは残っています。それ以上に重要なのは、現状、ＥＶで黒字化できている会社がほとんど皆無だということです。テスラを含めてＥＶは先行投資という位置付けになっている。そのなかでいち早く量産化、収益化を実現するプレイヤーは誰か。勝負の行方はまだわかりません。

さらには、業界全体で進んでいくであろうフラット化、水平分業化、モジュール化にどう対応するか。しかし同時に、総合プレイヤー＝プラットフォーマーとして勝ち残るべく開発、製造、販売など全てをグループ内で抱え込もうとするプレイヤーも現れるでしょう。つまり再度の垂直統合です。従来ハードを手がけていなかったアマゾンがタブレット型であるキンドルファイアの展開を始め、ユーザーとの直接の接点となるインターフェースの部分まで囲い込んだのはよい例です。そのとき、自社はどのようなポジションをとるのか。同じく総合プレイヤーを目指すのか。それとも、一部のレイヤーを担う「ワンオブゼム」（その他大勢の一社）として、垂直統合される側に回るのか。そうだとすれば勝ち残るプラットフォーマーを選ばなければなりません。そうしなければ、ワンオブゼムとして駆逐されるだけです。

こうした将来予測を踏まえて、業界・産業・企業のグランドデザインを描けるかどうかも、カギとなります。その上で、変化が激しい環境に対応できる戦略、組織、組織文化、リーダーシップ、マネジメントを構築できるか。日本に厳しい対応が迫られているのは、実はこの部分なのです。というのも、ほとんどの人が日本語しか話さない日本では、生の異文化に触れる機会が少なく、多様性に対してデフォルトとしては開かれていません。そのため、変化への対応力という点で日本はどうしても遅れをとることになってしまうからです。

もしも総合プレイヤーとして勝ち残ろうとするなら、規模の経済、範囲の経済、速度の経済の三位一体によるシナジーが非常に重要です。規模、範囲、速度の経済とは、前著『アマゾンが描く２０２２年の世界』で提示したフレームワークです。

規模の経済とは、より安くサービスを提供するために、規模を拡大し、低コストストラクチャーを構築すること。範囲の経済とは、扱う製品、サービスを広げていくこと。そこでは外部パートナーとの共同も不可欠であり、同時に、どこまでを自社独自で進めるか、どこを外部パートナーに委ねるかといった合理的な判断も必要です。

そして速度の経済の構築は、プロトタイプ思考、デザイン思考、３Ｄプリンティング思考といった新しい経営にシフトできるかどうかにかかっています。「石橋を叩いて渡る」従来の経営ではスピードアップは望めません。ＩＴ業界ではデファクトスタンダードとなっている、１００点満点ではなく70点でよしとする姿勢、完成度よりも「まず作る」「作りながら考える」ことを優先する姿勢がないと、他のプレイヤーに立ち遅れてしまいます。もちろん、これが「安全性の徹底」も同時に行いながらということになるからこそ、本当に困難なプロセスなのです。

◆サービスがソフトを定義し、ソフトがハードを定義する

改めて、競争の主舞台である自動運転について、整理しておくことにしましょう。ひと口に自動運転といっても、そこにはいくつかの段階があります。一般的には、米自動車技

術会（ＳＡＥ）による、レベル１からレベル４までの分類が知られています。

レベル１は、自動ブレーキや、車線維持支援機能など、単独の運転支援システムが搭載されているものを言います。レベル２では、ハンドル操作や加速減速など、複数の操作が自動化されています。このレベルだと車は車線（白線あるいは周囲の車）を見ながら走ります。そのため高速道路での使用が推奨され、重要なデバイスはカメラやミリ波レーダーです。この時点では、ドライバーはこれまで同様、自ら運転しながら周囲の状況もしっかり確認する必要があります。

レベル３の自動運転は、限定条件下で、システムが全ての運転操作を行うもの。現時点でも、白線が整備されている状況下であればレベル３の自動運転が実現しています。ただし、システムが不得意な状況下では人間に運転を移譲しなければなりません。現在、巷間言われている自動運転車は、レベル２かレベル３にあたります。自動運転とはいいながら、システムが不得意なシーンでは人間が運転をする。しかし急にハンドルを渡されても人間は困るわけで、事実上意味がありません。欧米の会社は最初から完全自動運転を見据えていました。

完全自動運転が実現するのはレベル４です。運転は全てＡＩにおまかせ状態。多くのテ

図表７　自動運転の根源的分岐点：レベル2、レベル3、レベル4の相違点

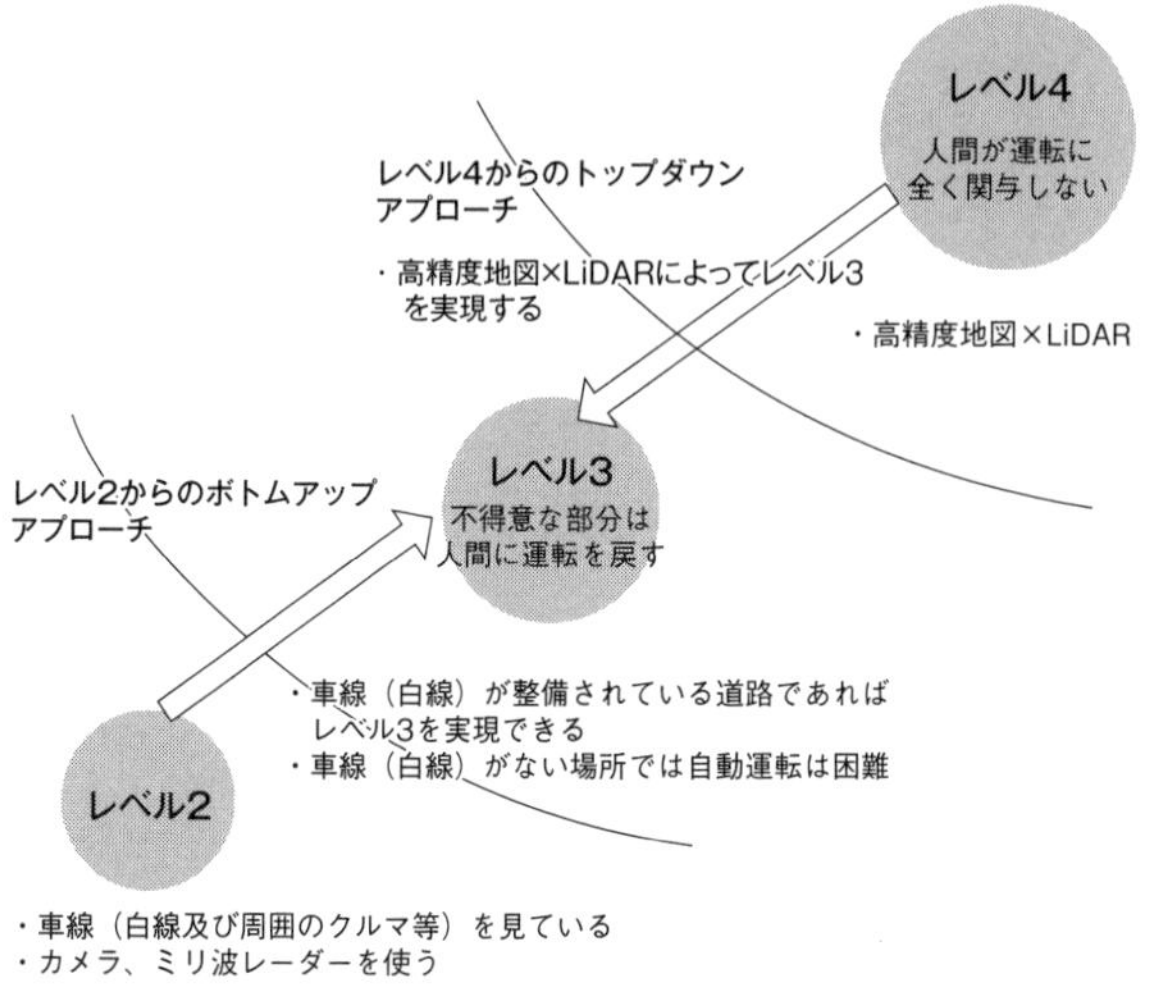

クノロジーが用いられるなかでも、とりわけ超高精度地図、レーザー光を用いた距離測定技術「ライダー（ＬｉＤＡＲ）」、そして各種センサーから集められた情報を適切に解釈し、どのように走るべきかを学習、推論する「頭脳」を備えたＡＩコンピュータなどが重要です。

こうした自動運転のキーテクノロジーについては第８章でまとめて触れることにします。

さて、まずご理解いただきたいのは、完全自動運転車にとって「車両」というハードウェアは、自動運転を可能にする巨大なシステムの一部分にすぎない、ということです。自動運転車の性能を決めるのは、ハードに加えて、自動運転車を制御する頭脳であるソフトウェア。この時点でもう、これまで自動車産業における主役だった完成車メーカーの競争優位性は、各メガテック企業、半導体企業などに比べて、希薄になっています。

さらに言えば、ソフトウェアよりもサービス、という時代が確実に到来します。というのも、完全自動運転車は、「どう運転するか」ではなく、「その空間のなかでどう過ごすのか」が問われるようになるからです。序章でも述べましたが、グーグルなどが志向している完全自動運転が実現すると、「自動車はもはや自動車ではない」ということが現実化します。完全自動運転車においての最大のポイントは「いかにクルマのなかで過ごすか」に転化されてくるのです。このテーマに明快な答えを出し、顧客の支持を受けるのは、既存の自動車会社でもテクノロジー企業でもないかもしれない。個人的には、最も可能性が高いのは次世代のライドシェア会社なのではないかと予測しています。

人間が運転に全く関与しない以上、そうなる可能性が高いのです。GMはいち早く、ペダルもハンドルもないまっさらな空間としての車内をビジュアル化して見せました。その空間においてユーザーに提供する新しいサービス、新しいユーザー・エクスペリエンスこそが、真の価値を持つようになる。そして改めて、そのようなサービスやユーザー・エクスペリエンスを可能とするソフトウェアとハードが、帰納的に定義づけられることになるでしょう。

完全自動運転車内にどのようなニーズがあるのか、まだ定かではありません。しかし、それは人がまだ言語化できていないニーズであるインサイトまでを見越した新たなサービス、新たな機能価値・情緒価値・精神価値を提供できるクルマであることは確かでしょう。アマゾンが「ビッグデータ×ＡＩ」により顧客の好みをリアルタイムで「察する」ことでリコメンデーション機能につなげているように、次世代自動車も、ドライバーの全身的な身体情報を活かし、そこに求められるサービスやユーザー・エクスペリエンスを「察する」ところまでたどり着く日が近づいているのかもしれません。

◆「クルマ×ＩＴ×電機・電子」で考える次世代自動車産業のレイヤー構造

つながるクルマ。ＡＩが運転手となりハンドルがないクルマ。シェアされるクルマ。Ｅ

V化されたクルマ。CASEが実現したのちの次世代自動車産業の姿を、想像してみてください。狭義の自動車産業自体は縮小するかもしれない。でも広義の自動車産業は、これまでの自動車産業をはるかに超える規模になる。「クルマ×IT×電機・電子」がオーバーラップし、掛け合わされる巨大な産業になる。そこにサービスほか周辺の関連産業までを加えるならば、全産業を巻き込むものになるといっても過言ではないでしょう。

それだけに、プレイヤー間の戦いは熾烈を極めることになります。どこにポジションをとるのか。どのように収益を上げるのか。明確なグランドデザインを持たない限り、新旧問わず自動産業界のプレイヤーたちは厳しい状況に立たされることになるでしょう。

今後を占うにあたっては、かつてPCやスマホ産業で起きたことからの類推が有益だと思います。

歴史的に見て、PC・スマホと次世代自動車には共通点があります。PC・スマホ産業の歴史とは、メーカーからソフトウェアメーカーへと主導権が移行していく歴史であり、従来型のバリューチェーン構造がレイヤー構造へと移行していく歴史でもありました。

かつて「百花繚乱、多数乱戦」の様相を呈していたPC産業は、OSというPCの頭脳をおさえたマイクロソフトと、半導体というPCの心臓部をおさえたインテルの連携、い

図表８　PCやスマホで起きたこと、そしてそれらからの類推分析

[WINTEL支配体制]

■ マイクロソフトが「PCの頭脳」：

■ インテルが「PCの心臓部」：

● アーキテクチャーを通じての仕様や性能による支配

✓ ハードの性能は、半導体の集積化による進展

✓ ソフトの性能は、OSをベースとした進展

● 製品のロードマップと標準化による支配

● サプライチェーンのコントロールによる支配

[AppleとGoogle＋α支配体制]

■ AppleがOS、ハード、アプリとサービス：

■ GoogleがOS、アプリとサービス：

■ サムソンがハード、部品、その他：

■ ホンハイがOEM、その他：

■ クアルコムが半導体：

■ TSMCが半導体製造ファウンダリ：

■ ファーウェイが端末、その他：

■ LINEがOS上のコミュニケーションアプリ：

次世代自動車産業でのプレイヤー予測

わゆる「ウィンテル」による支配体制となりました。ソフトの性能はＯＳをベースに進展し、ハードの性能は半導体の集積によって進展することから、ウィンテルは関連製品の仕様や性能をも支配。製品ロードマップを提示するのも製品を標準化するのも常にウィンテルでした。

しかし、この二社でさえＰＣからスマホへというモバイル化の流れには対応できませんでした。またＯＥＭ（相手先ブランドによる委託生産を受託する生産方式）、ＯＤＭ（相手先ブランドによる設計・生産をする会社）、ＥＭＳ（電子機器製造受託サービス会社）といった受託業者も次第に力を持ち始めます。

図表８の下段では、現在を「アップルとグーグル＋α」の支配体制とし、スマホ産業のプレイヤーをレイヤー構造で整理しました。アップルはＯＳ、ハードウェア、アプリ、サービスと、フルラインナップをおさえています。グーグルはハードには基本的に手を出さず、ＯＳとアプリ、サービスをカバー。サムスンはハード、部品その他のプレイヤーです。ほかにも、クアルコムが半導体、ファーウェイは端末、ＬＩＮＥはＯＳ上のコミュニケーションアプリをおさえています。

図表9　次世代自動車産業のレイヤー構造（簡易版）

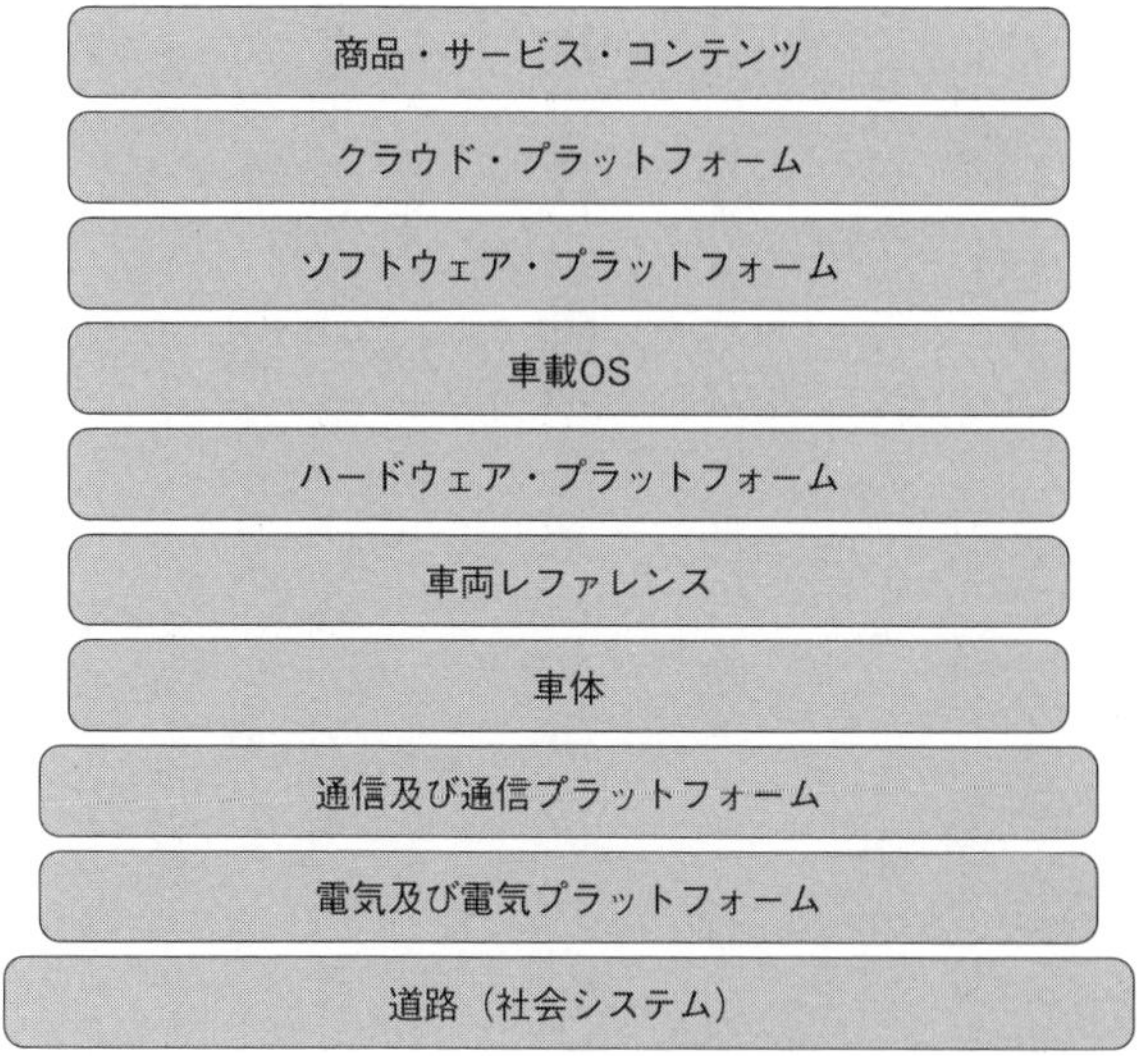

以上を踏まえて「クルマ×IT×電機・電子」からなる次世代自動車産業は、図表9のようなレイヤー構造から構成される産業になると私は考えています。

レイヤー構造においては、従来のバリューチェーン構造とは異なり、各レイヤーの製品をユーザーが選択し、組み合わせることができるようになると予想されます。スマホで言えば、端末はソニーのスマホ、OSはグーグルのアンドロイド、通信会社はドコモ、といったように、です。機能性や用途を決定づけるのがハードではなくソフトウェアであるという点でも、スマホと共通してくるのではないでしょうか。

したがって、序章では『三国志』にもたとえた次世代自動車産業の大混戦とは、各レイヤーのプラットフォーマー、あるいは複数のレイヤーを垂直統合する、さらに巨大なプラットフォーマーの座を争う戦いであると言えるでしょう。厳密に見るならレイヤーの各階層にもレイヤーとバリューチェーンがあり、そこでも垂直統合と水平分業が繰り返されることになります。

◆次世代自動車産業における「10の選択肢」

以上の考察をもとに次世代自動車産業における主な「10の選択肢」を示したのが図表10です。

既存の自動車会社においては、トヨタやダイムラーは明白に1の選択肢を目指しています。自動車会社のなかでは、次世代自動車の世界では、2の選択肢、つまりはハードとしてのクルマを提供することにとどまってしまう企業が続出するものと予想されます。その姿は、現在で言えば、ハードとしてのスマホだけを供給しているメーカーに等しくなるで

図表10　「“クルマ×IT×電機・電子”の次世代自動車産業」における主な10の選択肢

1. OS・プラットフォーム・エコシステムを支配する　＿＿＿＿
2. 端末・ハードを提供する　＿＿＿＿
3. 重要部品で支配する　＿＿＿＿
4. OEM・ODM・EMSプレイヤーとなる　＿＿＿＿
5. ミドルウェアで支配する　＿＿＿＿
6. OS上のアプリ&サービスでプラットフォーマーとなる　＿＿＿＿
7. シェアリングやサブスクリプション等のサービスプロバイダーとなる　＿＿＿＿
8. メインテナンス&サービス等のサービスプロバイダーとなる　＿＿＿＿
9. P2P・C2Cといった違うゲームのルールでのプレイヤーとなる　＿＿＿＿
10. 特長を持てず多数乱戦エリアでの1プレイヤーで終わる　＿＿＿＿

しょう。

現時点では、新旧のプレイヤーが入り混じり、それぞれが複数のレイヤーにまたがって事業を進化・拡張させている状態であり、垂直統合・水平分業の動きも頻繁にあって、次世代自動車産業の覇権の行方を見通すのは極めて困難です。しかし、だからこそ各プレイヤーについて事実を丁寧に積み重ね、考察するなかで見えてくるものがある。日本の活路もまた、その分析の先に必ず見えてくるはずです。

最終章では「10の選択肢」も使って次世代自動車産業における各社の戦略も考察していきます。

第2章

EVの先駆者・テスラとイーロン・マスクの「大構想」

◆「モデル3」量産化や資金繰りに苦闘中のテスラ

創業からわずか15年で、ＥＶの寵児となったテスラ。フォーブス誌の「世界で最も革新的な企業２０１６」の１位に選ばれるほどのイノベイターでもあります。

その価値を、従来の指標から推し量ることは案外簡単ではないかもしれません。売上規模を見れば、フォードが１５６７億ドル、ＧＭが１４５５億ドルに対し、テスラは１１７億ドルにとどまっています（いずれも２０１７年12月末決算での数値）。これだけ見ると、いまだ「老舗自動車メーカー強し」の印象です。

しかし、時価総額に注目すると印象は一変します。ＧＭ５２７億ドル、フォード４３８億ドルに対し、２０１０年に上場を果たしたばかりのテスラは５０５億ドル（いずれも２０１８年４月６日時点）。また、簿記上の自己資産に対する時価総額の倍率を示すＰＢＲは、テスラ11・9倍、ＧＭ１・５倍、フォード１・２倍です。

単純に、全世界を走る車両に占めるシェアのみを取り上げれば、テスラのＥＶ車の数は、業界全体に影響を与えるようなものではないと言ってもいいでしょう。しかしテスラ

テスラのイーロン・マスクCEO（写真：Imaginechina／時事通信フォト）

は単に売上や販売台数だけでは語ることのできない部分によって、業界の秩序をひっくり返してみせたのです。この事実から、テスラという会社の革新性、そして市場からの期待感の大きさがおわかりいただけるのではないでしょうか。

テスラ躍進の立役者となったのは、現ＣＥＯのイーロン・マスクです。会社を立ち上げたのはマーティン・エバーハートとマーク・ターペニングの二人ですが、２００８年の経営危機に際して、出資者の一人であったイーロン・マスクがＣＥＯに就任しました。

現在のテスラはモデルＳ、モデルＸ、モデル３の３車種を販売しており、このうち最初の一般向け車両である「モデルＳ」は、２０

17年にアメリカで最もよく売れたEVです。それでもイーロンに言わせれば「まだまだ足りない!」というところでしょう。なにしろ彼は「電気自動車の年間販売台数を1億台にする」と宣言しているのですから。ここで「テスラ車を1億台に」と言わないところがイーロンの類いまれなる人物像を物語っているのですが、これについては後述します。

もっとも、足元ではテスラは明白に苦闘しています。テスラ初の大衆車となった「モデル3」(3万5000ドル)の量産が軌道に乗らず、先行投資ばかりが膨らんでいるのです。そのほかにも、モデルSのリコール、自動運転での事故など、2018年に入ってからはネガティブな出来事が相次いでいます。

モデル3については、予約開始から1ヶ月で40万台ものオーダーを獲得したものの、いざ生産を始めると2017年7~9月期の納車台数は260台、10~12月は1500台にとどまりました。これを受けて同社は、「17年末には1週間あたりの生産目標を5000台とする」との目標を18年3月末に先送りし、さらに18年6月末へ先送りしました。

ボトルネックとなっているのは、電池パックと車体の組み立ての速度です。当初、組み立てはロボットによる完全自動化ラインで進められる予定でしたが、委託業者がテスラの要求に応えられず、テスラ自らが手作業による組み立てを行うことに。ガソリン車に比べてはるかに部品点数が少ないことで知られるＥＶとはいえ、これでは生産スピードが上がりません。結果、17年度のフリーキャッシュフローは約34億ドルの赤字に。最終損益は過去最大の、19億６１４０万ドルのマイナスを計上しました。イーロン自身もこれは想定外の事態だったようで、会見では、こんな地獄は二度と経験したくないと本音を漏らしています。

しかし私はイーロンにとっては、これも、彼の壮大なミッションを成し遂げるために必要な産みの苦しみなのではないかと思っています。彼の使命は、「人類を救済する」という、にわかには信じがたいスケール感のもの。当然のことながら、その「ヒーロー」を待ち受ける「デーモン」が強力なのは当然でしょう。

◆「人類を救済する」イーロン・マスクの大いなる使命感

テスラという会社を理解するには、イーロン・マスク個人の使命感と野望を、まずは理解する必要があります。彼の生い立ちを駆け足で紹介しましょう。

イーロンは１９７１年、南アフリカ共和国に生まれました。その後アメリカに渡り、ペンシルバニア大学で物理学と経済学の学位を得たのち、スタンフォード大学大学院に進みます。当時から、人類の将来にとって大きな影響を与える課題はインターネット、クリーンエネルギー、宇宙開発の三つと結論づけていたイーロン。スタンフォードをわずか2日でドロップアウトすると、弟とソフトウェア制作会社を創業。ここで成功を収めたのちにPC大手のコンパックに売却、その資金で創業したインターネット決済の「Xドットコム」も大成功。Xドットコムはのちにコンフィニティ社との合併により、ペイパル社となります。ここまでならイーロンも、シリコンバレーには珍しくない「ITの成功者」で終わっていたかもしれません。

ところがイーロンは、ペイパル社をイーベイ社に売却して手にした約170億円もの個人資産を元手とし、2002年に民間宇宙企業「スペースX」を設立したのです。IT起業家がなぜロケット開発を？　一体何のために？　それは「人類を火星に移住させるため」なのです。

彼は予測しているのです。地球人口はすでに70億人を超え、環境破壊が進み、石油資源も枯渇しようとしている。人類がこのまま地球にとどまるならば滅亡は免れない、と。誰もが「荒唐無稽」と笑いましたが、イーロンは本気でした。創業6年目にして宇宙ロケット「ファルコン１」の打ち上げに成功、それ以後も次々に新型ロケットの打ち上げを成功させ、２０１８年には大型ロケット「ファルコンヘビー」にテスラの超高級ＥＶ車「ロードスター」を乗せて、火星軌道上に打ち上げています。

そして、その次に参画したのが、テスラなのです。インターネット、宇宙ときて、電気自動車。これも一見すると「何のために？」と首をかしげたくなりますが、イーロンの想いは「人類救済」で終始一貫しています。つまり、こういうことです。火星に行けるロケットが完成するまで時間が必要。地球滅亡をスローダウンさせるため、排気ガスを撒き散らすガソリン車にかわるＥＶ車を開発しよう。クリーンエネルギーのエコシステムを定着させよう――。ここからわかるのは、イーロンにとってＥＶはクリーンエネルギーを実現するための手段であるということ。２０１６年には太陽光発電企業であるソーラーシティをテスラが買収しています。

したがって、テスラをＥＶのみの会社と見ると本質を見誤ることになります。その実態はクリーンエネルギーを「創る、蓄える、使う」の三位一体事業。太陽光発電でエネルギーを作り、蓄電池でエネルギーを蓄え、ＥＶ車でクリーンエネルギーを使う、この三つをカバーしているのがテスラという会社なのです。

イーロンのリーダーシップ、マネジメント、そして行動や発言の一つひとつに至るまで、「人類救済」というミッションから逆算することなしには、読み解くことはできません。

もちろんビジネスである以上は、成功が一つのモチベーションであるのは事実です。しかし、それも自分自身の壮大なミッションを実現させるための資金を得る手段でしかない。さらに言えば、ミッションを実現させることができるなら、自分自身の手で実行できなくても構わないとすら本気で考えているのが、イーロンの凄みです。その証拠に、2014年にはテスラの全特許をオープンソース化しました。EVの開発において最も重要な電池についても、他社のようなEV専用の大型電池ではなく、ノートPCに使われる汎用電池をつなげて使用することでコストを下げるという、テスラ独自の技術を公開してしまいました。なんてもったいないことを、というのは常人の考え。イーロンは、これによってEV市場が活性化し、人類救済が果たされるのであればノウハウを無償で提供するべきだ、という考えなのです。彼が「電気自動車を1億台にする」とは言っても「テスラ車を1億台にする」と言わないのはそのためです。

経済的成功は、二の次、三の次。それどころか彼は稼いだ以上のお金を投資に回してしまい、自分は借金しかねない始末です。まるで、無一文になっても構わないと思っているかのようですが、彼にはお金よりもミッションの実現が大切なのであり、だからこそお金を失うことを恐れない、ということなのでしょう。その意味では、お金の豊かさと心の豊かさを兼ね備えた人物であると言えます。

筆者はこれまで経営コンサルタントとして、時価総額1兆円を超える企業の経営者の参謀役も務めてきましたが、こうした人物像は、経済的にも桁外れに成功した経営者にはある程度共通しているように思います。彼らのように人並み外れて大きな成功体験があると、「仮に会社が破綻しても、このレベルの成功ならばいつでもできる」という深い自信が涵養されるのかもしれません。

◆天才か、鬼才か、独裁者か

その一方で、イーロンほど毀誉褒貶《きよほうへん》が激しい人物もいません。「人類を救済する」とは言いながらも、イーロンのキャラクターは救世主、聖人君子とはかけ離れたものです。天才発明家、鬼才、無謀、クレイジー、ペテン師、独裁者、ジョブズを超える男。身近な人物によるイーロン評を集めてみると、よくも悪くも極端な、そして多くの人を惹きつけてやまないカリスマ的な人物像が浮かび上がってきます。
　例えば、ピーター・ティール。ペイパル社の創業者の一人で、ペイパル出身の成功者集団「ペイパルマフィア」の中核的な人物です。現在はベンチャーキャピタルを運営していますが、クリーン・テクノロジーへの投資は禁じてきました。意義ある事業であることは誰の目にも明らか、それでもまだまだ採算度外視の世界であり、政府の出資や優遇措置がなければ成立しない。そんな市場を敬遠してのことです。しかし、イーロンはテスラとソーラーシティという二社を成功させてみせた。ピーターはこう言いました。
「すると多くの人は、まぐれ当たりと片づけたくなる。現実離れしたビジネスマンが活躍するアイアンマンみたいな話というわけです。でも彼の成功は、微々たる改善の繰り返しに甘んじている我々への批判と見ることもできるのではないでしょうか。それでもまだ世の中の人々がイーロンを訝《いぶか》しがっているとすれば、むしろおかしいのはイーロンではなくて、世の中のほうだったのかもしれません」（『イーロン・マスク　未来を創る男』アシュリー・バンス著、講談社）
　実際、イーロンは映画『アイアンマン』の主人公トニー・スタークのモデルになっています。発明家であり経営者であり大富豪というキャラクターは、イーロンそのものです。

グーグル創業者のラリー・ペイジもイーロンに心酔し、最大の支援者であることを自認していることは米国では有名です。

壮大な使命感に突き動かされて、実現不可能と思われる仕事も「やり切って」しまうイーロン。起きている時間は常に働く、周りが50時間働いているなら自分は１００時間働く、そうすれば人の倍の速さで物事を達成できるといった発言からも、彼の「やり切る」力は伝わってきます。イーロンがビジョナリーな経営者であるのは明白です。

反面、人間的には冷酷なところもあるようです。イーロンは気難しい上司として有名で、感情的に部下を怒鳴りつけることもしばしばだといいます。おそらく人としては必ずしも好ましい人物ではないのでしょう。こういった話に事欠かなかったスティーブ・ジョブズ以上に、イーロンには冷酷なエピソードもたくさん語られています。

しかし革命児と言われる人物には皆こうした一面があります。スティーブ・ジョブズ然り、ジェフ・ベゾス然り。極めて優秀であると同時に、他人を強引に振り回し、疎《うと》まれる。優しいかと思えば怒り狂う。なかでもイーロンは「一番突き抜けている」かもしれません。打ち出しているミッションは桁違いの大きさです。時価総額で見ればベゾスのアマゾンのほうが巨大ですが、人として突き抜けて欠落しているものもある度合いはイーロンに軍配が上がりそうです。

◆クリーンエネルギー企業としての戦略構造

テスラの事業は、こうしたイーロンの強烈な個性がそのまま投影されています。改めて、テスラという会社が何を目論んでいるのか、概観してみることにしましょう。戦略全体を構造化したものが図表11です。図上の文言はイーロン・マスク本人の言葉そのものではなく、私が要約した言葉であることをご了解ください。

全ては「人類を救済する」というミッションから始まります。これはイーロン・マスク個人のミッションであり、同時にテスラのミッションです。

これを受けてテスラは「クリーンエネルギーのエコシステムを構築する」というビジョンを掲げました。要するにテスラは自動車メーカーである同時に、エネルギー企業であるということです。おさらいしておくと、彼の世界観では「このままでは早晩、地球は滅亡してしまう」のです。人類を救済するため火星に移住させなければならない。その想いで

図表11　テスラの戦略全体構造

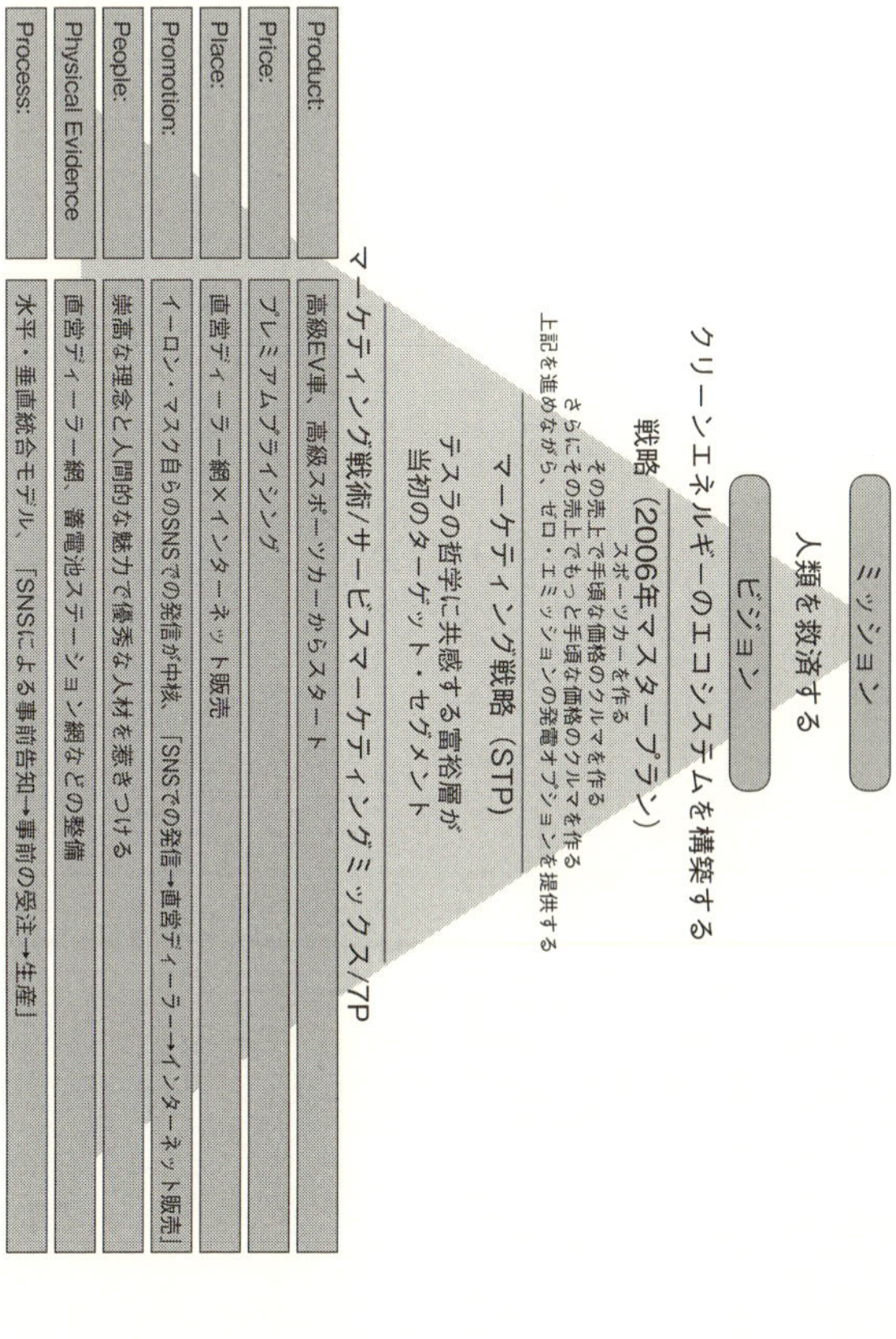

ミッション
人類を救済する
ビジョン
クリーンエネルギーのエコシステムを構築する
戦略（2006年マスタープラン）
スポーツカーを作る
その売上で手頃な価格のクルマを作る
さらにその売上でもっと手頃な価格のクルマを作る
上記を進めながら、ゼロ・エミッションの発電オプションを提供する
マーケティング戦略（STP）
テスラの哲学に共感する富裕層が
当初のターゲット・セグメント
マーケティング戦術/サービスマーケティングミックス/7P
Product:
高級EV車、高級スポーツカーからスタート
Price:
プレミアムプライシング
Place:
直営ディーラー網×インターネット販売
Promotion:
イーロン・マスク自らのSNSでの発信が中核。「SNSでの発信→直営ディーラー→インターネット販売」
People:
崇高な理念と人間的な魅力で優秀な人材を惹きつける
Physical Evidence
直営ディーラー網、蓄電池ステーション網などの整備
Process:
水平・垂直統合モデル、「SNSによる事前告知→事前の受注→生産」

スペースXを創業し宇宙ロケット開発を急ピッチで進めてきましたが、このままのペースでは火星に人類を移送できるようになるまで地球がもちそうにありません。ならばクリーンエネルギーによって、地球滅亡をスローダウンさせよう。イーロンが手がける事業の背景には人類救済という一貫した使命感のストーリーがあります。

したがってテスラのEV車は、クリーンエネルギーのエコシステムを構築するための一手段です。それでは、その実現のため、テスラはどのような戦略を進めてきたのでしょうか。

その戦略が2006年に発表された「マスタープラン」に記されています。テスラのホームページに全文が公開されていますので、興味のある方は是非ご一読ください。結論から述べると、その「マスタープラン」のほとんどをイーロンは実現してみせました。

マスタープランによれば、イーロン・マスクの思惑は次のようなものでした。まず①高級スポーツカーを作る（ロードスター）、②その売上で手頃な価格の車を作る（モデルS、モデルX）、③その売上でさらに手頃な価格のファミリーカーを大量生産する（モデル3）。この手順を繰り返しながら、④ゼロ・エミッションの発電オプションを提供する。

クリーンエネルギーのエコシステムを構築するためにEV車を普及させるといっても、

一足飛びにはいきません。最初は製造コストが高くつき、販売価格も高くせざるを得ないのです。そこでまずは高級ＥＶ車にフォーカス。また、イーロンがペイパルの売却で得たキャッシュで賄うにも、ステップ①までが限度という事情があったようです。２０１６年に発表された「マスタープラン パート２」のなかで、イーロンは次のように述懐しています。

「成功する可能性があまりにも低いだろうと思い、最初は自分以外の人の資金にリスクを負わせるべきではないと考えました。これまでに自動車会社として成功したスタートアップ企業は非常に稀です。そして、２０１６年の時点で破産していないアメリカの自動車会社は合計で2社、フォードとテスラのみです。自動車会社を起こすこと自体愚かなことと言えるかもしれませんが、電気自動車会社に至っては愚の骨頂です」

果たしてテスラのモデル展開は、マスタープランを忠実になぞったものになりました。まず２００８年に超高級スポーツカー「ロードスター」が完成。価格は１０００万円以上もしましたが、予約が始まるとレオナルド・デカプリオやブラッド・ピット、アーノルド・シュワルツェネッガー、ジョージ・クルーニーなど綺羅星のごときセレブから支持され、彼らを「広告塔」がわりにすることに成功、一気にマーケットの注目を集めました。２０１２年には高級セダンの「モデルＳ」を、そして２０１５年には高級ＳＵＶの「モデルX」が完成。そして2017年に待望の大衆車である「モデル3」を約400万円で発売、量産化に向かおうとしています。

続けて、テスラのマーケティング戦略を見てみましょう。STP（セグメンテーション・ターゲティング・ポジショニング）の点から分析すると、当初のセグメンテーション・ターゲットは、ずばり「テスラの哲学に共感する富裕層」です。STPとは、市場をどのように切り分け（セグメンテーション）、そのなかでどこにターゲットを絞り（ターゲティング）、さらには自社をどのように位置づけていくのか（ポジショニング）というマーケティング戦略の要諦です。

マーケティング戦術である「7P」は次のように整理できます。プロダクト（Product）は高級EV車、高級スポーツカーからスタートしています。価格（Price）はプレミアムプライシングという位置づけです。

流通（Place）は、直営ディーラー網×インターネットという手法にテスラの独自性があります。通常、自動車業界ではメーカーが消費者に直接車を売るのではなくディーラーが仲介するのが一般的です。ところがテスラはディーラーを通さず、直営店とインターネットによってダイレクトに車を売っている。店舗は高級ショッピングモールや高級住宅街に建てられており、購入後はユーザーが希望する場所まで納車にやってきてくれます。ウェブサイトではいつでも予約でき、キャンセルも簡単。ガソリン車と比べると部品が少なく、オイル交換などのメンテナンスが基本的に不要だからこそできる手法です。ちなみに、これによって存在価値を脅かされることになった全米ディーラー協会はテスラを相手に訴訟を起こしています。業界の慣習を打ち破ろうとする者の前に抵抗勢力が現れるのは世の常だといえます。

プロモーション（Promotion）においては、マスメディアを使った広告は打たず、イーロン自らがＳＮＳ上で情報発信することで直営ディーラーやインターネット販売に消費者を誘導する手法を取っています。スペースＸのロケットの打ち上げ実況やテスラの業績報告なども、会社からのリリースに先んじて彼のＳＮＳアカウントから発信されています。

ピープル（People）の点では、崇高な理念と人間的な魅力で優秀な人材を集めています。イーロンが語る壮大なビジョンが人を惹きつけ、チームの結束を高めています。フィジカルエビデンス（Physical Evidence）の点では、直営ディーラー網や蓄電池ステーションなどを整備していること、プロセス（Process）においては水平・垂直統合モデル、ＳＮＳによる事前告知→受注→生産方式に特徴があるといえます。

◆「EV車はダサい」イメージを刷新するテスラ車の衝撃

テスラのクルマそのものが魅力的であることは言うまでもありません。従来の電気自動車はエコである一方で、「かっこ悪い」イメージがどうしてもつきまとっていました。遅い、航続距離が短い、そしてデザインがダサい。そのままでは、いくら人類救済の使命を謳い上げたところでユーザーの支持は得られなかったことでしょう。

ところが、テスラのEV車は別次元に「クール」です。

まず単純な走行性能だけ見てもレベルが高いのです。2020年に発売予定の最新型の「ロードスター」の最高速度はなんと時速400㎞以上。また、1回の充電で1000㎞の走行が可能だとしています。

従来の自動車産業にはない技術もふんだんに盛り込まれています。例えば、ペイパルの創業メンバーでもあるイーロンは、自動車業界にIT業界のものづくりの手法を存分に取り入れています。

スマホのように、ソフトウェアの「アップデート」により進化していくクルマ、というコンセプトも、その一つです。常時インターネットと接続されているため、ソフトのアップデートによって機能が追加され、車両というハードを買い換えることなしに運転性能が改善されていく、ということです。ソフトウェアの「バージョン７」からは、実際にクルマがどんな状況でどう走行しているのかに関するビッグデータをクラウドに収集し、それを現在運用中の自動運転システム「オートパイロット」の改善に役立てているといいます。発売されているモデルはすべて完全自動運転を見越したハードになっており、あとはオートパイロットが完全自動運転用にアップデートされるのを待つばかり、という段階まで来ています。

端的に、イーロンの優れたものづくりのセンスも大いに貢献しているのでしょう。ずんぐりした印象のある他社のＥＶ車とは異なる、シャープな車体デザイン。室内空間も瀟洒《しょうしゃ》で広々としています。ドアハンドルは、通常時には収納されており、ドライバーがクルマに近づくと自動的にせり出してくるという機構を採用。現在の高級ＥＶ車においてはデフォルトになりつつありますが、もともとはテスラのアイデアなのです。

「モデルＳ」車内のディスプレイは iＰａｄを思わせる大型液晶タッチスクリーンで、物理的なスイッチが少ないことが「ＩＴと融合したクルマ」を強く印象づけるものになっています。宇宙レベルの壮大なミッションを描きながら、具体的なものづくりの場面ではミクロのレベルで細部を突き詰める。それがイーロンです。先述のアシュリー・バンスによれば、決して妥協を許さず、社内のエンジニアに対しては「物理学のレベルまで掘り下げろ」が決まり文句になっているようです。マクロの壮大さとミクロの繊細さがイーロンの特徴なのです。

◆バリューチェーンで比較する従来の自動車産業とテスラ

バリューチェーンもまた独特です。図表12は従来の自動車産業のバリューチェーンとテスラのバリューチェーンを分析し、比較したものです。

従来の自動車産業のそれは、企画・開発、調達、製造、マーケティング、販売、メンテナンス、その他フォローとつながっています。

テスラのバリューチェーンでは、そこに新たなプロセスが追加されています。一つは「チャージ」です。テスラの充電ステーションは「スーパーチャージャー」と呼ばれ、世界各国の主要ルート沿いに建設中です。すでに拠点は世界で1200以上。そこでは約30

分という急速充電が可能です。また前述の通り、ＯＳ・ソフトを「アップデート」するプロセスも追加されました。

従来の自動車産業と同じように見えるプロセスも、その内実は大きく異なっています。

図表12　バリューチェーンの比較：従来の自動車産業 vs. テスラ

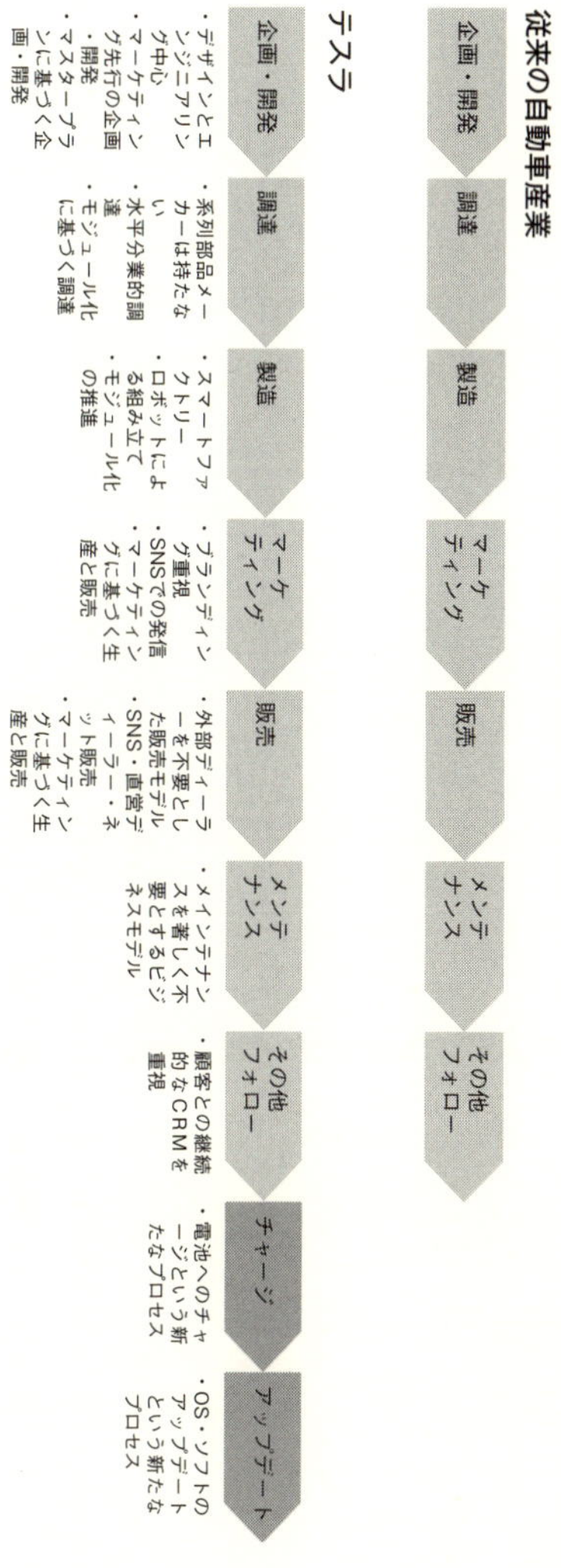

例えば「調達」のプロセスにおいては、系列部品メーカーを持たず、車体やバッテリー、タイヤなどの部品はすべて外部から調達する水平分業型のビジネスモデルを採用しています。

もっとも並行して再度の垂直統合を進める動きも見られます。テスラはこれまでAI用半導体にはエヌビディアの製品を搭載してきました。しかしイーロンは2017年12月、AI用半導体を自社開発していることを発表。その約2年前の2016年1月には、天才的な設計者であるジム・ケラーを半導体大手のAMDから引き抜き、自動運転システム「オートパイロット」のハードウェア開発を担当する副社長に据えていました（ケラーは2018年4月にインテルに移籍）。

また「販売」のプロセスでは前述の通り、外部ディーラーを不要とし、SNS、直営ディーラー、ネット販売による直接販売方式を採用しています。

「企画・開発」のプロセスにおいては、顧客ニーズではなくインサイトを重視、デザインとエンジニアリングが中心の「プロダクトアウト」の発想による斬新なEV車を発表し続けています。とはいいながら「マスタープラン」に従った企画・開発であることを忘れてはいけません。全ては宇宙レベルの壮大なミッションやビジョンに基づいているのです。究極の目的は人類救済。そのためにクリーンエネルギーのエコシステムを構築する。テスラのあらゆる企画・開発は、そこからの逆算で実行されています。

こうした気宇壮大な話ばかりが注目されがちなテスラはありますが、反面、プロセスの細部に焦点をあてると、イーロンが非常に緻密で合理的な考え方をしていることもわかります。例えば、既存のものをフル活用する開発姿勢です。テスラのＥＶ車のバッテリーは、従来のＥＶ車に使われている専用の大型鉛蓄電池ではなく、ノートＰＣなどにも使われている汎用性の高いもの。これによりコストを抑えています。

製品がビッグデータの集積装置になっていることも特筆すべきです。前述の通り、現在、テスラは販売したクルマからデータを収集し、クラウドに蓄積させています。これによりモデルＳから搭載された自動運転システム「オートパイロット」を進化させ、完全自動運転の実現を目指すというのです。これは大きな競争優位だと言えるでしょう。ほかの会社は数の限られた試験車を走らせるしかないのに、テスラは日々、数十万台規模のデータを蓄積できるのですから。現在は苦境に喘《あえ》いでいますが、テスラが完全自動運転で最終的にリーダーとなる可能性は十分にあると思います。

「製造」のプロセスでは、ロボットによる組み立て、モジュール化を推進しています。カルフォルニア州フリーモントにある工場は、ＧＭとトヨタの合弁工場だったＮＵＭＭＩの手法を参考にしたもの。一時はテスラの出資者でもあったトヨタのカンバン方式と同様のジャストインタイムの調達をオートメーションによって実現しています。

もともよりＥＶ車はガソリン車に比べ部品数が少なく、またエンジンや変速機といった機械部品ではなくリチウム電池やモーター、ソフトウェアといった電気部品が中心であることから、よりシンプルで組み立てやすく、ロボットの導入を進めやすいのです。工場の風景も、自動車工場というより、電気製品を組み立てるスマートファクトリーを思わせるものになっています。

「ブランディング」の原動力は、何といっても、イーロン・マスクその人の、哲学・想い・こだわり、ミッションやビジョンです。彼は自らの言葉によって、社員、顧客、社会を鼓舞し続けています。米国では「Think as big as Tesla（テスラのように大きく考える）」という表現があるほど。お金のためではなく、自らが理想とする未来を創るために生きる。常識外れと批判されることも厭わない。テスラのＥＶ車は、こうした新しい生き方、新しいライフスタイルを体現しています。

そして、ミッション、ビジョンからマーケティング戦略、製品の細部に至るまで、一つの価値観で貫かれているテスラのクルマを購入することは、イーロン自身の価値観を共有することそのもの。ユーザーは知らず知らずのうちに、マズローの「人間の欲求５段階説」でいうところの承認の欲求や自己実現の欲求を満たされることでしょう。おそらくイーロンは、これも自覚的に仕掛けているはず。そこからは、ジョブズもかくやといった、ユーザーがまだ「欲しい」と自覚していない欲求、顧客のインサイトに対する嗅覚の鋭さをうかがい知ることができます。

◆テスラは「ダーウィンの海」を越えられるか

いまなお、イーロン・マスクのミッション、ビジョンに変更は一切ありません。また、「モデル３」が完成したことにより「高級車から大衆車へ」という移行も進みました。

しかし目下の課題は、冒頭で触れたように「モデル３」を思惑通り量産できるかどうか。飛ぶ鳥を落とす勢いだったテスラがここにきて足踏みをしているように思われます。筆者の専門領域であるストラテジー＆マーケティングの観点からは、現在の不調を次のように解釈できます。

高級車の製造までは既存のＳＴＰや７Ｐ、バリューチェーンでたどり着けたものの、大衆車の量産というステージに移るにあたって必要な新たなＳＴＰ、７Ｐ、バリューチェーンは確立できていない。ターゲットが異なるセグメントを攻略していく以上、ポジショニングも変化させていかなければならないのに、それができていない。資金の枯渇も噂されるなかで、イーロンならば成し遂げるだろうという期待感と、いよいよ未知の領域に踏み込もうとする不安とが入り混じった状態にあります。いかにイーロンといえども、容易に越えられるハードルではないでしょう。

イノベーションのプロセスには「魔の川、死の谷、ダーウィンの海」という三つの関門があるとされています。それぞれ魔の川は研究から開発の、死の谷は開発から事業化の、ダーウィンの海は事業化から産業化への障壁を指しています。これまでテスラは、イーロンの強烈なミッションを原動力とし、ＥＶ車の研究、開発までは完全に業界をリードしてきました。研究を研究だけに終わらせず、具体的な製品の開発につなげることで魔の川を越え、その製品をユーザーに届けるためのマーケティング戦略とバリューチェーンを構築することで死の谷を越えてきたのです。

ここまでのノウハウは、全てオープンにされており、中国のＥＶ車メーカーに後発者利益が発生しています。上記のプロセスで言えば、中国勢に死の谷までを渡る「魔法」を伝授したのがテスラなのです。それがなければ、いくら政府が支援しているとはいえ、中国で60社を超えるＥＶ車の完成メーカーが誕生することはなかったかもしれません。

しかし、量産車の事業化に際しては、論理的に考えても、テスラは厳しい状況に立たされると予見できました。テスラにはＥＶを量産するノウハウが欠けている。これは完全自動運転車の「手前」の段階にあるクルマを作っているからでもあります。言い換えると、まだ「ＩＴ×電機・電子」の要素が十分ではない。ハードがまだ「従来のガソリン車の延長」にあり、そのため量産化においても従来の自動車産業のテクノロジーを必要としているのです。超高級車ならばスマートファクトリーでロボットを組み立てるように作れたのかもしれませんが、大衆車を量産しようとすると、従来のノウハウが足りないのです。逆に言えば、これまでテスラにおされていたＧＭやフォードに逆襲する目があるとしたら、そこです。

もっとも、これが完全自動運転の時代に移行し、グーグルが走らせている、まるでＩｏＴ機器のようなクルマがメジャーになれば、量産の苦しみからは解放される可能性が大きいのです。最終的には、かつてアップルや、アップルからスマホの製造を請け負っていた韓国、台湾、中国のベンダーが得意としていた「短期に・大量に製品を作る」ノウハウとスマートファクトリーさえあればよく、従来の自動車産業の量産化ノウハウが、完全に陳腐化する可能性すらあるのが次世代自動車産業なのです。

◆大手自動車メーカーによる「テスラ包囲網」

テスラはこれからどうなるのか。一つ確実に言えるのは、これからも同社はマスタープランに従って動いていくということです。10年前に掲げたマスタープランをほぼ実現させたテスラは、２０１６年に新たに「マスタープラン パート２」を発表しました。テスラの日本語のＨＰには次のようにまとめられています。

「エネルギー生産と貯蔵を統合する」。これは、テスラがソーラーシティを買収したことと関連しています。バッテリーとソーラーパネルをシームレスに統合し、「クリーンエネルギーのエコシステムを構築する」という共通の目的のために一元管理する、というのです。現在は、家庭用蓄電池の「パワーウォール２」、産業用の蓄電システムの「パワーパック」を展開、加えてパナソニックとの共同によるバッテリー工場「ギガファクトリー」

を稼働させ、ＥＶ車に搭載するリチウムイオン電池を生産しています。

「地上の輸送手段の主な形を網羅するために事業を拡大する」。これは、すべての主要セグメントをカバーできるように、ＥＶの製品ラインナップを拡大する、ということです。

２０１７年11月には、同社初の電動トラック「テスラ セミ」を発表、２０１９年に製造開始をするとしています。

「自動化」。引き続き、世界中のテスラ車から走行データを収集し、自動運転システム「オートパイロット」を進化させることで、「人が運転するよりも10倍安全な自動運転機能を開発します」と宣言しています。またその理由についても、次のように書かれています。「なぜテスラが今、待つことをせず、部分的な自動運転を実装しているのかを説明します。最も重要な理由は、それを正しく使った場合、人間が運転するよりもかなり安全性が向上するということです。そのため、単にメディアの論調や法的な責任を恐れてリリースを遅らせることは道徳的に許されることではないと私たちは考えているからです」。ただ自動運転車で死亡事故も起きてしまったなかで、筆者としては、この部分だけはイーロンに再考をしてほしいと切望しています。

「カーシェアリング」。同じく「マスタープラン　プラン２」には、「クルマを使っていない間、そのクルマでオーナーが収入を得られるようにします」「これにより月々のローンやリースの支払いをオフセットし、時にはそれ以上の収入を得ることが可能になり、ほぼすべての人がテスラ車を所有できる程に、実質的な所有コストが大幅に削られます」と書かれています。

以上を踏まえて、テスラの課題を改めて整理してみましょう。それは当然ながら、モデル3の量産化で苦しんでいること、のみではありません。「マスタープラン パート2」にしても、本当に実現できるのか。例えばテスラは、他社が自動運転において重要視しているレーザー光を使った「LiDAR」を採用していません。果たしてその選択は安全性を徹底する上で本当に正しいのか。実際に自動運転で死亡事故が起きているなかで見直しは必要ないのか。完全自動運転の実現に向けて各社がしのぎを削るなかで、テスラが遅れを取ることにならないか。このあたりは第8章において詳しく論じていきます。

肝心要のEV車も、競合他社の猛追が始まっています。再三触れているように、ヨーロッパと中国を中心に、EV化へのシフトが顕著です。ドイツのダイムラー、BMW、フォルクスワーゲンなどが数兆円規模の投資を図ってEV化を急いでいますし、メルセデス・ベンツは、テスラに対抗するべく三大陸、六工場でEVとEV用のバッテリーを生産する

「グローバル・バッテリー・ネットワーク」構想を発表しています。これがテスラにとって脅威でないわけがありません。何しろ、彼ら従来型の大手自動車メーカーは、テスラが苦労している量産化の技術をこれまで何十年と蓄積させてきました。センスの尖った高級車カテゴリではテスラに遅れを取っていたかもしれませんが、「モデル３」と同じ量産車のカテゴリで競ったとき、安心、信頼の点でユーザーの評価が従来型の大手自動車メーカーに傾く可能性は小さくないはずです。

◆「テスラに経営危機勃発」、そのとき支援する会社はどこか

そして最後に指摘しなければならないのは、テスラはこれまでずっと経営破綻のリスクを抱えてきた会社であるということです。ＥＶ市場を牽引する存在でありながら、創業以来一度しか黒字を達成したことがなく、いまも「モデル３」が大ヒットしない限りは存続が難しいと言われています。万が一の事態が起こる可能性は高いと言わざるを得ません。

２０１８年の４月１日、エイプリルフールの日、イーロン・マスクは自らツイッターで「テスラ、倒産」という、どう考えても笑えないブラックジョークを繰り出しました。「イ

ースター（復活祭）での大量販売、資金調達への努力にもかかわらず、テスラが破綻したことを伝えるのは残念だ」と投稿。量産が難航している新型車「モデル3」にもたれかかって倒れてしまった自らの写真も掲載したのです。尖り度、欠落度が著しい彼らしいジョークだったのかもしれません。しかし、その日、株価は一時、7％も下落しました。投資家やマーケットがジョークとは受け止められないくらい、テスラの経営危機が顕在化することを想定し始めていることの証左とも言えるでしょう。

もし緊急事態が発生したとき、テスラを救済するのはどこなのか。過去には、グーグルのラリー・ペイジに身売りを相談し、価格まで決まっていたという話があります。そもそもグーグルはスペースXの株主です。すでに相当な額を投資しており、当然テスラ救済に動くと考えられます。

加えて言うなら、ラリー・ペイジはイーロンの使命感を共有する熱狂的なファンでもあります。いざとなったらグーグルがテスラを買収する、これが本命でしょう。次点としては、テスラの株式をすでに5％保有し、次世代自動車産業にも乗り込んできている中国ITの雄、テンセント。ダークホースは、これまで噂だけは何度も上がっているアップルが買収し、一気に垂直統合を加速する、といったところでしょうか。

◆「世界のグランドデザイン」はイーロン・マスクが描く

相当の紆余曲折があるにせよ、あるいは仮にテスラ自体に経営危機が顕在化しても、クリーンエネルギーを「創る、蓄える、使う」の三位一体事業というグランドデザインは、早晩、「世界のグランドデザイン」になると、私は確信しています。

テスラのような会社を評価するときに、目先のマイナスをあだこうだと論じても仕方がないところがあります。イーロン・マスクとは「宇宙レベルの壮大さで考えて、物理学的ミクロのレベルで突き詰める」人物だと私は評しました。アメリカでは、「大きく考える」の象徴でもあります。短期的な浮き沈みにとらわれることなく、イーロンが何を目指しているのかというところから読み解くべき会社です。

仮に、イーロン自身の手でそれが果たせなくても、誰かがこの三位一体事業を推し進めていくことになるでしょう。テスラを含めて、いまだどの会社もＥＶの量産化・収益化を果たしていません。一説によると、ＥＶ車にかかるコストの半分は蓄電池のコストだと言われており、そのコストを下げようと各社が躍起になっています。また充電方法も、いま

図表13　クリーンエネルギーを「創る×蓄える×使う」の三位一体事業

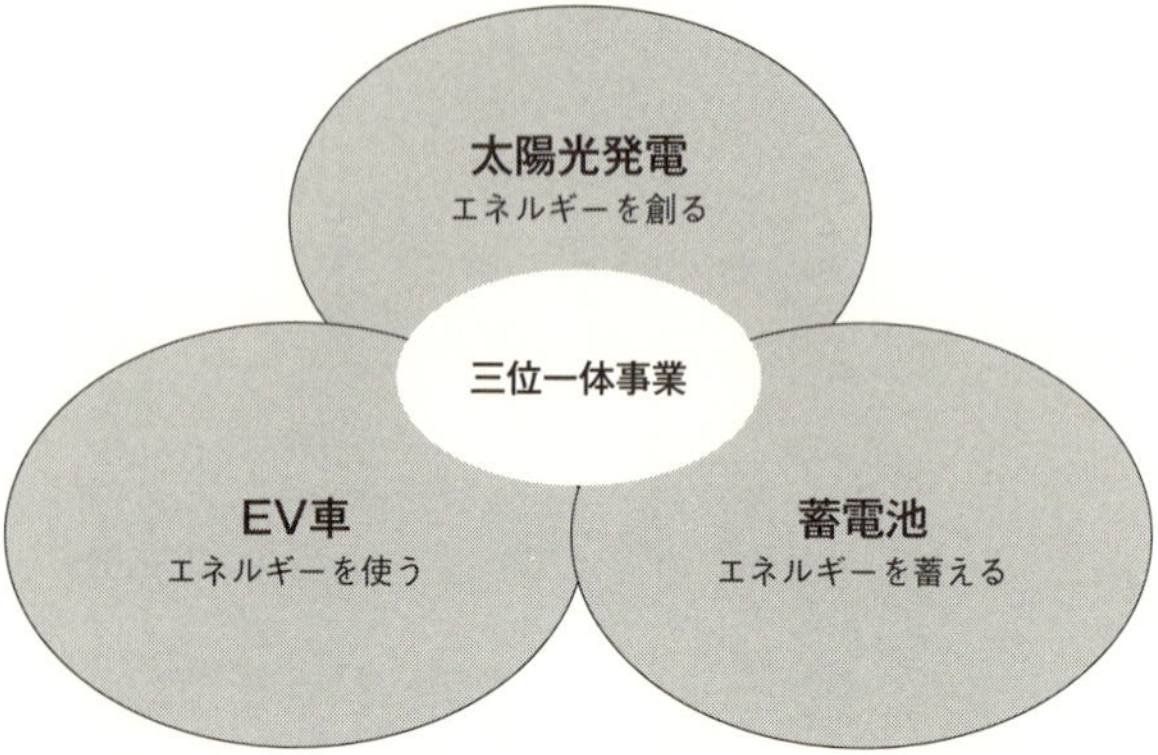

のところは大きく火力発電に依存したままです。それをよしとしないイーロンは、太陽光発電によるクリーンエネルギーを蓄電池に蓄えようと膨大な先行投資を行い、充電ステーションを建設しているのです。いまだ道半ば、それでもこれが「地球や人類にとって」理にかなった戦略であることは疑いようがありません。またテクノロジーの進化に伴い、それぞれのプロセスにおけるコストも着実に下がりつつあります。

イーロンが描くグランドデザインは、テスラのためだけではなく、次世代自動車産業のためだけでもなく、広くこれからの世界のための道標にもなるのではないかと思うのです。

だからこそ、イーロンをベンチマークしておくべきなのです。

第3章

「メガテック企業」の次世代自動車戦略

――グーグル、アップル、アマゾン

◆メガテック企業、その強さの秘密

次世代自動車産業の覇権をめぐる戦いのなかでも、メガテック企業vs.既存の自動車会社の戦いは、異種格闘技戦の性格が色濃いものです。

何しろ、メガテック企業の戦略は、自動車メーカーのそれとは事業の出発点であるミッションからして全く異なります。メガテック企業は、自らの事業を通して新たな価値を提供するということに強いこだわりを持っているからです。

グーグルが自動運転に熱心なのは「周りの世界を利用しやすく便利にする」ことがミッションであるからです。アマゾンは、音声認識アシスタント「アレクサ」により「ただ話しかけるだけで操作できる」というカスタマー・エクスペリエンスの究極を実現しようとしています。そんな彼らが軒並み自動運転技術の開発に参入し、既存のプレイヤーの脅威となっている。これは一体、どういうことでしょう。

そもそも、メガテック企業の特徴、強みはどこにあるのか。従来の自動車産業のプレイヤーに比較すると、以下の数点にまとめることができるでしょう。

図表14 メガテック企業の特徴

（1）プラットフォーム志向であること
（2）ユーザー・エクスペリエンスを重視していること
（3）「ビッグデータ×ＡＩ」志向であること
（4）事業に対する哲学・想い・こだわりが徹底していること

第一に、各企業がそれぞれの事業ドメインでプラットフォームやエコシステムを構築していることです。単一の商品やサービスではなく「場」を提供することで、ユーザーやパートナー企業を囲い込んでいきながら、「規模の経済×範囲の経済×速度の経済」を拡大、他社を圧倒するサービスにつなげています。

それは次世代自動車産業においても変わりません。彼らメガテック企業がこのビジネスにおいて最も意識しているのは、どうやってプラットフォームやエコシステムを構築するのか、その一点です。

例えばアマゾンはいま、アマゾン・エコーがプラットフォームになり、アマゾン・アレクサが様々な商品・サービス・コンテンツを外部から取り込む形で、大きな生態系を形成しています。その生態系はさらに、スマートホームの領域からＡＷＳ（Amazon Web Services）がカバーする法人顧客網へと広がり、いまでは車載ＡＩアシスタントとしてもアレクサの導入が進んでいます。ＣＥＳ２０１８ではトヨタ自動車も、トヨタ車両へのアレクサ搭載を発表しました。ついに、自動車の領域にまで「アマゾン・アレクサ」経済圏とも言える産業構造を形成しつつあるということです。

第二に、ユーザー・エクスペリエンスの徹底的な追求です。ユーザー・エクスペリエンスを直訳すると「顧客の経験価値」。Ｗｅｂマーケティングの分野で注目された概念ですが、いまや、人の欲望を「察する」ところまでたどり着いています。皆がスマホを手にし、買い物がしたいと思えばその場でサクサク注文できるのが当たり前の時代にあっては、たった数秒のタイムラグにもストレスを感じてしまうでしょう。

これまでインターネット企業は、そうしたユーザーのニーズに応えるべく、ユーザー・エクスペリエンスを進化させてきました。そうなると人は次に、リアルの世界においても同じレベルの快適さ、心地よさを求めるようになるはず。ユーザー・エクスペリエンスの進化はとどまることを知りません。

私の見立てでは、この「察する」というユーザー・エクスペリエンスを先鋭化させたのが完全自動運転です。察するためにセンサーをはじめとする様々な技術が開発され、それを駆使しないことには、もはや完全自動運転の実用化は不可能です。例えば前方１００ｍ先に左右が見えない道路があるとき、テクノロジーを用いて、次に何が起こりそうか、人間以上のレベルで察知できる。「完全自動運転は人間が運転するよりも安全」と言われるのは、そのためです。従来から、ユーザー・エクスペリエンスの追求に余念がなかったメガテック企業は、この点で、従来型の自動車メーカーに大きく先行しています。

第三に「ビッグデータ×ＡＩ」の活用です。現在のテクノロジー企業は、あらゆるチャネルから顧客のビッグデータを収集しＡＩで分析することで、さらなるサービスの拡大やユーザー・エクスペリエンスの向上などに活かしてきました。

再びアマゾンを例にとるならば、ＥＣ通販事業を通じてユーザーの購買データを蓄積する一方、アマゾン・エコーからは音声データを、動画配信ビジネスからは動画視聴データを、さらにアマゾン・ゴーや買収した高級スーパー「ホールフーズ」などリアル店舗を通じてオフラインの購買データをも収集し始めました。「ビッグデータ×ＡＩ」はユーザー・エクスペリエンスを向上させる強力なエンジンでもあります。集団としての顧客を理解するに終わらず、さらに１人にまでターゲットを絞った「１人のセグメンテーション」や、その人のリアルタイムの状況にまでターゲットを絞った「０・１人のセグメンテーション」に活用、顧客からの高い評価につなげているのです。

彼らが売っているのは、「いい商品」だけではなく、「いいサービス」であり、「いいユーザー・エクスペリエンス」であるということ。いまや、「いい商品」だけではユーザーに支持されません。サービス、価値、利便性、ユーザー・エクスペリエンスが優れていることが「選ばれる理由」、競争力の源泉になるのです。彼らには「いい商品を作りさえすれば売れる、ユーザーの支持が得られる」という油断やおごりは一切ありません。

そして第四に、彼らの掲げるミッションと、そこに込められた哲学・想い・こだわりの強さです。これこそ、彼らのビジネスモデルから商品、サービス、現場の社員の一挙手一投足に至るまでを貫くものです。スティーブ・ジョブズの語る言葉に惹きつけられてアップル製品を購入する人がどれだけ多いことでしょう。また、イーロン・マスクの「人類を救済する」というスケールの大きさに胸を打たれて、彼のように生きたいと願う若者がどれだけ現れたか。ミッションの大きさこそがメガテック企業の競争力の源泉であり、また多くのユーザーを共感させ、惹きつける強烈な魅力となっているのです。これも自動車メーカーには不足しがちな点です。

◆メガテック企業の弱みと死角

無論、こうしたメガテック企業の強みは、同時に死角にもなりうる、という点は指摘しておく必要があります。

メガテック企業が彼らのプラットフォーム、エコシステムを拡張すればするほど、ユーザーの快適さは増していきます。しかしそれも行き過ぎると「取り囲まれたくない」と反発したくなるユーザーがいるかもしれません。普段どれだけ愛用していようと「たまには違うものを」という日もあるでしょう。しかし一度エコシステムに取り囲まれたら最後、その快適さを捨てるのは困難なのです。

「ビッグデータ×ＡＩ」にしても、個人情報を差し出す見返りとして優れたユーザー・エクスペリエンスを享受するというのは、ユーザーにとって好ましい取引かもしれません。とはいえ、本当に個人情報はプロテクトされているのかという問題もあります。「個人情報を渡したくない、放っておいてほしい」といった感情が芽生えるユーザーもいることでしょう。こうした感情がプラットフォーマーに対して芽生えるところに、他のプレイヤーがつけ入る隙があります。

またメガテック企業らしい個性的な哲学・想い・こだわりにしても、それが個性的であるほど、「共感できない」ユーザーがいるはずです。

そして大きな点としては、もともとは一人ひとりにエンパワーメントを与える方向で誕生したインターネットにおいては、テクノロジーが進化するに連れて、P2P、C2C、分散化、ブロックチェーンなど、消費者同士の横のつながり、仲間対仲間のつながりという概念が重要になってきました。おそらくメガテック企業の大きな弱みはここです。アマゾンにしても、ユーザーとアマゾンがフラットに対話できると考える人はいないでしょうし、アマゾンのユーザー同士が対話する仕組みにもなっていません。

顧客とフラットなカスタマーリレーションシップを結び、顧客との対話まで行うこと。現状、その死角をうまくついていると私が評価しているのが、一事業階層ではありますが、実はメルカリです。フリマアプリやC2C企業として有名なメルカリですが、その本質はP2Pのフラットなプラットフォームであると私は考えています。

そして、ITを本業としてきたメガテック企業の最大の弱みは「ものづくり」でしょう。次世代自動車においてグーグルが走らせているIoT端末のような丸い小型のクルマが主流になるまでは、日本企業が持つ生産技術・量産技術・要素技術などのものづくりのノウハウは圧倒的な強みになると思います。別の視点から考えると、広義のロボット化などを通じて、いかにものづくりの要素を競争のルールに残していけるかが、日本企業勝ち残りの大きなポイントになるのではないでしょうか。逆説的な言い方ですが、次世代自動車をいかに単なるＩｏＴ端末にしないようにしていくかが生命線なのです。

もっとも現時点においては、メガテック企業の死角は相当限られていると考えていいでしょう。本気になったメガテック企業が上記の課題を解決できないとも思えません。もし、メガテック企業に打ち勝とうとするならば、彼らの強みを参考にすること、あるいは彼らがこれから何をしようとしているのか先んじて読み解くことが重要になると思われます。

◆２００９年には自動運転に着手していたグーグル

さて、メガテックのなかでも次世代自動車へ進出という点で、現時点で頭一つ二つ、抜きん出たポジションにいるのは、グーグルです。

グーグルが自動運転プロジェクトをスタートさせたのは、２００９年のこと。それ以来のトピックを、いくつか時系列で挙げましょう。

２０１０年の10月、カメラ、ライダー（ＬｉＤＡＲ）、レーダー等を搭載した自動運転車の開発を行っていることを発表。このときから「レベル４」の完全自動運転を目指すとグーグルは明言しています。

２０１２年３月、視覚障害者を乗せたテスト走行をＹｏｕＴｕｂｅで公開し、同年５月にはネバダ州で米国初の自動運転車専用ライセンスを取得しました。同年８月の時点で、すでに50万㎞の走行テストを行ったと発表しています。

２０１４年の１月には、ＧＭ、アウディ、ホンダ、ヒュンダイ、エヌビディアなどが参加するＯＡＡ（オープン・オートモーティブ・アライアンス）という連合を発表しました。これはアンドロイドの車載化プロジェクト。アンドロイド端末と車載器との連携からスタートし、最終的には車載ＯＳ化を目論んでいると言われています。

２０１６年は、自動運転の歴史のなかで一つの転機となった年です。同年７月、ＢＭＷがハンドル、アクセル、ブレーキ等がない完全自動運転車の開発を発表したことで、既存の自動車メーカーも以降、完全自動運転の実現に向けて本腰を入れる展開となりました。

それを受けグーグルも、12月に、それまで自動運転プロジェクトを進めてきた研究組織「グーグルX」による開発を終了、自動運転開発を担う子会社「ウェイモ」を立ち上げ、事業化に向けて再起動すると発表しました。そして２０１７年にも、フェニックスにて一般ユーザーを乗せてサービス走行を開始するなど、開発を前倒しにしていく構えを見せています。

しかし、そもそもなぜ、グーグルが自動運転に進出しようとしているのでしょう。これを知るには、同社のミッションや事業構造、現ＣＥＯの言葉などを分析する必要があります。

◆「モバイルファーストからＡＩファーストへ」変革進めるピチャイＣＥＯ

「モバイルファーストからＡＩファーストへ」。近年のグーグルのキーワードです。ＰＣからモバイルへ、というデバイスのシフトはある程度完了しました。グーグルのサンダー・ピチャイＣＥＯは、「話しかけるだけ」でスマートフォンや家電を操作できるＡＩ「グーグルアシスタント」を、新しい時代の象徴だと語っています。今後は、スマホやＰ

Cのみならず、全てのプロダクトがＡＩを搭載することになるでしょう。

２０１５年8月、グーグルは大規模な組織改革を行い、持株会社であるアルファベットを設立するとともに、その傘下に自動運転やライフサイエンスなどの別会社を再編成することを発表しました。狭義のグーグルは以降、インターネット関連を扱う会社として、検索、Ｇｍａｉｌ、ＹｏｕＴｕｂｅ、アンドロイド、電話などのハードウェア、消費者向けサービスや製品などを担っています。ピチャイがグーグルのＣＥＯに就任したのもそのときです。

なかでもピチャイが力を注いできたのがＡＩです。それまでグーグルといえば、数々の先進技術で成長を続ける一方で、クラウドコンピューティングやエンタープライズなど、他分野においては他社に先行を許し、収益の9割をインターネット広告に依存してきました。

ＡＩへの注力は、グーグルをテクノロジーカンパニーとして生まれ変わらせるためだとピチャイは語っています。例えば、２０１７年5月には囲碁のチャンピオンとグーグルの人工知能「AlphaGo」が対決し、見事勝利を収めたことが話題になりました。この「AlphaGo」のベースとなっている機械学習の技術「TensorFlow」はオープンソースとして公開されています。ピチャイは、自分たちのゴールはデバイスやプロダクトではなく、人々に情報を通して力を与えることだとも語っています。グーグルの製品を多くの開発者が活用し、一つのエコシステムが構築されることをピチャイは望んでいるのです。

グーグルのサンダー・ピチャイCEO（写真：AFP＝時事）

ＡＩ用半導体の自社開発に乗り出したことも見逃せません。その半導体「ＴＰＵ（テンサー・プロセッシング・ユニット）」は、２０１６年５月の段階で量産と実用の段階にあると発表されており、囲碁の世界チャンピオンに勝った「AlphaGo」にも搭載されています。通常、半導体を独自開発にするには数年を要するとされていますが、グーグルは設計から運用まで1年で終えました。これもまた「ＡＩファースト」へのシフトを加速する一環だと言えるでしょう。そのほかにも、ＡＩスピーカーの「Google Home」。ビデオ通話アプリの「Google Duo」など、AIを搭載した製品が多数リリースされています。

グーグルの共同創業者の一人であり前CEOのラリー・ペイジは、ピチャイに全幅の信頼を寄せています。

では、サンダー・ピチャイとは何者なのでしょう。実は、テクノロジー系企業のCEOとしては特異なキャラクターの持ち主かもしれません。1972年、インド生まれ。父は部品の組み立て工場を経営していましたが、「12歳になるまでは電話もなかった」という貧しい家庭でした。しかし成績は優秀、インド工科大学でエンジニアリングを学んだあと、奨学金を得てスタンフォード大学に進学しました。半導体メーカーに職を得たことでスタンフォードをドロップアウトすると、その後、MBA取得、マッキンゼーを経て、2004年からグーグルに在籍しています。

それからの活躍は目覚ましく、若くしてグーグルクロームやアンドロイド、クロームOSといった主要事業を統括。グーグルが自社製ブラウザを開発するというアイデア自体、彼のものだといいます。「ビジネスも技術もわかる」として、社内外から高く評価されている彼は、2011年頃には「ツイッターがピチャイを引き抜こうとしている」とも報じられました。

「創業社長ではないから」という理由も大きいのかもしれませんが、そのキャラクターはイーロン・マスクやスティーブ・ジョブズを筆頭とする他のメガテック企業の創業者とは対照的に、フレンドリーです。

曰く、人との争いを好まず、協調を旨とする。チームのメンバーに対しても思いやりのある言葉をかけ、支援する労を惜しまない。要するに、ピチャイは愛されるキャラクターなのです。もともと社員が働きたいと思える会社、働きやすい会社を志向しているグーグルが指名するのも納得の人物だといえます。

◆グーグルのミッションからひも解く自動運転へのこだわり

次に、グーグルのミッションを整理してみます。ここでは、狭義のグーグル、持株会社であるアルファベット、そして自動運転プロジェクトを推進する子会社のウェイモの三社を取り上げます。すると、グーグルが自動運転にこだわる必然が見えてきます。

狭義のグーグルのミッションは「世界中の情報を整理し、世界中の人々がアクセスできて使えるようにすること」です。

よく知られた検索ツールに限らず、とにかく世界中の情報をオーガナイズすることが使命であると、グーグルは考えています。例えば「Google Now」は、ユーザーの位置情報や検索履歴、スケジュールなどの情報を統合して、ユーザーに「欲しい情報をちょうどいいタイミング」で知らせるサービス。「Google Map」は、最適な移動経路をユーザーに提案してくれます。その背景には「人々が自分のあるべき姿、本当にやりたいことのためにより有意義に時間を過ごせるようなスマートな社会を実現したい」という想いがあるのでしょう。

そうなると、自動運転も、グーグルが思い描くスマートな社会を実現するための一つの手段であろうと推測できます。そうである以上、グーグルが考える自動運転とは「レベル3」ではありえません。運転は完全にAIに任せてしまい、人間は車のなかで思い思いの時間を過ごすことができる世界こそ、グーグルが目指すものなのです。グーグルのミッションを実現するには、完全自動運転が大前提になるのです。

第1章でも論じましたが、完全自動運転が実現した暁には、「どう運転するか」ではなく「その空間でどう過ごすのか」が問われるようになります。その空間においてユーザー

図表15 グーグルのミッション、自動運転への想い

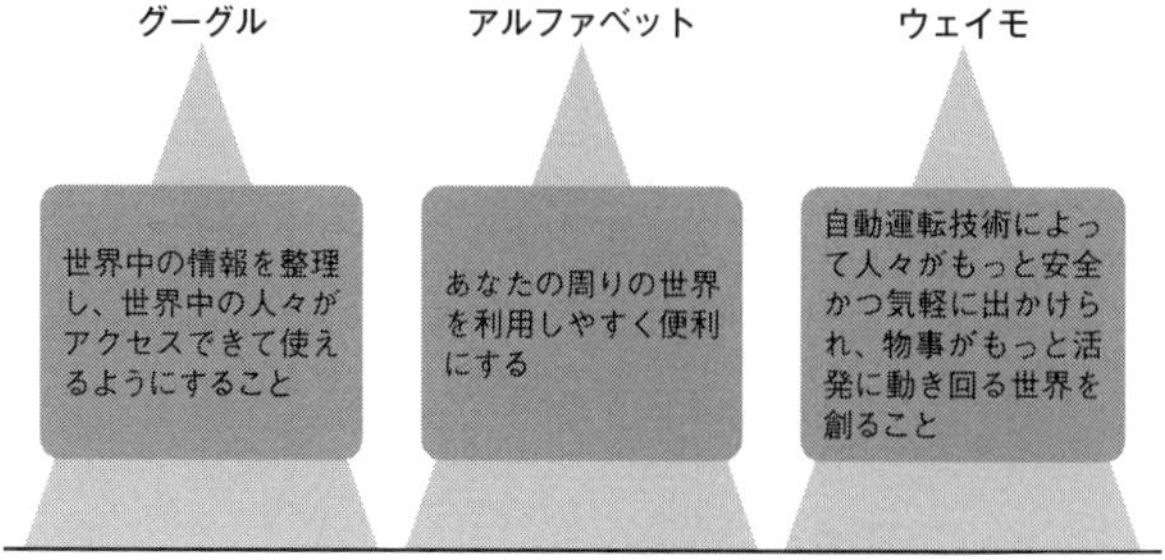
グーグル
世界中の情報を整理し、世界中の人々がアクセスできて使えるようにすること
アルファベット
あなたの周りの世界を利用しやすく便利にする
ウェイモ
自動運転技術によって人々がもっと安全かつ気軽に出かけられ、物事がもっと活発に動き回る世界を創ること

に提供される新しいサービスや、新しいユーザー・エクスペリエンスこそが真に価値を持つようになります。

グーグルの持株会社アルファベットのミッションは「あなたの周りの世界を利用しやすく便利にする」。これも完全自動運転そのものです。そしてウェイモのミッションには「自動運転技術によって、人々がもっと安全かつ気軽に出かけられ、物事がもっと活発に動き回る世界を創ること」とあります。

ウェイモのＨＰには、「私たちの技術によって人々がもっと自由に動き回り、現在交通事故で失われている多くの生命が救われます」「グーグルとしての自動運転プロジェクトの時代から、私たちは一貫して、道路が安全になり、クルマを運転できない多くの人たちの移動に貢献するために活動してきました。私たちの最終的な目標は、ただボタ

図表16　グーグルのミッション×収益構造×事業構造

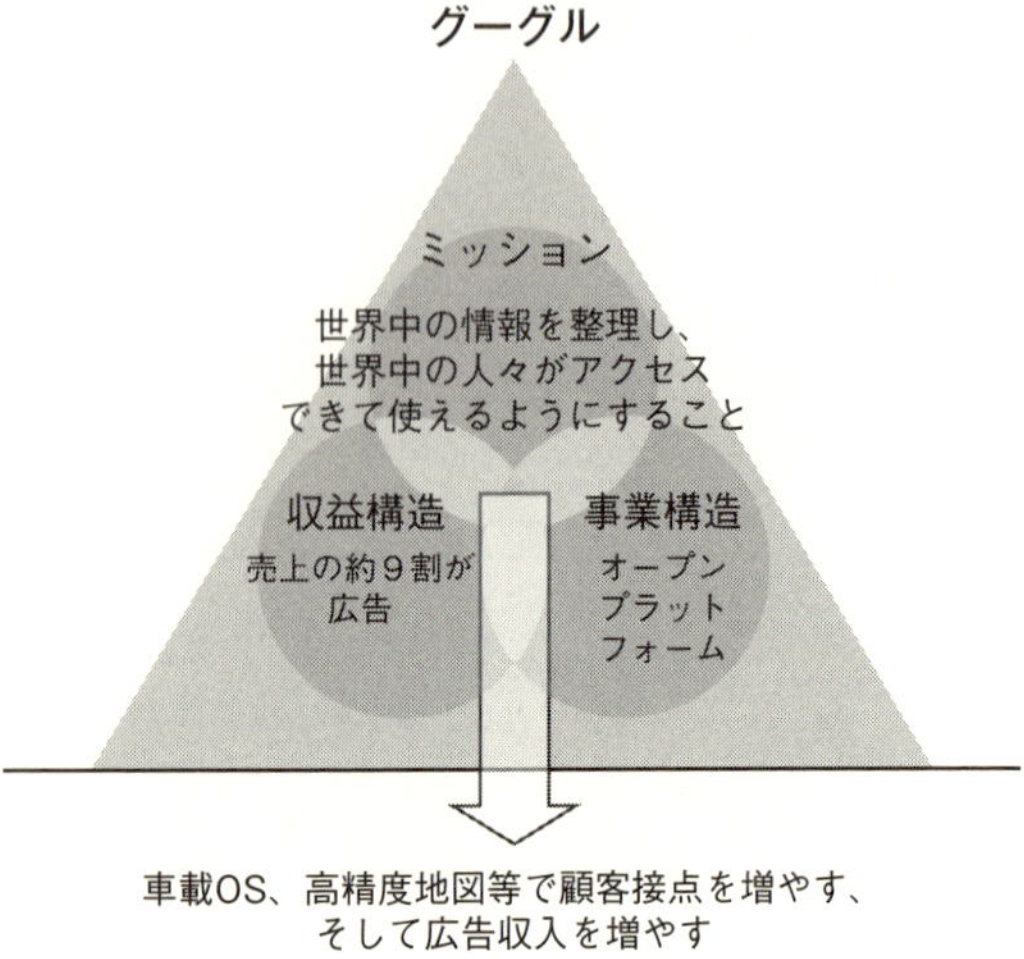
グーグル
ミッション
世界中の情報を整理し、
世界中の人々がアクセス
できて使えるようにすること
収益構造
売上の約9割が
広告
事業構造
オープン
プラット
フォーム
車載OS、高精度地図等で顧客接点を増やす、
そして広告収入を増やす

ンを押すだけで、ドアツードアで安全に行きたいところに自由に行けるようにすることです」とも記されています。

グーグルの自動運転プロジェクトは、以上3社のミッションが掛け算されたものだと言えるでしょう。総じて、世界を根本から変えたい、よりスマートな社会システムに変革したいという想いで事業を展開しているのがグーグルです。自動車にしても、運転そのものよりも、車のなかで快適に過ごすこと、その時間を楽しむこと、本来人がもっとすべきことに注力することをサポートするのがミッションであると彼らは考えているはずです。

加えて収益構造を見ると、グーグル全体の約９割が広告収入であり、その観点からは広告代理店だと言えます。事業構造の点では、アンドロイドに代表されるようにオープンプラットフォームを志向していることが特徴です。

以上から、グーグルが自動運転車において実現しようとしているのは、クルマというハードを作ることではないと推測されます。彼らの狙いは、オープンプラットフォームとしてのOSを展開することで顧客接点を増やし、最終的には広告収入を増やすこと。多くの完成車メーカーにグーグル製の車載OSを使ってもらうことをまずは目標としている。特にOSや3次元高精度地図でそれを実現していくのがグーグルの最終目標だと考えられます。

またテクノロジー企業としてのグーグルは、IoTの重要な一部が自動運転車であるという認識のもとで顧客データの収集を進めるでしょう。「ビッグデータ×AI」によって顧客一人ひとりのニーズに合致したサービスや広告を、車内においても提供しようと画策しているはずです。

「モバイルファーストからAIファーストへ」「AIの民主化」をピチャイが宣言しているなか、自社の競争優位であるAIを存分に活用できる完全自動運転は、グーグルにとってうってつけの事業領域なのです。

◆グーグルの自動運転子会社ウェイモの英文レポートを読み解く

自動運転プロジェクトを推進する主体であるウェイモについて、個別に見ていきましょう。同社HPからダウンロードできる英文レポート「On the Road to Fully Self-Driving（完全自動運転への道のり）」に、完全自動運転実現にかける使命感や想いがまとめられています。

そこには「We are Building a Safer Driver for Everyone」という印象的な文言が記されています。ここでいうセイファー・ドライバーとは、言うまでもなくＡＩのことです。グーグルは全ての人にとって、より安全なドライバーとしてＡＩを活用しようと考えているのです。実際、交通事故の原因は、人間の認知ミス、判断ミス、操作ミスなどのヒューマンエラーが9割を占めると言われています。完全自動運転が実現し、それらを解消できるなら、交通事故数を大幅に減らせる可能性があります。また、身体が不自由な方や高齢者を含めた全ての人が、運転というタスクから開放され、車内で好きなことができる。「自動運転技術によって、人々がもっと安全かつ気軽に出かけられ、物事がもっと活発に動き回る世界を創る」とは、まさにそういうことなのでしょう。

前述の通り、グーグルが自動運転開発のプロジェクトを始めたのは２００９年のことです。早い段階から、目指すは完全自動運転のみ。２０１７年に、ウェイモのジョン・クラフチックＣＥＯがこのことについて語ったことがあります。２０１３年頃に、グーグルが時速90㎞で自動運転車を走らせて実験したところ、運転手は居眠りやスマホいじりなどをしていた、というのです。この結果をふまえ、状況認識を失っている人間が急に「乗客」から「運転手」に変わるのは難しいと判断し、「レベル３」のように緊急時に人間が運転を引き継ぐ技術の開発をやめた、とクラフチックＣＥＯは明かしました。こうしてウェイモは、他社が自社製のクルマに各種のドライバー・アシスト機能を追加し、漸次的に自動運転を実現しようとしているのとは対照的に、完全自動運転車のみを目指すことになったのです。

では、ウェイモが目指す完全自動運転は、いまどのレベルにまで到達しているのでしょうか。

２０１７年11月、ウェイモは完全自動運転車による配車サービスの試験を数ヶ月以内に始めると発表しました。試験の舞台となるのはアリゾナ州のフェニックス市。今回の実験は、運転席には人間を座らせない、完全なる無人走行になる予定だとされていることから、いよいよ完全自動運転の実現間近と、期待が高まっています。

グーグルの自動運転OSは、これまで同社が蓄積してきた膨大なデータの賜物です。公道を走る試験車は数百台にも上るとみられ、2018年2月までに公道で行った試験走行の距離は約800万kmにも達しています。さらに、コンピュータ上でのシミュレーション機を通じ、1日に約1600万kmもの走行経験を積んでいるといいます。

加えて専用の試験場もあります。それは「キャッスル（城）」と名付けられ、フェンスで囲まれた広大な元米軍基地の跡地に、標識や信号などを実物通りに作り込み、仮想の町に仕立てたものです。グーグルはここで2013年から、事故につながりそうな不測の事態を再現しつつ、2万例以上の走行シナリオをクルマに学習させています。グーグルはこれほどの走行データを自動運転用のAIに取り込むことによって、システムを加速度的に進化させているのです。

同じく2017年11月、ウェイモは自動運転車を用いたライドシェアのサービスの実験を米アリゾナ州でスタートすると発表しました。同社のクラフチックCEOによると「ウーバーを使うような感覚で自動運転車を利用できる」ことを目指すとしています。

ウェイモはまた、ライドシェア大手のリフトと、自動運転技術の研究と製品開発で提携をすると2017年5月に発表しています。グーグルはもともとライドシェア大手のウーバーに出資し、将来的には自動運転とウーバーのシェアリングを組み合わせると見られていましたが、ここにきてリフトにパートナーを乗り換えた形です。ウーバーが桁違いの成長を見せる反面、法令遵守を軽んじるトラブルメーカーであるのに対し、リフトはグーグルと同じく社会問題を解決するというミッションを掲げています。その点ではウェイモにとってはリフトのほうが足並みを揃えやすい相手と言えそうです。

「自動運転×ライドシェア」のサービスは、自動車メーカーやタクシー業界など従来型の自動車産業にビジネスモデルの再構築を迫るものとして、注目に値します。もともと次世代自動車の社会実装を進めるには、高コストを高い稼働率で吸収できるライドシェアから入るのが定石だと考えられています。「自動運転×ライドシェア」が実現すれば、運転手にかかる人件費は不要になります。

また、「所有からシェアへ」の流れはさらに進み、クルマを持たない人も自動運転技術の恩恵を受けられるようになるでしょう。「自動運転技術によって、人々がもっと安全かつ気軽に出かけられ、物事がもっと活発に動き回る世界を創る」という、創業以来のミッションが、ここで一つ、結実の時を迎えようとしています。

◆故スティーブ・ジョブズ以来の秘密主義を貫くアップル

では、グーグルに並ぶＩＴ業界の巨人、アップルはいま、何を考えているのでしょうか。最初に指摘しておかなければならないのは、アップルが徹底的な秘密主義の企業であるということです。それは故スティーブ・ジョブズの時代から変わらない企業文化であり、私たちがアップル内部の動きを見通すことは極めて困難です。社内でも一部にしか公開されてないプロジェクトも多く、うっかり社員が口外しようものならクビになる始末です。

それでも「アップルが秘密裏に自動運転技術を開発中だ」との話はたびたび聞こえてきます。

２０１７年12月、それまで秘密裏にしていた「自動運転技術」について、アップルが公式に語りました。同社のＡＩ担当ディレクターのラスラン・サラクディノフが、カメラやセンサーから収集したデータを用いて、路上のクルマや歩行者に目をつけたり、目的地まで車を案内したり、高精度の３Ｄマップを作成するプロジェクトについて明らかにしたのです。

17年の4月には、自律走行を行う許可をカルフォルニア州の車両管理局から得ており、水面下でプロジェクトが動いていることはわかっていましたが、その内容が具体的に語られたのは、初めてのことでした。ここにきて情報公開に踏み切ったのは、グーグルなどのライバル企業とのＡＩ人材の奪い合いを有利にしたいという思惑があった、とも言われています。

２０１8年1月26日には、自動運転車のテスト車両を27台に増強したと報じられました。またアップルの自動運転プロジェクト「Titan」の開発車両が至近距離から目撃されたこともあります。それによると、車両はレクサスであり、屋根にはセンサーやレーダー、カメラなどが搭載されていたそうです。そのため、現段階でアップルが開発しているのは、一体型の自動運転ユニットで、自動車の屋根に載せるだけのプラグ・アンド・プレイ式である可能性が高いと指摘されました。この形式ではあらゆる車種のルーフに自動運転ユニットを装着することができるため、様々な車種でのテストが行えるとされています。

そして現段階では、アップルは独自の運転車の開発は断念しているとの見方が強まっています。アップルによる自動運転車「iCar」を誰もが期待していましたが、ＣＥＯのクックの直接の発言からは、いまは自動運転システムにフォーカスする戦略に切り替えているとみられています。

ハードの開発は諦めてＯＳだけを狙う、ソフトウェアと機械学習に注力する。要するに進捗が遅れていると見られがちなアップル。しかし私の予測から先に申し上げるなら、iPhoneにおいてそうだったように、最終的にはアップルも、ＯＳからハード、ソフト、サービスまで含めた次世代自動車産業における総合プレイヤーの座を狙っている。私はそう読んでいます。

◆iPhoneと同じくＯＳからハードまでの垂直統合を狙うか

グーグルを論じた際と同じように、アップルの哲学やこだわり、事業構造と収益構造、そして次世代自動車産業に向けて何を目論んでいるのか、整理してみることにしましょう。

アップルのミッションやビジョンといっても、グーグルやアマゾンほどには具体的なものはありません。しかし、そのブランド観は明確です。

広告では「リードする」「再定義する」「革命を起こす」といったメッセージを打ち出し、製品ブランドとしての世界観を表現しています。テレビCMの「Think different.（違う視点で考える）」「Your Verse（あなたの詞＝あなたらしく生きる）」などのフレーズは、アップルユーザーならずとも印象に残っている方が多いことでしょう。製品やサービスを通じて、人が「自分らしく生きること」を支援するのがアップルのブランド観であり、その点については強烈なこだわりを持っています。

ジョブズの後継者であるティム・クック現CEOも、こうした哲学を忠実になぞって経営しています。加えて言うなら、最高デザイン責任者のジョナサン・アイブもキーマンの一人。一般的に企業のブランディングでまず重要なのは、経営者や創業者などの個人ブランディングです。彼らの想いやこだわりが店舗から会社全体、製品一つひとつのレベルまで浸透していることがポイントとなります。この点においてアップルは、ジョブズ、クック、アイブの3人のセルフブランディングが企業哲学にも製品にも練り込まれ、高いレベルで融合しています。

ジョブズが数百年に一人の天才であるのは、いまさら疑いようがありません。また「世界を変えた」と言われる革命児に共通するように、とにかく極端なパーソナリティの持ち主でした。天才と賞賛される一方で、ときにサイコパス、ナルシストと疎んじられる。優れたプレゼンター、マーケッターであると同時に、ものづくりにおいては、偏執的といえるほど細部へこだわりを見せる。こんな人間のかわりは誰にも務まりません。

ジョブズと比べてしまえば、ティム・クックには「普通の人」の印象が拭えないかもしれません。しかしよくよく調べてみると、クックもまた優れた経営者であり、十分なカリスマ性を備えていることがわかります。経営者には右脳インサイト型のカリスマ型経営者と、左脳オペレーション型の経営者が存在します。それで言うと、ジョブズはまさに右脳型ですが、クックは右脳と左脳の両方が優れたバランス型だと言えるでしょう。クックにあってジョブズにないのは、組織力を向上させる能力。「ジョブズの後継者」という強烈なプレッシャーを浴びながらも、クックはアップルという世界的大企業の舵取りの役目をきっちり果たしています。この点は、絶対的に評価すべきところです。

またクックはCEO就任後、LGBTであることを自らカミングアウトし、独自のリーダーシップとマネジメントを発揮するようになりました。クックは米国における多様性やリベラルの象徴的な存在となり、クック自身がアップルの一つのバリューになっていま

アップルのティム・クックCEO（写真：EPA＝時事）

す。革命的とまでは言えないにしろ、彼もまた、天才的な経営者なのです。

なお、アマゾンのジェフ・ベゾスとの違いに触れるなら、ユーザー・エクスペリエンス、カスタマー・エクスペリエンス（CX）に対するこだわりです。もともとジョブズはCXに大変なこだわりがあり、CXといえばアップルの代名詞でした。ところが2017年後半あたりから、少なくとも米国では、CXといえばアマゾンの代名詞になってきています。

リーダーシップのあり方は対照的です。のちに触れますが、ベゾスが「地球上で最も顧客第一主義の会社」とい

図表17　アップルのミッション×収益構造×事業構造

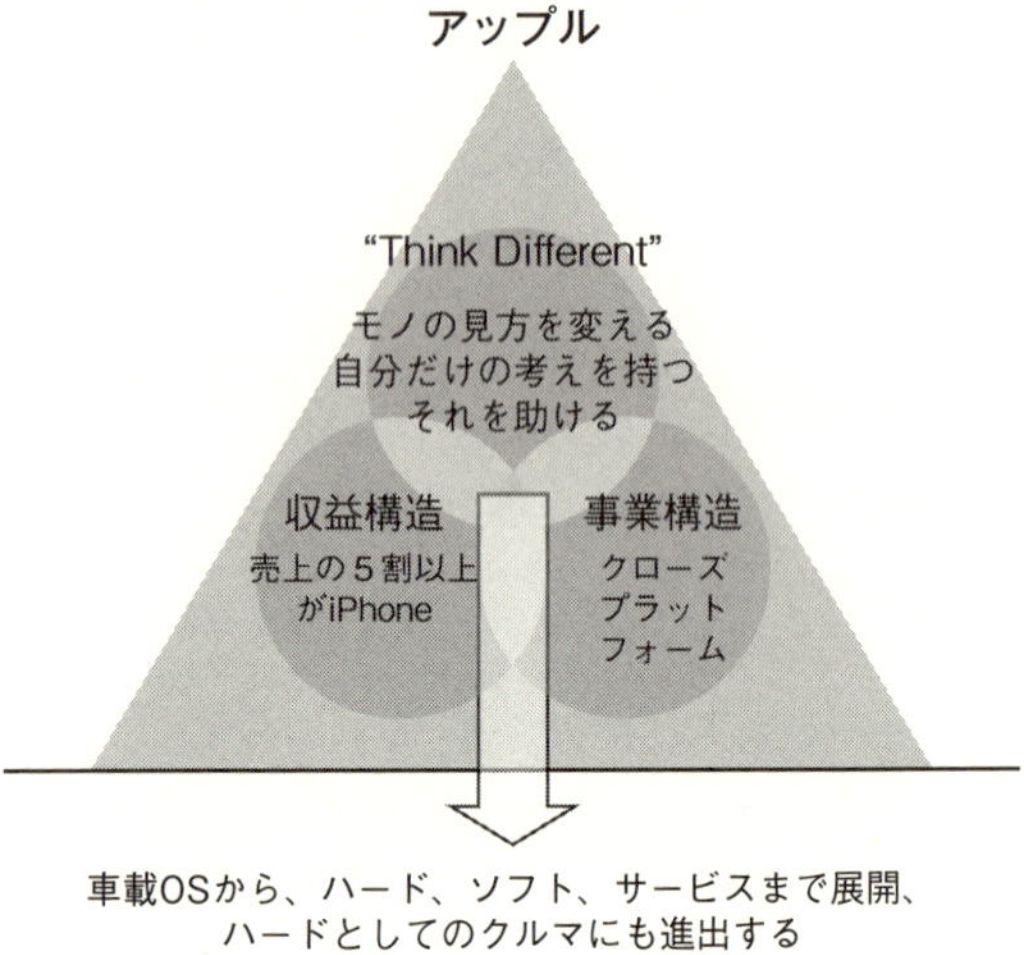

うビジョンを掲げて組織を牽引する「ビジョナリーリーダーシップ」型のリーダーだとするなら、クックは、シンプルなミッションを社員皆で共有し、各自が実行に移していく権限移譲型の「ミッションリーダーシップ」型のリーダーに近いと言えそうです。

次に、アップルの事業構造、収益構造を見てみましょう。

現状のアップルは、ハード、ソフト、コンテンツ、クラウド、直営店等と事業展開をしていますが、売上は主に製品、ハードから上げている点が特徴的です。そのうち約55％がiPhoneによる売上です。

参考までにアップルとアマゾンの収益構造を比較すると、アマゾンは低価格で収益は顧客還元と新規投資に投入、営業利益率は極めて低水準に抑えながら、キャッシュフローを重視する経営を続けています。それに対してアップルは、プレミアムプライシングで高い利益率を実現し、収益は新規投資よりは自社株買いと配当に投入するという構造に特徴があります。

私が、「アップルもまた、ハードからソフト、サービスまで含めた次世代自動車産業における総合プレイヤーの座を狙っている」と分析する理由はここにあります。ジョブズ亡きあと、ＣＸへのこだわりではベゾスにお株を奪われた格好ですが、やはりアップルはハードに強みを持つ「ものづくり」の会社であり、典型的なメーカー。ハードから得られるユーザー・エクスペリエンスでユーザーを魅了してきた会社です。進捗が遅れているとしても、水面下では着々と「iCar」の準備を進めているのではないでしょうか。

そして、まずは広義の車載ＯＳの覇権を握り、それからソフト、ハードと全てを揃え、iPhoneがいまそうであるように、フルラインナップで垂直統合を進めていく――。これが私の予想するアップルの未来予想図です。

◆アマゾンはまず自動運転車による物流事業の強化を狙う

アマゾンが自動運転車を研究しているという事実は、以前からしばしば報じられてきました。

もともと、物流拠点においては早くから無人システムやロボットによる商品管理システム「アマゾン・ロボティクス」を導入し、効率化を図ってきたアマゾンです。ドローンを用いた配達の拠点となる、高層型のドローン物流センターの特許も公開しており、アマゾンの無人化、ロボット化の流れは今後も加速していくことは間違いありません。

ジェフ・ベゾスは、２０１７年5月に米国インターネット協会で行われた対談においてAIの持つ大きな可能性について述べた際に、「自動運転車」（self-driving car）にも言及していました。

そして自動運転車の本質はロボットそのものです。配送の効率化に向けて、自動運転技術を活用する専門チームを社内に設けたとの報道もあります。そこでは、トラックやフォークリフトを自動で走らせることを想定しているといいます。

２０１７年１月には、自動運転車関連の特許を取得していることもわかっており、自動運転の分野に参入することは、確実だと見られています。その特許は、幹線道路網において複数の自動運転車を制御するためのシステムに関するもの。状況にあわせて自動運転車が最適な車線を識別するための技術であるようです。アマゾン・テクノロジーズという子会社が２０１５年11月に申請し、２０１７年１月に成立しました。

アマゾンのジェフ・ベゾスCEO（写真：AFP＝時事）

物流において自動運転が実現すれば、商品の配送に関するコストを大幅に削減できるはず。すでに自社ブランドの物流網を整備しつつあることを考えても、彼らの狙いの一つは、物流事業の強化です。アマゾンが自動運転車を開発するメリットは大いにあります。

◆無人コンビニ「アマゾン・ゴー」と完全自動運転のテクノロジーは同じ

アマゾンにおける自動運転車の開発はかなりの段階まで進んでいるとみていいでしょう。私がそう分析する根拠は、アマゾンが２０１６年に発表した無人スーパー「アマゾン・ゴー」にあります。

２０１８年１月には一般向けの「アマゾン・ゴー」１号店がシアトルでオープンしました。買い物客は自動改札機のようなゲートにスマホをかざしてアマゾンのＩＤを認証することで入店、あとは棚から自由に商品をピックアップして、そのまま店を出るだけ。レジで精算する必要はなく、店の外に出ると自動的に決済され、スマホにレシートが送信されるのです。

実は、ここに用いられている技術は、ほぼ自動運転技術と重なります。序章でも引用しましたが、私は前著『アマゾンが描く２０２２年の世界』においてこう書きました。

「『ベゾス帝国』で計画を進めている宇宙事業やドローン事業は、『無人システム』であるということが本質です。そして無人コンビニ店舗であるアマゾン・ゴーも『無人システム』です。音声認識ＡＩであるアマゾン・アレクサがすでに自動車メーカーのスマート・カーにも搭載され始めていることなども考え合わせると、実はベゾスは完全自動運転の覇権を握ることまでも企んで、水面下で準備を進めているのかもしれないのです。完全自動運転の実験場がアマゾン・ゴーだとするなら、本当に驚異的なことでしょう」

実際、アマゾンのＨＰにも「自動運転車に利用されるコンピュータビジョン、センサーフュージョン、ディープラーニングといった技術を応用」と書いてあるのです。すなわち、コンピュータビジョンが店内のカメラを通じて顧客の顔などを認識し、どこで何をしているのか観察します。ディープラーニングによってＡＩが顧客の行動を深層学習し、高速回転でＰＤＣＡを回し、顧客の経験価値を高めていきます。アマゾンはこうした技術を「Just Walk Out（ただ歩き去るだけ）」と表現します。完全自動運転のプロセスと多くの点で共通しています。

◆究極のユーザー・エクスペリエンスとしての「アマゾン・カー」

アマゾンの哲学やこだわり、事業構造と収益構造、そして次世代自動車産業に向けて何を目論んでいるのか、整理してみることにしましょう。

アマゾンのミッションは創業以来変わらず「地球上で最も顧客第一主義の会社」です。ここでいう顧客第一主義とは、端的にユーザー・エクスペリエンスを最重要視していることを意味しています。ユーザー・エクスペリエンスの向上のために「ビッグデータ×AI」を存分に活用し、その結果、高い競争優位性を実現しています。それはレコメンデーションの精度にも端的に表れています。アマゾンは、ユーザーの購入データに加えて、ユーザー同士の類似性や商品同士の共起性を解析することで、「この商品を買った人はこんな商品も買っています」という精緻なレコメンドにつなげています。

「顧客第一主義」といえば、いまどき珍しくないフレーズかもしれません。しかしアマゾンが驚異的なのは、それを単なるお題目に終わらせず、あらゆる領域で貫徹、「やり切る」ところです。それはCEOベゾスの手腕、キャラクターによるところが大きいと言えるでしょう。長期にわたりミッションを追い続ける「超長期」の視点と、ＰＤＣＡを超高速回転させる「超短期」の視点をあわせ持ち、人格的にもあるときはフレンドリーでも、あるときは怒り狂うという両極端なパーソナリティの持ち主です。ビジョナリーな経営者であることは間違いありませんが、付き合いやすい相手ではないようです。しかし時価総額70兆円を超えるような超巨大企業を率いて、「顧客第一主義」を徹底するには、このぐらい常識外れの人間でなければ不可能です。

車載用アマゾン・アレクサ（筆者撮影）

　アマゾンの収益構造を見たときに特徴的なのは、売上の６割を北米から得ていること。一方、利益の約7割はクラウドコンピューティングのＡＷＳが占めています。事業領域は拡大の一途。デジタルワールド内のオンライン書店に始まり、家電もファッションも生活用品も扱うエブリシングストアへと進化。またクラウドも物流も動画配信も無人のコンビニも、そして宇宙事業も行うエブリシングカンパニーへと進化してきました。また足元では、キンドル、アレクサ、アマゾン・エコーなどのインターフェースまで展開しています。

こうしたミッションと事業構造であることを踏まえるならば、アマゾンの狙いも、車載OSから、ハード、ソフト、サービスまでを垂直展開することにあると予想できます。また、ユーザー・エクスペリエンスを追求する以上は、ユーザー・インターフェースとなるクルマ本体、ハードの部分にまで進出するのが、アマゾンにとっては自然な帰結だと考えられます。

つまり、次なるベゾスの野望は、ずばり「アマゾン・カー」です。しかも、前述の通り、まずは物流事業において完全自動運転を完成させると思われますが、いずれは一般の乗用車としても実現されることになるでしょう。

CES2018は、スマートスピーカーによるグーグルホームvs.アレクサの戦いが注目されたイベントでした。「ただ話しかけるだけの優れたユーザー・インターフェース」である音声認識AIアシスタントがクルマに搭載される流れは止まらないでしょう。

図表18 アマゾンのミッション×収益構造×事業構造

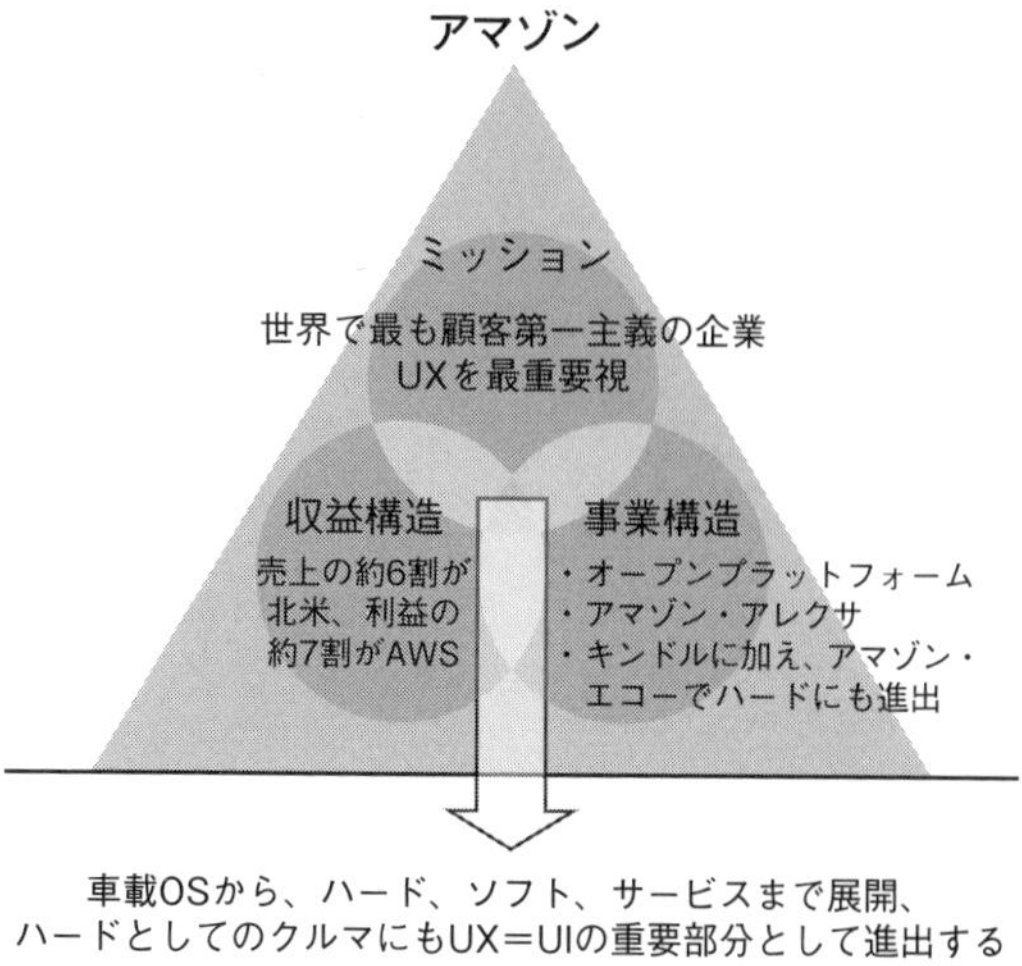
アマゾン
ミッション
世界で最も顧客第一主義の企業
UXを最重要視
収益構造
売上の約6割が
北米、利益の
約7割がAWS
事業構造
・オープンプラットフォーム
・アマゾン・アレクサ
・キンドルに加え、アマゾン・
エコーでハードにも進出
車載OSから、ハード、ソフト、サービスまで展開、
ハードとしてのクルマにもUX＝UIの重要部分として進出する

壇上で、リサーチ会社の経営陣が、スマートスピーカーの動向調査を発表するシーンがありました。現在、米国ではスマートスピーカーの利用率が16％を突破。ちなみに、アマゾン・エコーの同比率は11％、グーグルホームの同比率は4％と、アマゾンが約3倍のシェアを握っています。

注目していただきたいのは「次、どこで使いたいか」という設問に対する回答です。トップ回答は「車のなか」。スマートホームからスマート・カーへ、そしてスマートライフへ。カスタマー・エクスペリエンスのたどり着く先として、ユーザーがそれを要求している以上、「地球上で最も顧客第一主義の会社」アマゾンがそれに応えないわけがありません。

それも、究極を目指すならば、アレクサをユーザー・インターフェースとして、ハードまでの垂直統合を仕掛けてくるはず。アマゾンは、キンドルやアマゾン・エコーの大成功によって、優れたユーザー・エクスペリエンスを提供するには優れたハードの提供が不可欠との認識を深めました。ECサイトのOS、ハード、ソフトを垂直統合し、新しいユーザー・エクスペリエンスを提供してきたのが、アマゾンの歴史なのです。ならば、次世代自動車産業においても、同じことを仕掛けてくるはず。

無人コンビニの「アマゾン・ゴー」をはじめ、宇宙事業やドローン事業などにも進出しようとするアマゾンの目指しているものの本質とは、広範にわたる「無人システム」の構築です。これらの事業も完全自動運転という性格を有しているのです。すでに物流倉庫ではロボットを走らせ、宇宙事業やドローンでも先行しているベゾス帝国が、地上においても、まずは物流から完全自動運転を実現させると考えるのは自然なことではないでしょうか。

もちろん、アマゾンがここまでの垂直統合を実現させるためには様々なハードルをクリアしていかなければなりません。それでも、安全性も徹底された、優れたユーザー・エクスペリエンス&ユーザー・インターフェースとしての「アマゾン・カー」完成の日を期待していきたいと思います。

アマゾンについては、2018年4月に入って衝撃的なニュースが次々と飛び込んできましたので、本章の最後に追記しておきます。

まずご紹介しなければならないのは、次世代テクノロジーの中核かつ分散型社会を担うものとして期待されているブロックチェーンのサービスをAWSでスタートすることを発表したことです。以下にはAWSのサイトでの内容を引用したいと思います。

「AWS Blockchain Templates を使用すると、一般的なオープンソースフレームワークを使用するセキュアなブロックチェーンネットワークを、すばやく簡単に作成してデプロイできます。テンプレートを使用することにより、お客様はブロックチェーンネットワークを手作業でセットアップすることに時間と労力を浪費することなく、ブロックチェーンアプリケーションの構築に集中できます」

中央集権型プラットフォームの王者、アマゾンが、他社に先行して非中央集権型・分散型のブロックチェーンをサービスとして提供していくことには本当に脅威を感じます。

さらに、米ブルームバーグは4月23日、アマゾンが家庭用ロボットを開発していると報じました。2018年末までに社員の家での試験導入を目指しており、2019年にも消費者向けに販売する可能性があるとのこと。家庭用ロボの機能は不明であるものの、試作機はカメラや画像認識のソフトウェアを備え、自動で進むことができると報じられています。もはや「自動ロボット・カー」である「アマゾン・カー」の実現も時間の問題だと考えて、各社においては中長期的な戦略を練り直す時期が到来しているのです。

第4章

GMとフォードの逆襲

◆「グーグルやテスラには負けられない」：二社の逆襲が始まった

メガテック企業の攻勢に押されがちな、従来型の完成車メーカーたち。かつて「ビッグ3」と呼ばれたGMとフォードですら（もう一社のクライスラーは2014年にフィアットの完全子会社に）、そんな構図のなかで語られることが多かったように思います。

それはまた、様々な戦いを含んだ構図だからでもあるのでしょう。

たとえて言うなら、GMとフォードvs.メガテック企業とは、デトロイトの旧勢力vs.シリコンバレーの新勢力との戦いであり、自動車産業とIT・AI産業との戦いです。あるいは、内燃機関エンジン中核のガソリン車製造vs.カスタマー・エクスペリエンス・サービスを中核とするIoT機器生産の戦い。そして、垂直統合による生産・調達システムを前提とする大量生産のビジネスモデルvs.完全自動運転を前提にモビリティ・サービスを提供するビジネスモデルとの戦いでもあるのです。

なるほど、これまでのところは「後者優勢」の印象が拭えないかもしれません。再三触れていますが、年間何百万台と販売するGMやフォードが、EVのみを数万台しか生産しないテスラに時価総額で追い抜かれたというニュースは象徴的です。自動運転実用化の進捗においても、ＧＭやフォードには、グーグルやテスラほど目立った報道はありませんでした。

しかし、事実を丁寧に並べ、客観的に分析してみれば、ＧＭ、フォード逆襲の機運が高まっていることがわかります。

一時は株価や時価総額でテスラに追い越されたものの、その脅威をバネにする形で経営改革を進め、両社ともシリコンバレー型のビジネスモデルへと変貌を遂げつつあります。また、彼らが水面下で進めていた自動運転車、ＥＶ車の構想もここへきて明らかに。「モデル３」量産化で苦闘するテスラを尻目に、ＧＭとフォードは「ＥＶ×自動運転」における戦いで量産化・収益化で先行できるのか。本当の戦いはこれからです。

◆ＧＭ「２０１９年に完全自動運転実用化」のインパクト

２０１８年１月11日、驚くべきニュースが飛び込んで来ました。グーグルでもテスラでもない、ＧＭが「２０１９年内の完全自動運転車の実用化」を発表したのです。

ＧＭが2019年の実用化を目指す、ハンドルやペダルのない自動運転車のイメージ（写真：時事／ＧＭ提供）

これはいわゆる「レベル４」の自動運転車。人間が運転に介入することなく、車が自律的に目的地まで走行してくれるものです。「完全」自動運転の証拠として、公開されたビジュアルイメージにはハンドルもペダルも見当たりませんでした。

用途としては、まず運転手のいない「無人タクシー」としてライドシェア事業に使われる計画です。車体のベースになるのは同社の小型ＥＶ「シボレー・ボルトＥＶ」。フル充電で３８３㎞の航続距離、販売価格は４万ドル以下、テスラ「モデル３」を上回る評価を得ているＥＶです。

完全自動運転のビジョンや完全自動運転の実現までのプロセスも、「自動運転車で世界を変革する」という91ページにも及ぶ資料として同社の米HP上で公開されています。自動車会社が自動運転だけについて解説・公開している資料としては最も詳細なものの一つとなっています。それによると、ビジョンは、ゼロ・クラッシュ（事故をなくす）、ゼロ・エミッション（排出をなくす）、ゼロ・コンジェスション（渋滞をなくす）という「三つのゼロ」。そのほか完全自動運転を実現する要素技術などが余すところなく紹介されています。

現在、州ごとに完全自動運転に向けた法整備が進んでいる米国ですが、GMは全米での展開を見越して、運輸省高速道路交通安全局と協議中です。すでに、サンフランシスコ、アリゾナ州フェニックスなどの公道で、EVの「シボレー・ボルト」をベースにした実験車を使った走行実験を繰り返しているといいます。

計画通りに事が運べば、わずか数年後に米国の多くの州をGM製無人タクシーが走り回るかもしれないという事実。そしてテスラなど新興プレイヤーに既存の自動車メーカーが先行するかもしれないという事実。どちらの事実も、予想外に思われるかもしれません。しかし、自動車がまだ自動車の形を残し、ハードがまだ「従来のガソリン車の延長」にある限りは、従来の自動車産業の量産化テクノロジーを必要とします。その意味では、メガテック企業が量産化を前に足踏みしている間に、既存の自動車メーカーが巻き返すことも、十分に考えられる展開と言えるでしょう。

◆GM再生を主導する凄腕女性経営者メアリー・バーラCEO

GMは、リーマンショック後に一度破綻した会社です。かつては世界最大の自動車メーカーとして業界に君臨したGMも2000年代には経営状態が悪化、2008年には世界ナンバーワンの座をトヨタに明け渡しています。

しかし経営破綻以降、GMは経営変革を着々と進めてきました。2014年以降、これを牽引していたのが現CEOのメアリー・バーラ。GMの「ポンティアック」の製造工場に勤める父のもとで生まれ、親子二代でGMに勤務。彼女の言葉を借りるならば「血液の中にGMが流れている」女性です。

旧GM研究所（現・ケタリング大学）で電気工学の理学士号を取得して卒業。GMに入社後は、エンジニアリングのほか工場や広報、購買など様々なセクションを経験し、2011年以降はグローバル製品開発、購買・サプライチェーン担当エグゼクティブ・バイス・プレジデントを務めていました。要するに、GM生え抜きのすごい人。加えて言うなら、彼女はGM車「カマロ」をこよなく愛する「カーギャル」とも呼ばれる経営者でもあります。

旧ビッグ3のトップに女性が就くのは初めてのことでもあり、2014年の就任した当初からメアリーは注目される存在でした。

GMのメアリー・バーラCEO（写真：EPA＝時事）

またCEO就任以前から、彼女には経営改革の実績がありました。かつてのGMは全方位的に数多くの車種とブランドを抱えて世界中に生産拠点を広げていましたが、これを整理してコストを圧縮したほか、社内組織のリストラクチャリングも推進したことで、前CEOに「カオスに秩序をもたらした」と評価されました。

その後もバーラは車種やターゲットを絞り込んだ戦略を推進していきます。2017年には不振の欧州子会社オペルを売却するなど不採算事業を縮小、また並行してピックアップトラック「シボレー・シルベラード」の開発にも多額な投資を行いました。既存の高級車ブランド「キャデラック」も近年の不調から盛り返しています。

2017年の通期決算こそ、米の税制改革などが影響し4237億円の赤字に終わりましたが、時価総額では「モデル3」の量産化を前に停滞しているテスラを抜き返しています。

◆EVの黒字転換も「2021年までに」と公約

何より、次世代自動車の領域において「GMがメガテックをリードしている」との見方が強まっていることが「GM復活」を印象づけています。

その最大の要因は言うまでもなく「2019年内の完全自動運転車の実用化」です。米コンサルティング会社のナビガンドの格付けによると、自動運転の分野でGMが戦略面でも実行面でもトップ評価です（2位はウェイモ）。

２０１８年1月20日には、地元デトロイトで開催された北米国際自動車ショーに関連したイベントで今後の経営戦略が語られました。バーラによれば、自動運転の車両から無人タクシーサービスまで自社で手がけるための「パラレル戦略」をとるとのこと。例えば同社の自動運転技術は、２０１６年に買収した自動運転技術開発のベンチャー、クルーズ社から得たものです。自動運転車の開発にはベンチャーの力が不可欠であり、そこにGMの量産や部品調達ノウハウを注ぎ込むことでスピード感ある製品化を目指すというのです。

ＥＶについても「２０２１年までには黒字転換する」と公約しました。

ＥＶ化の流れが確定的になってきているなかで次のテーマとなっている「ＥＶの黒字転換」を約束できる一つの根拠は、バッテリーコストの削減です。「ＥＭＣ１・０」と呼ばれる新型のバッテリーシステムは、リチウムイオンバッテリーのセル材料のなかでも最も高価なコバルトの使用量を削減しました。

加えて、バッテリーの車体組み入れの効率化やバッテリーセル冷却システムを改善。これにより次世代「ボルト」では、バッテリーのコストをほぼ維持したまま走行可能距離を45%伸ばすか、同じ走行距離のままコストを45%削減できるといいます。ほかにも、中国では現地パートナーのＳＡＩＣと連携し、ＥＶの組み立て工場のコスト削減を進めていると報じられています。

また足元では、海外の不採算事業からの撤退やガソリン車の好調を受けて、EV開発に向ける予算が潤沢です。現在同社には、世界最大級のバッテリー・EVグループがあり、1700人以上の技術者や研究者がバッテリーやEVの開発に携わっているようです。

また、バッテリー以外にも、次世代EV専用の車体構造「プラグ&プレイ」を開発。これは自由度が高いモジュラー形式を採用したことで、様々なサイズのバッテリーシステムに加えて、燃料電池の搭載も可能だといいます。

GMにとって初のEV量産モデル「シボレー・ボルト」は発売から1年以上が経過し、2017年のアメリカでの販売数で、テスラの「モデル3」や日産自動車の「リーフ」を上回っています。前述の通り、この「ボルト」は、自動運転による無人タクシー事業のベースを担うとされているもの。こうしたライドシェアの領域へ進出することは、完成車を販売するという既存事業の売上減につながるかもしれませんが、GMとしては変革の手を緩めようとはしない様子。2018年2月には、当年中に自動運転技術の開発に約1000億円を投じると発表しており、さらに開発スピードを上げていくはずです。

以上の事実から、第5章で論じるダイムラーと同じく、GMは、ハードとしての車からカーシェアまで、次世代自動車産業の垂直統合・総合プレイヤーを目論んでいることが明白です。

◆ディスラプション（破壊的改革）に挑むフォード

ＧＭのメアリー・バーラＣＥＯが「血液の中にＧＭが流れている」というほどの生え抜きであるのとは対照的に、フォードのジム・ハケットＣＥＯは、２０１３年まで自動車産業での経験がなかった経営者です。

しかし、これから述べていくような特異な経歴とキャラの彼だからこそできることがあります。フォードはいま、ハケットによるディスラプション（破壊的改革）の真っ只中にいます。

ＣＥＯ就任１００日目の２０１７年10月、ハケットは57ページにも及ぶ「ＣＥＯストラテジー」を発表。「フォードの破壊的改革」として五つのポイントを挙げました。原文を翻訳すると次のようになります。

「『フィット』することで『ディスラプション』に備える」「『ヒトとモノを動かす』ビー

フォードのジム・ハケットCEO（写真：EPA＝時事）

クル・ビジネスに参入する」「我々の乗り物はスマートでコネクトされたものになる」「これらのスマートな乗り物は新たなトランスポーテーションのオペレーション・システムのなかで成長する」「この新たなトランスポーテーションのオペレーション・システムのなかで、我々は新たなビジネス機会を獲得して進化していく」（図表19）。

　ＣＥＳ２０１８開催日当日の基調講演において、さらに具体的なプランが語られました。それは「フォードはデータとソフトウェアとＡＩを駆使し、トランスポーテーションを基軸に都市を活発にするソリューションカンパニーに転換する」というもの。それは、フォードもまた既存の自動車メーカーから脱却し、ソフトウェ

図表19　フォードの破壊的改革、５つのポイント

- 「フィット」することで「ディスラプション」に備える
- 「ヒトとモノを動かす」ビークル・ビジネスに参入する
- 我々の乗り物は、スマートでコネクトされたものになる
- これらのスマートな乗り物は、新たなトランスポーテーションのオペレーション・システムのなかで成長する
- この新たなトランスポーテーションのオペレーション・システムのなかで、我々は新たなビジネス機会を獲得して進化していく

アとＡＩを中核とするシリコンバレー型次世代自動車産業のプレイヤーへ移行する、との宣言にほかなりません。

ハケットがＣＥＯに就任したのは２０１７年5月のことです。マーク・フィールズ前ＣＥＯは、株主や創業家から経営責任を問われる形で辞任しています。かつてはマツダ社長として経営再建を指揮した彼は「２０２１年までに完全自動運転車を量産する」と発表するなど次世代自動車への対応を急いだものの、目に見える成果を残すことは叶いませんでした。

旧ビッグ3のうち唯一、リーマンショック後も経営破綻しなかったフォードですが、近年は売上低下のプレッシャーにさらされ、株価も低迷していました。議決権の4割を握るフォード一族のビル・フォード会長は、その立て直しをハケットに託したのです。

◆「自動車産業の経験なし」で就任したハケットCEO

自動車産業出身でないにもかかわらず、創業家にそこまで信頼されるジム・ハケットとは一体何者なのでしょう。

彼は、1955年生まれの62歳。老舗の家具メーカー・スティールケースの再生で実績をあげた人物であることは先に述べた通りです。

そして2013年に、フォードの取締役及び自動運転とサービスの子会社社長に就任。つまり彼は、フォードにおける「CASE」のA（自動運転）とS（サービス）を担当していたわけです。在任中は、サンフランシスコのライドシェア会社「チャリオット」と、自動運転のスタートアップ「アーゴAI」に出資しています。

その彼になぜ、フォードCEOとして白羽の矢が立ったのか。ハケット氏の起用で官僚的な組織やヒエラルキーの強い企業文化を変革し、意思決定のスピードを上げたい、というのがその理由でしょう。

彼はスティールケースの再生にあたって1万2000人のリストラを断行しました。しかし、それ以上に企業文化を変革した経験が重要です。

スティールケースの再生において、ハケットは世界的なコンサルティング会社のＩＤＥＯに出資し、同社と協働しました。ＩＤＥＯはデザイン思考と呼ばれる経営手法を考案したことで知られています。デザイン思考とは、メーカー側の都合をユーザーに押し付けるのではなく、ユーザーと共に、ユーザー自身が抱える課題を解決することを通して商品を開発しようとするものです。新しい可能性や新たな価値を発見するための問題解決のプロセスです。

なかでもスティールケースの改革は、単なる「オフィス家具の製造・販売」から、「コミュニケーション不足や風通しの悪さ、ストレスといった仕事上の課題を家具で解決する」ソリューション型の事業へと改革するものでした。ＩＤＥＯの手にかかると、例えばオフィスの形も一変します。人の目線を妨げる壁を取り払ったり、仕切りを低くしたりすることで、社員間のコミュニケーションをスムーズに。壁にはホワイトボードを設置して、その場でいつでもディスカッションができる環境に。こうしたオフィスは、現在のシリコンバレーの一つのトレンドになっています。

ハケットは、こうしたシリコンバレー式の組織改革の実践者であり、かつてはスティーブ・ジョブズとも親交を持つなど、シリコンバレーに太い人脈を持っています。したがって、フォード会長が彼をトップに指名した背景に、「フォードをシリコンバレー型の次世代自動車産業のプレイヤーに改革してほしい」という意図があるのは明白です。

地元紙のデトロイト・フリープレスは、こんな言葉でハケットを評しています。「100年以上の歴史がある伝統的企業をリードする方法を知っている」。ハケットは1912年創業のスティールケースの経営者を20年間務め、デザイン思考などイノベイティブなアプローチでそのビジネスや企業文化を変革しました。その経験は同じく100年以上の歴史を持つフォードを変革するにあたっても、大きな武器になるはずです。

「変化こそが企業の生存のために重要と考えている」。フォード入社以降、自動運転とシェアリングサービスの子会社を経験し、わずか12人の社員で始まった同社を600人規模にまで成長させてきました。彼ならば、次世代自動車ビジネスへのシフトを、企業が成長するためのチャンスと捉えることができるでしょう。

「中西部の楽天的な性格が成果を生んでいる」。ハケットは、2013年にスティールケースの投資家を相手に、「私の両親は不景気の時代を生き抜いた。私が彼らから学んだのは、冷笑を控えて、物事のより明るい側面を想像することです」と語っています。

「フォード一族であるビル・フォード・ジュニアと親しく絶大な信頼を受けている」。フォード会長からの信頼は厚く、ことあるごとにハケットを「ビジョナリーなリーダーである」「彼ならばやり遂げてくれる」と賞賛する声が聞こえてきます。

◆ＩＤＥＯ式デザイン思考によるフォードの破壊的改革

ハケットによる破壊的改革の要諦が、２０１７年10月に発表された「ＣＥＯストラテジー」に載っています。それは、スティールケースの再生のときと同様、デザイン思考を十二分に活かしたものになっています。

以下、これを読み解いてみましょう（図表20）。

まずハケットは、二つ「フィット」を挙げています。ここでいう「フィット」とは、「フィットネス」のフィット。望ましい状況であること、望ましい状況にすることを意味しています。

一つは「売上をリセットし、コストを攻撃する」。近年、フォードのコストは売上と同じペースで伸びています。具体的に見ると、２０１０年から２０１６年まで売上が30％成

図表20　デザイン思考によるフォードの破壊的改革

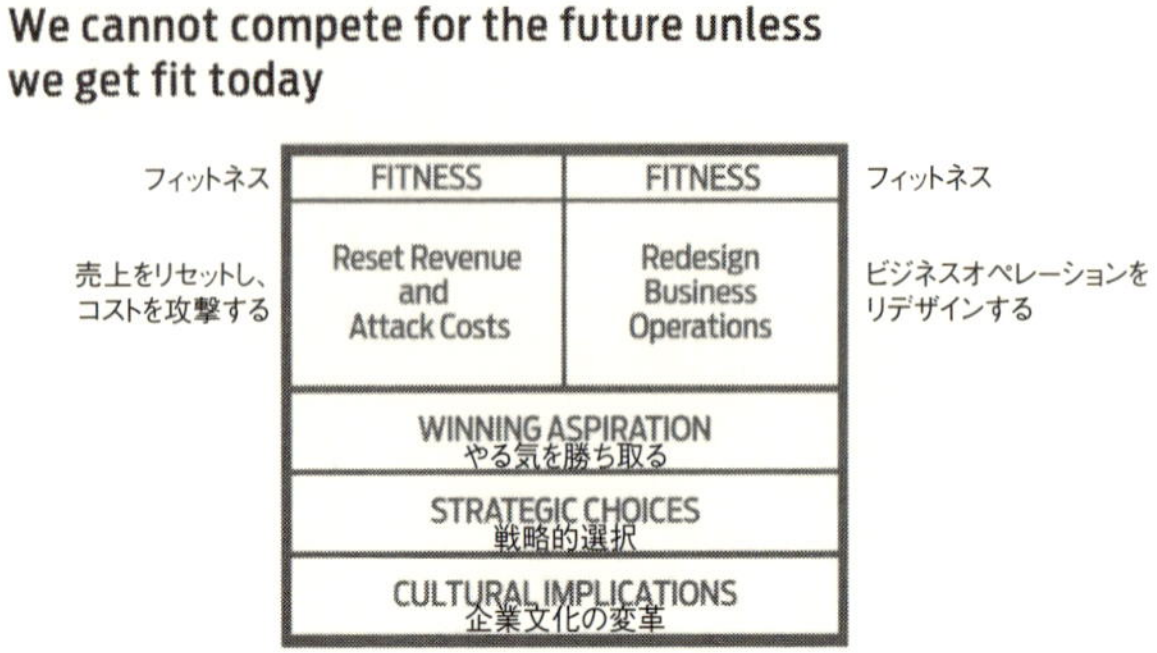

出典：フォード「CEOストラテジー」より筆者翻訳

長しているのに対し、同じ期間のトータルコストが29%大きくなっているのです。

また純売上高に対する設備投資の割合も2010年に3・5%だったの対し、2016年には4・9%になっています。これではなかなか利益が残りません。

今後は、現在進行形でグローバルなオペレーションの組織に変革し、責任も明確化することでコスト削減を推進していくとしています。コストの伸びをこれまでの半分にコントロールしつつ、売上の伸びを引き上げていく計画です。

もう一つのフィットは「ビジネスオペレーションをリデザインする」。ここでは1回限りのコスト削減ではなく、継続的で複利的な改善を進めていく方針です。顧客が本当に望むものを提供するため、細分化していたモデル数やオプションのラインナップも今後は厳選していきます。さらに、開発プロセスを見直して開発期間を2割短縮。生産性、効率性の向上を図り、工場のスマート化も進めていきます。

以上二つのフィットを目標に社員のやる気を高めていきます。正確には、「社員のやる気を勝ち取る」といったニュアンスの表現になっています。新たに提示された哲学・想い・こだわりで社内を鼓舞します。「単なる乗り物ではなくて、情熱とともに乗り物を提供する」「スマート・ワールドにおけるスマートな乗り物を提供する」「世界で最も信頼されるモビリティ・カンパニーになる」「自動車だけでなく、乗り物、スマート・ワールドそのものに貢献する」。ハケットはこうした言葉を社内外に向けて宣言しており、これも社員を鼓舞する力として作用します。

そして、以上から導き出される「戦略的選択」は、次の通りです。自社の強みとマーケット機会に経営資源を集中する。あるいは、「スマート・ワールドのスマートな乗り物」に集中する。自動運転、EV化に集中する。AI、ディープラーニング、3Dプリンティング、スマートファクトリーなどを推進する。

こうして改めて全体を眺めると、フォードの戦略とは、新しいビジョンや思いを掲げることで社員のやる気を高めつつ、経営資源を自動運転、ＥＶ化など次世代自動車産業のキーとなる技術に集中することなどで、企業文化を現在の市場環境に適応したものに変えていく、という戦略だと整理できるでしょう。

◆ビジョンは「スマートシティを牽引する存在へ」

ハケットのＣＥＯ就任後から２０１８年頭までの、フォードが次世代自動車へ向かう動きを追いかけてみましょう。

２０１７年10月、投資家向けの経営戦略発表会で、２０１９年までに米国向けの全車を、また２０２０年までに世界市場で販売する新車の９割を、通信機能を持ったコネクテッドカーにすると発表しました。もともとフォードはマイクロソフトと共同開発した車載情報システム「ＳＹＮＣ」でコネクテッドカーの先駆けとなりましたが、これをさらに推し進める形です。

２０１７年12月には、２０２５年までに中国で新たに50車種以上を投入し、中国での売上を現状より５割増やすという計画を発表しました。そのうち、ＥＶとハイブリッド車が

フォードが描く「モビリティの未来」(筆者撮影)

15車種以上。2019年までには全車に通信機能を標準搭載とします。これにより、世界最大の市場である中国へ重点投資する姿勢が鮮明になりました。ちなみに、バイドゥが持つ自動運転技術をオープンソース化する「アポロ計画」にもフォードは参画しています。

あのアマゾンとの提携も行っています。アマゾンは2018年4月、プライム会員向けにクルマのトランクに商品を配達する新たなサービス「アマゾン・キー・インカー」を開始すると発表しました。そして、このサービスを利用できるのは、GMとボルボの自動車の所有者です(すべての車種が対象ではない)。これを利用すれば、オーナーが自宅を不在にしていても、クルマのトランクをあけて荷物配達を完了できる、といいます。「クルマのトランクを宅配ボックスにする」サービスと言えるでしょう。

サービス化の領域では、2017年8月にドミノピザと提携して自動運転車によるピザ配達実験をスタートさせていましたが、18年1月には食品宅配ベンチャーのポストメイトからも、自動運転による配送サービスを受託しました。

足元の業績はどうでしょうか。2017年10~12月期の決算においては約2600億円の黒字。前年同期の赤字からの黒字転換を果たしました。それでも市場予想を下回ったこともあり、ハケットはこの結果には満足しておらず、引き続きコスト削減を図りつつ、自動運転や電気自動車への投資は拡大するとしています。

そして冒頭でも触れた、2018年1月のCES2018。ハケットは、近未来のスマートシティを描いたCGをバックに、「モビリティの未来」について語りました。

私たちの生活の隅々にまでデジタル技術が入り込んだ未来のスマートシティにおいて、モビリティがどんな姿をしているのか。またフォードはどんな企業であろうとしているのか。「フォードはデータとソフトウェアとAIを駆使し、トランスポーテーションを基軸に都市を活発にするソリューションカンパニーに転換する」とはそのときの言葉です。

ハケットはここで新たに、クルマのみならず人や街ともつながるためのプラットフォームとして「ＴＭＣ（Transit Mobility Cloud）」も発表しました。半導体大手のクアルコムと提携して開発しているものです。といっても、すぐにはイメージができないかもしれませんが、ハケットはこんなシーンを紹介しました。レストランで待ち合わせをしている男女。シェアカーの「リフト」で向かっていた男性は、交通状況が良くないことをＴＭＣから知らされた。そこでシェアバイクに乗り換え、難なくレストランに到着する……。同社エクゼクティブ・バイスプレジデントのジム・ファァリー氏は「多くの企業と提携してサービスを拡充することができるようにしたい」とも語りました。

筆者はこのプレゼンの現場を取材しましたが、正直なところ、フォードのスマートシティやＴＭＣの構想は、他の主要会社が数年以内のビジョンを示していたなかで、具体的なビジネスから離れすぎ、現状の自動運転やＥＶから離れすぎ、要するにビジョナリーに過ぎる感は否めませんでした。株価を見る限りは、市場からの評価も同様であるのではないかと考えられます。特に短期的な業績を重視する投資家からは厳しい目が向けられています。

それでも、私は、「フォードの逆襲」には大いに期待しています。経営戦略のレベルにまでデザイン思考を持ち込んだＣＥＯと、それを支援するオーナー一族。成果が出るまで忍耐することも同時に期待したいと思います。

第5章

新たな自動車産業の覇権はドイツが握る?

――ドイツビッグ3の競争戦略

◆「ディーゼルからEVへ」苦難をチャンスに変えようとするドイツ

自動車産業の発祥は19世紀のドイツ。その長い歴史のなかで確固たるポジションを築いてきたダイムラー、フォルクスワーゲン（VW）、BMWの「ドイツビッグ3」がいま、大変革の季節を迎えています。その大変革とは「ディーゼル車からEV車へ」。ドイツはこれまで、ディーゼル・エンジンに注力してきた国です。日本ではあまり馴染みがないかもしれないディーゼル車ですが、CO_2の排出量がガソリン車よりも少なく、税制優遇のメリットがあるとして、ドイツではガソリン車と同等の規模で普及していました。ドイツ連邦自動車局によれば、2012年以降の燃料別自動車新規登録台数は、ガソリン車が50%台、ディーゼル車が48%前後で推移しています。

ところが2016年はディーゼルの比率が45・9%に低下し、ガソリン車は52・1%に上昇。その一方で、EV車の比率は0・1ポイントずつ増加し、2017年11月には、新規乗用車登録台数に占めるEVの割合が初めて2%を超えました。

背景には、ディーゼル神話の崩壊があります。2015年11月、フォルクスワーゲンが、窒素酸化物の排出量を不正に少なく見せるソフトウェアを搭載したディーゼル車を販売していたことが発覚、不正対象車種は全世界で1100万台に上りました。ディーゼル車はエコではなかった。これが大スキャンダルとなり、同社の経営陣は引責辞任、株価は一時43％も下落し、フォルクスワーゲンのブランド価値が大きく毀損する事態となりました。

そこに各国都市部の大気汚染問題も加わり、欧州全土でディーゼル規制議論が爆発しました。ロンドンでは、市中心部に乗り入れる一部のディーゼル車に1日10ポンドが課金されることに。ダイムラーのお膝元であるシュツットガルトでは、大気中の窒素酸化物の濃度が上限値を大幅に超えているとして、環境保護団体「ドイツ環境援助（DUH）」が政府を相手に訴訟を起こした結果、「市内へのディーゼル車の乗り入れを禁止することが有効」だとする判決が下りました。パリやマドリードなど4都市も、2026年までにディーゼル車の乗り入れを禁止することで合意しています。

こうした規制強化の流れを食い止めようと、2017年8月にベルリンで開催された「ディーゼル問題対策会議」では、ビッグ3を含むドイツの自動車メーカー8社が一同に介して対策を協議、欧州内で走行するディーゼル車約530万台のソフトウェアを無償で更新することを約束しました。

２０１７年は、国を挙げてのＥＶ化推進が相次いで表明された年となりました。フランスと英国はディーゼル車とガソリン車の販売を２０４０年までに禁止すると発表。こうした流れは欧州外にも波及し、インドは２０３０年までに、インドネシアは２０４０年までに内燃機関の自動車販売を禁止する意向を示しています（インドは２０１８年２月に撤回）。

肝心のドイツ政府はというと、ＥＶ化によって従来型の自動車産業の雇用が１００万人近く失われるという試算もあり、「何年までに禁止する」とは明言していません。

しかしながら、個別メーカーはすでにＥＶ化に向けて走り始めています。ドイツの自動車工業会は、２０２０年までに４００億ユーロをＥＶなど次世代自動車に投資すること、今後２～３年で１００車種を、今後５～８年で１５０車種を市場に投入することを発表しました。また改めて付け加えるならば、自動車メーカーにとって最大の市場である中国とそれに次ぐ米国が揃ってＥＶ化を推進している以上、遅かれ早かれ「ディーゼルからＥＶへ」のシフトは不可避です。これを大きなビジネスチャンスと捉えるべく、各社が対応を急いでいます。

◆経営改革を進めるフォルクスワーゲン

こうした状況下、ドイツビッグ３も、ＥＶ化に向け大規模な投資を始めています。彼らが次世代自動車産業の潮流をどう捉えているか、概観してみることにしましょう。

まずは、期せずして「ディーゼルからＥＶへ」というシフトを仕掛けることになったフォルクスワーゲン。自動車の販売台数ランキングでトヨタと首位を争ってきた名門ですが、排ガス不正によりその名も一度は地に堕ちました。

しかし不正発覚から数ヶ月後の２０１６年11月、「トランスフォーム２０２５＋」という新経営計画を発表、同社の言葉を借りるなら「史上最大の変化を伴う改革」に着手しました。

図表21において、この経営計画の全体構造を示しました。フォルクスワーゲンでは、この経営計画におけるミッションを「自らのトランスフォーメーションとともに未来を生産的なものにする」、ビジョンを「人々を前進させる」と掲げました。そしてそれを実現す

図表21　「トランスフォーム2025+」の全体構造

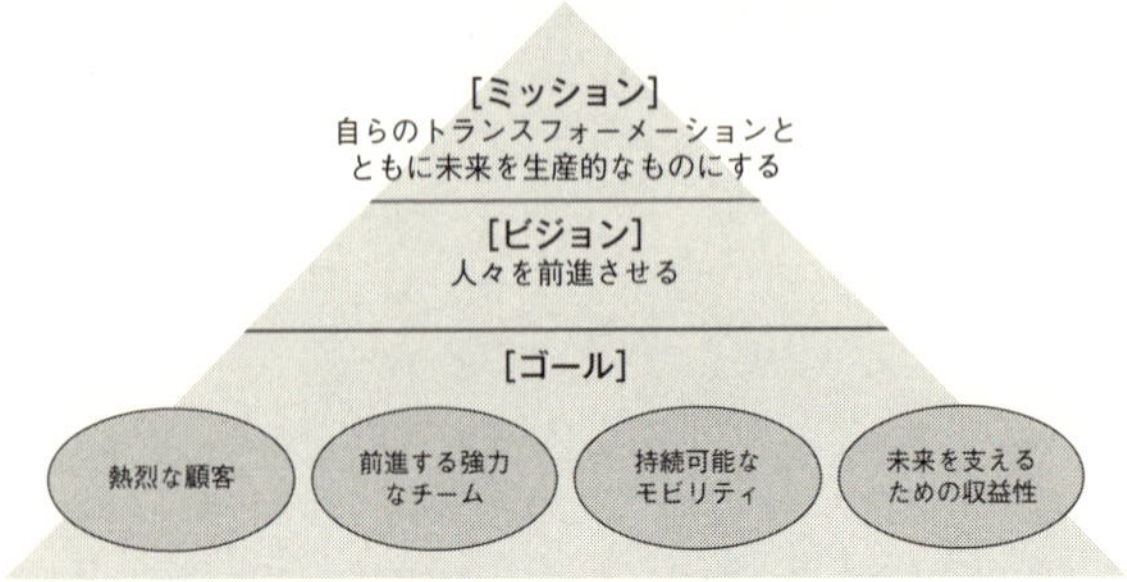

出典：VWの英文決算資料等より筆者が作成

るためのゴールとして四つの目標を提示しています。

一つ目は、「熱烈な顧客」。顧客に関する目標です。「２０２５年までに８０００万人の顧客を獲得する」「その定量指標としてＮＰＣ（ネット・プロモーター・スコア：顧客ロイヤルティを数値化した指標）を向上させることを目指す」「技術的な品質の向上とそれを顧客が認識することを目指す」という3点を具体的な内容にしています。

二つ目は、「前進する強力なチーム」との表題で、社員に関する目標。「社員満足度指標と働く環境の向上を目指す」「当社は社員にとってもっと魅力的な会社になる」「女性管理職の割合を増やし、経営の国際化も同時に進める」というのが具体的な項目です。

三つ目は、「持続可能なモビリティ」。「CO_2の排出量を25％削減する」「社会的責任や倫理に関するブランドイメージを向上させる」「2025年までに電動モビリティで世界のリーダーになる」の3点が掲げられています。

最後の四つ目は、「未来を支えるための収益性」。「持続可能性と競争力を維持するために収益性を向上させる」「投資資金に対する収益性を向上させる」「将来の活動はネットキャッシュフローはプラスとしながらも支えていく」という三つの内容になっています。

率直な感想を述べると、同社資料の内容からだけでは、「史上最大の変化を伴う改革」という危機感や問題意識を感じ取ることはできませんでした。

また特に上記のなかでも「前進する強力なチーム」という項目のなかに表れていますが、少し前の日本の大企業の目標を思い出させるようなものではないかと思いました。「当社は社員にとってもっと魅力的な会社になる」という目標に至っては、主語が会社になっており、私がもし同社の社員であれば、「会社と一体感が持てない表現になっている」と感じたかもしれません。日本と同様にドイツでも、伝統的な企業の経営改革は簡単なものではないと感じました。

次世代自動車産業に関するもので注目すべきものをご紹介しておきましょう。

EVへの注力ぶりには目を見張るものがあります。2025年までにグループ全体で80

モデル（うち30モデルはＰＨＥＶ）を発売、また２０３０年までにはアウディやポルシェ、ベントレーなどグループの約３００モデル全てに電動車を設定する戦略「ロードマップＥ」を発表。２０２５年時点でＥＶの占める割合は約25％、年間販売台数は最大で３００万台になると見込んでいます。

ディーゼル車やガソリン車に比べてＥＶ車は部品点数が少ないため、ＥＶ化には生産体制の縮小が伴います。フォルクスワーゲンは2万３０００人のリストラを断行、一方でＥＶ関連で新たに９０００人の雇用を生む計画です。まさしく、組織そのものを見直す、大変革の途上にあるのが、フォルクスワーゲンなのです。

また自動運転にも進出。フォルクスワーゲン本体は自動駐車機能、アウディが自動運転技術の開発と、グループ内で分担する体制を敷いています。２０１７年には、アウディの高級セダン「Ａ８」で、自動運転のレベル3を実現すると発表、同年のジュネーブ・モーターショーではさらに高度なレベル5の自動運転を実現した無人タクシーのコンセプト車「セドリック」を発表するなど、着々と実績を積み重ねています。

完成車メーカーでありながら、サービスへの進出も図っており、２０１６年にはイスラエルのライドシェア会社であるゲットに出資、２０１８年からは自社によるライドシェアサービス「モイア」をスタートさせる予定です。

◆「三社連合」で次世代自動車に臨むＢＭＷ

続けて、ＢＭＷはどうでしょう。ミニクーパーのＭＩＮＩやロールスロイスなどを傘下に置く同社。数年前からＥＶブランド「ｉシリーズ」を展開していました。２０２５年までには、ＥＶとＰＨＥＶをあわせて25モデルを投入する計画です。

ダイムラー、フォルクスワーゲンに比べると規模の小さいＢＭＷは、他社との連携によって完全自動運転に取り組んでいます。現在は米インテル、画像認識半導体を手がけるイスラエルのモービルアイらとの「三社連合」で自動運転プラットフォームの開発を進めており、２０２１年までに完全自動運転車の量産を目指すとしています。同時に、この連合は、インテルとその傘下にあるモービルアイにとっても生命線となっているものです。１９４ページの写真は筆者がＣＥＳ２０１８で撮影したものですが、インテルのブースにおいて自動運転車の代表作としてＢＭＷ車が展示されていたのが印象的でした。

三社連合といえば、２０１６年の7月1日、ＢＭＷのハラルド・クルーガー会長、インテルのブライアン・クルザニッチＣＥＯ、モービルアイのアムノン・シャシュア会長が共同記者会見において、「２０２１年までに完全な自動運転車の量産・市販化を目指す」と発表し、市場に大きなインパクトを与えました。その当時においては、このレベルの自動運転車の市販時期まで発表したことは画期的だったからです。

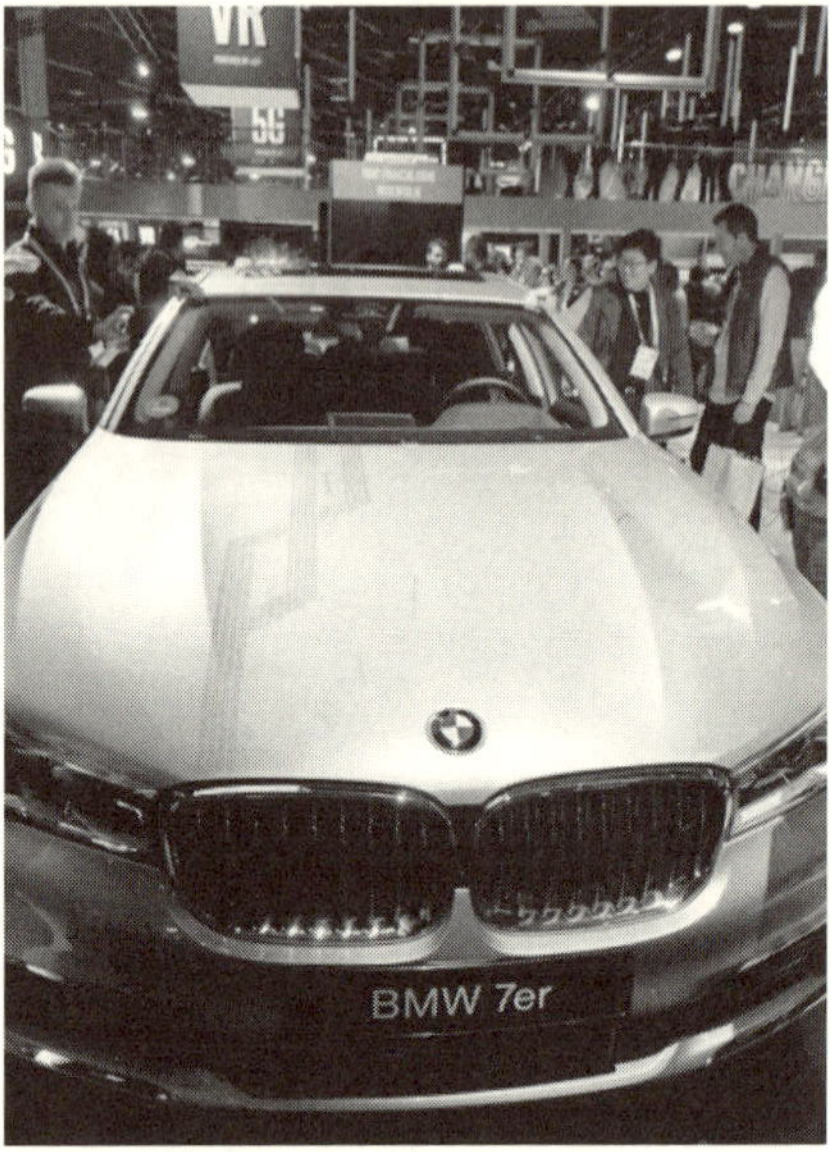

インテルブースにおけるBMW自動運転実験車（筆者撮影）

もっとも、その後、インテルとモービルアイはエヌビディアとのＡＩ用半導体競争においては大きな競争優位を示せず、三社連合も当時のような話題性は少なくなってきています。インテルはモービルアイの買収を契機に自動運転のＲ＆Ｄ拠点をイスラエルに移しました。ドイツとイスラエルとの共同開発に期待したいと思います。

◆「ＣＡＳＥ」で次世代自動車のあり方を示したダイムラー

さて、いずれ劣らぬドイツビッグ３のなかでも、「次世代自動車産業」の姿を占う本書において最も注目するべきは、ずばりダイムラーです。

高級車の代名詞「メルセデス・ベンツ」で知られるダイムラーは、販売台数では世界10位（２０１７年）ですが、売上高ではさらに上位の位置につけています。トップはディーター・ツェッチェ。立派な口ひげとカジュアルなデニム姿がトレードマークの彼が取締役会会長に就任した２００６年は、ダイムラーが高級乗用車のシェアトップをＢＭＷに奪われた年でもありました。それからのディーターは、さながら「破壊者」。クライスラーとの合併を解消し、本社建物を売却、社名をダイムラーに変えるなどの大ナタを振るい、ダイムラー再出発の陣頭指揮をとったのです。

そして２０１６年、次世代自動車産業の中核を担うプレイヤーとして、ダイムラーが強烈な存在感を示した出来事がありました。

その年のパリモーターショーにおいて、ダイムラーは新しいＥＶブランド「ＥＱ」を発

ダイムラーのディーター・ツェッチェ会長
（写真：EPA＝時事）

表すると同時に、「ＣＡＳＥ」と名付けた中長期戦略を打ち出しました。ダイムラーこそは、次世代自動車産業の潮流を示した張本人。その発表は、ガソリン自動車のイノベイターであり続けた同社が、次世代自動車の潮流をもリードしてみせる、との意思表明でもありました。

第1章でもＣＡＳＥについて触れていますが、ここではダイムラー自身の取り組みを個別に見てみましょう。

Ｃはコネクテッド化、スマート化です。ダイムラーのＨＰには「快適で安全、そして新しい次元のエンターテインメントをクルマが提供する時代へ」とあります。「メルセデス

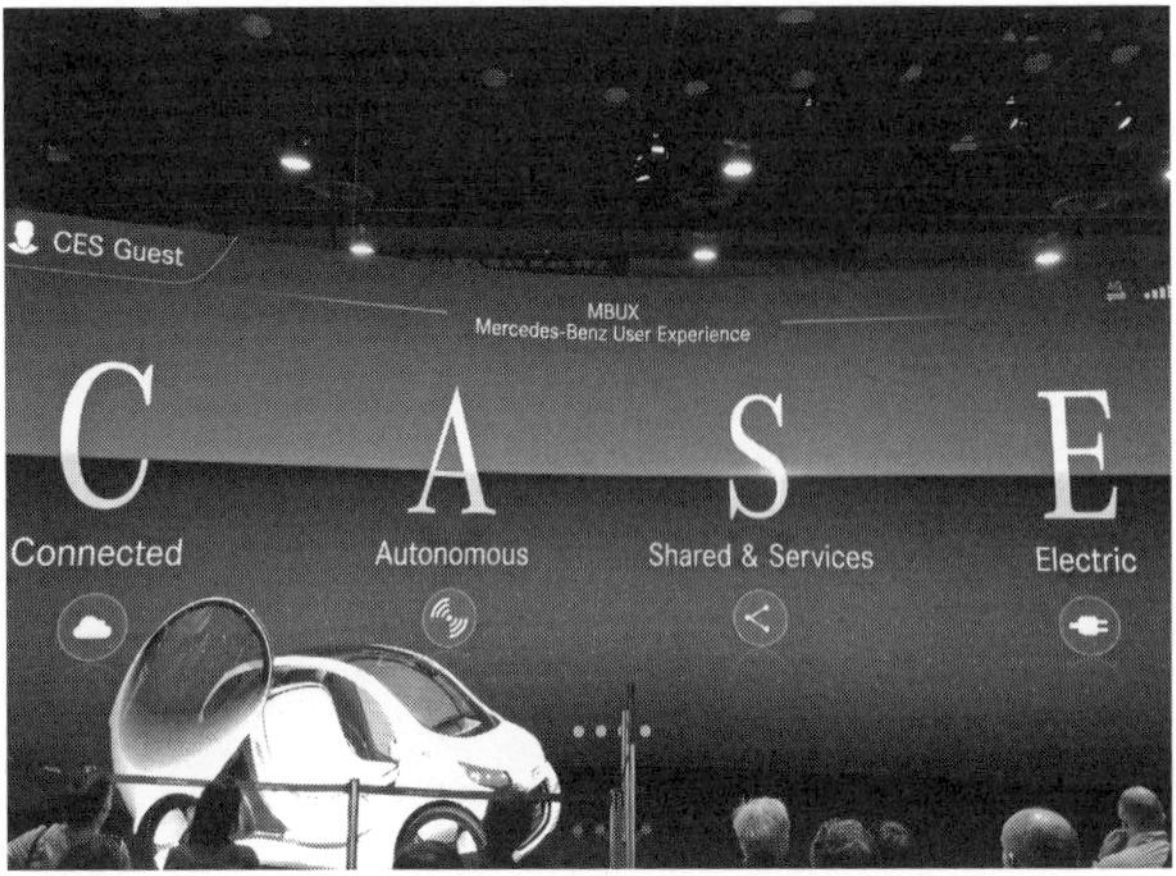

ダイムラーのCASE戦略（筆者撮影）

ミーコネクト」は、そのサービスの一例です。車の外からアプリを通じて駐車操作ができるリモートパーキング機能を備えるほか、事故を起こしたときはボタン一つでコールセンターにつながります。また専門のオペレーターが、レストランやホテルの予約など、様々なコンシェルジュサービスを24時間体制で提供します。

Aは自動運転です。ダイムラーは「自動運転の先駆者」を自認しており、その端緒は1960年代に導入されたクルーズコントロールまで遡ります。1995年には四つのカメラと当時の最新マイクロプロセッサを搭載したベンツの「Sクラス」がミュンヘンからコペンハーゲンまでを完走。2013年8月には実験車両がドイツ・マンハイム～プフォルツハイム間の約100㎞の一般道路を自動走行しました。

現在の市販車は、部分的な自動運転システム「ドライブパイロット」を搭載、高速道路での走行をアシストします。また、ドライバーがウィンカーレバーを操作すると自動的に車線変更する「アクティブレーンチェンジングアシスト」を導入したのは、テスラの「モデルS」に次いで世界で2番目の早さでした。

Sにおいては、乗り捨て型のカーシェアリングサービス「car2go（カーツーゴー）」を2008年から展開し、いまではその会員数が300万人を超えるまでに成長しています。カーツーゴーについてはのちほど詳しく解説します。

そしてEの電動化です。今後は、EVに100億ユーロを投資、2022年までに10車種を市場に投入すると発表、2018年には大規模なバッテリー工場をドイツ東部のドレスデンに建設予定です。

2007年から小型車スマートのEVを量産していたダイムラーですが、パリモーターショーでは、EVの新ブランド「EQ」によって「包括的」にCASEを展開すると発表しました。また、「(EQは) 移動手段としてのクルマの存在意義を拡張し、特別なサービスと体験、イノベーションを生む全く新しいモビリティである」「我々はモビリティ・プロバイダーになる」との発言もあります。そこから推測できるのは、同社はCASEを個別に実現しようとしているわけではないということ。つまり、これまで別個に進化してきた自動運転、コネクト、シェアリングといった柱を、EVという括りで取り込み、融合させ、全く新しいモビリティ・サービスを創造しようとしているのです。

もともとEVは自動運転やシェアリングとの親和性が高いとされてきました。モーターで駆動するEVはガソリン車に比べ電子制御がしやすいですし、ガソリンスタンドほど場所を限られずに充電設備を設置できるため、シェアリングサービスとも相性がいいのです。こうした条件から、コネクト×自動運転×EV×シェアリングといったサービスを思い浮かべることは容易でしょう。

例えばそれは、「無人運転のEVタクシーをスマホで呼び出し、利用した時間単位で料金を支払う」サービスかもしれません。事実、2017年9月には、カーシェアリング用に設計した自動運転EVのコンセプトカーが発表されました。そのクルマ「スマート ビジョンEQフォーツー」は、CASEの4条件を全て備えた初めてのクルマであり、現在ダイムラーが展開しているシェアリングサービス「カーツーゴー」を発展させたものでした。運転席のない完全自動運転車が都市部を巡回し、ユーザーが専用アプリを通じて予約すると、やはり自動でユーザーのもとに直行。ユーザーがクルマを借りにいくのではなく、クルマのほうがユーザーを探して迎えにくる時代が、やがて到来するのです。

ダイムラーはEVを起点に、自動車メーカーからサービスプロバイダーへとその姿を変えようとしています。序章でも紹介したように、パリモーターショーにおいて、ディーターはこんな言葉を口にしました。「自分はこれまでなんでメカニカルエンジニアリングでなくエレクトリカルエンジニアリングを専攻したのかと聞かれた。ようやく自分の専攻を活かす時代が来た。今日のメイントピックはEVだ」。

彼はおそらく、こう言いたかったのです。「自分のやってきたことは間違っていなかった。いよいよ、ダイムラーと自分の時代がやってきたのだ」と。

◆「カーツーゴー」でMaaSでも先行

「我々はモビリティ・プロバイダーになる」と宣言したダイムラー。その言葉通り、モビリティ・アズ・ア・サービス、通称MaaS（Mobility-as-a-Service）」の領域では他の自動車会社に大きく先行しています。

ＭａａＳとは本来、クルマに限ったものではなく、地下鉄やタクシー、バス、鉄道などモビリティ全般を組み合わせて人の移動を行うサービス全般を指す概念です。そこでは、モビリティは所有するものではなく、サービスとして提供されるもの。現在、自動車メーカーはクルマというモノを販売することで報酬を得ていますが、ＭａａＳのプレイヤーはサービスの対価として報酬を得ることになります。また、そのサービスは多岐にわたり、自動車メーカー以外のプレイヤーの参入も進むことにもなります。第７章で詳しく紹介しますが、個人が所有する車をタクシーのように使う「ライドシェア」系のプレイヤーも、ほんの一例に過ぎません。

カーシェアリングもＭａａＳの一つです。カーシェアリングとは事業者が会員に車を貸し出すもので、もとは欧州で、鉄道やバスなどの公共機関を補完するものとして生まれました。「所有からシェアへ」という価値観の展開を背景に、若年層を中心に浸透しています。日本でもカーシェアリング市場は増加傾向にあり、２０２０年には２０１２年比で５倍まで拡大すると見られています。しかし、ダイムラーのカーシェアサービスが世界最大規模で成長していることは、日本ではあまり知られていないようです。

それが「Car2go（カーツーゴー）」です。２００８年、フランスのレンタカー事業者「Europcar」との合弁により設立されました。スマートという二人乗りのＥＶを使い、現在カーツーゴーは、ドイツ、イタリア、スペイン、米国、中国など26都市で展開しています。すでに会員数は３００万人。２０１７年も前年比30％増の成長を遂げました。２０１８年３月には、ダイムラーとＢＭＷが移動サービス事業を統合すると発表、ウーバーやリフト、滴滴出行といったライドシェア系プレイヤーをも猛追する体制を整えています。

日本のカーシェアリングと大きく異なるのは、これが「乗り捨て型」であるということです。路上駐車が禁じられている日本では乗降場所が限られており、決められた場所でクルマを借り、返却する方式が取られています。これではレンタカーと代わり映えがしません。一方、カーツーゴーは、路上に駐車してある車を自由に使い、使い終わったらまた路上に駐車するという「乗り捨て型」。わざわざ店舗までクルマを返却にいく必要がありません。しかも１回登録すれば、スマホやパソコンからいつでも予約が可能という手軽さ。料金は走行距離に関係なく１分あたりで課金され、それ以外のガソリン台も保険料も不要、電子チップを埋め込んだ免許証をかざせばロックが解除されるという、シンプルな使い勝手が魅力です。料金は、もっとも安いスマートなら、１分あたり29セントです。

自動車産業の王者として、ＭａａＳの社会実装にいち早く着手したダイムラー。その結果として、完成車を売るのと同じように収益の見込みが立つという手応えをつかんでいます。

過去カーシェアリングは、「ユーザーが自家用車を手放す結果にもつながる」として、自動車メーカーの参入が進まなかった経緯があります。ところがダイムラーは、カーシェアリングの社会実装を進めた経験から、「むしろ自動車販売も伸びている」と発言しています。それまで「所有よりシェア」と考えていた人も、実際に乗ってみると買いたくなる。つまりカーツーゴーがクルマの試乗体験の役割を果たしている、というのです。

２０１６年からは、カーツーゴーとは別に、メルセデス・ベンツのカーシェアリングサービスも始まっていますが、こちらも大成功。シェアリングサービスなら高級車ベンツにも気軽に乗れると喜ばれ、またベンツの販売台数も7年連続で過去最高を更新しています。本当に「カーシェアリングで自動車販売も伸びる」のか、まだ検証が必要だと思われますが、その確信を得たダイムラーが今後もカーシェアリングで勢力を伸ばしていくことは、ほぼ間違いありません。

◆「MBUX」でユーザー・エクスペリエンス重視の姿勢が鮮明に

ダイムラーは、CES2018においても注目すべき発表をしています。それは革新的な車載システム「メルセデスベンツ・ユーザー・エクスペリエンス」（MBUX）です。わかりやすく説明するなら、MBUXとはアマゾンの「アレクサ」やグーグルの「グーグルアシスタント」のように「ただ話しかけるだけ」で直感的に操作できる車内AIアシスタント。ウェイクワードは「ヘイ、メルセデス！」です。2018年中にはベンツの「Aクラス」に標準搭載され、最終的には全車種に導入される予定だといいます。

結論から述べると、私はこのMBUXについて、自動車メーカーとしては稀有なユーザー・エクスペリエンス重視の価値観と、車内用AIアシスタント、最新インフォテインメント（インフォメーション＋エンターテインメント）システムが結実したものであるという点で、非常に意欲的なものだと評価しています。

CES2018で耳目を集めていたAIアシスタント。実質的には、家電用も車載用も含めて「アレクサか、グーグルアシスタントか」という独占状態にあり、トヨタもアレクサの導入を決定しました。「中国のグーグル」とも言われるインターネット検索のバイドゥが新しい音声認識ＡＩ「デュアーＯＳ」を発表しましたが、自動車メーカーとして大手ＩＴ企業レベルの独自路線のＡＩアシスタントを搭載してきたのは唯一、ダイムラーだけでした。

では、ＭＢＵＸとは具体的にどのようなものでしょうか。コックピットには二つの高解像度のタッチスクリーン制御のディスプレイがマウントされ、各種機能はタッチ入力か音声コマンドによって呼び出す仕組みです。このシステムにはエヌビディアのＧＰＵテクノロジーが採用されており、ＡＩがドライバーの情報を学習、好みのレストランまで案内してくれたり、お気に入りの音楽を提案したり、スケジュール管理をしたりと、ドライバーを様々にサポートします。

のみならず、システムに話しかける場合は、これまでＡＩアシスタントのように「ラスベガスの天気をチェック」「エアコンの温度を◯◯度にして」といった画一的な音声コマンドではなく、「明日はサンダルでも大丈夫？」「寒いよ」といった、まるで人間を相手にしているかのような自然さで対話ができるというのです。このシステムは23ヶ国語で利用でき、最新の俗語に対応するため日々アップデートされるといいます。

このように最新の機能を多く備えたＭＢＵＸですが、その真の革新性は、その名の通りユーザー・エクスペリエンスにあります。ＭＢＵＸのために専門のエンジニアリングチームを設立したエヌビディアのジェンスン・ファンＣＥＯは「世界最先端の未来のコックピットを創ることを望んでいる」「最も重要なのは、ユーザー・エクスペリエンスを革新するためにＡＩが導入されること」だと語っており、ここでもユーザー・エクスペリエンス重視の姿勢が確認できます。

そもそもユーザー・エクスペリエンスとは、マーケティングの専門家であるバーンド・Ｈ・シュミット教授が提唱した概念です。製品やサービスを通じて得られる経験の総称であり、特に近年のウェブマーケティングにおいては最重要概念とされています。例えばアマゾンでは、サイトを訪れたユーザーの動向を可視化、分析し、デザインや商品の配置を改善していくＰＤＣＡを高速回転させることで、楽しい、気が利く、好ましい、わかりやすい、信頼できるといったユーザー・エクスペリエンスを生み出しています。

今後はリアルワールドにおいてもユーザー・エクスペリエンスが最重要概念になると私は考えています。高機能なサービスをどれだけ追求しようとも、それだけで他社と差別化するのは困難でしょう。そこでカギを握るのが優れたユーザー・エクスペリエンス。次世代自動車においても、使っていて楽しい、心地がいい、気が利いているといった体験を提供できるプレイヤーが、ユーザーに選ばれるようになるはずです。

そんな時代の期待に「ＭＢＵＸ」は見事に応えるものです。これまで自動車業界はインフォテインメントシステムを独自に進化させてきました。音楽や映像の再生、カーナビ、アップルのCarPlayのようなスマホとの連動など機能は充実していくばかりでした。ＭＢＵＸは、ここに音声認識ＡＩを導入し、「ただ話しかけるだけで用事が済む」ようユーザー・エクスペリエンスを進化させたものだと言えます。

「話しかけるだけで用事が済んでしまう」以上のユーザー・エクスペリエンスは、いまのところ存在しません。それはアマゾンの「アレクサ」を搭載した音声アシスタント端末「アマゾン・エコー」が米国で爆発的な人気を博していることからも、明らかではないでしょうか。スマートホームからスマートカーへ。カスタマー・エクスペリエンスの進化の過程として、ユーザーはそれを自然に受け入れることでしょう。

こうしたサービスが、テクノロジー系企業ではなく、従来型の自動車メーカーであったダイムラーから提案された、というところが何より大きな意味を持っています。これまでユーザー・エクスペリエンスを追求してきたのは、アマゾンやグーグルに代表されるテクノロジー系企業であり、従来型の自動車メーカーは彼らに圧倒されるばかりでした。
しかし、ここにきて従来型の自動車メーカーの代表格であったダイムラーが、ユーザー・エクスペリエンスという言葉をサービス名として冠した。そこにはユーザー・エクスペリエンスに対する理解の深さと、テクノロジー系企業台頭への危機感、そしてユーザー・エクスペリエンス追求の本気ぶりが表れています。

以上の事実から明らかなのは、ダイムラーは、ハードとしてのクルマから車載OS、カーシェアまで、次世代自動車産業の垂直統合・総合プレイヤーを目論んでいるということです。「カーツーゴー」を2008年にスタートさせていることを考えると、同社は周到に準備を進めていました。自動運転の進捗状況が見えにくいものの、水面下では、どの会社よりも正攻法で前に進めていたとしてもおかしくない、と私は見ています。さすが自動車業界の王者。メガテック企業に牛耳られようとしていた車載用AIアシスタントの覇権すら、ダイムラーは全く諦めてはいないのです。

第6章

「中国ブランド」が「自動車先進国」に輸出される日

◆中国が、自動車「大国」から自動車「強国」へ

「次世代自動車産業の覇権を狙う中国」を考察するのが第6章の目的です。本章のタイトルは、〝「中国ブランド」が「自動車先進国」に輸出される日〟。これは、「あおり」のタイトルなどではなく、実際に中国が2017年に発表した「自動車産業の中長期発展計画」のなかで目標として掲げられているものです。

最近では自動車産業に限らず、中国の技術面での躍進が欧米や日本のメディアでも取り上げられることが増えてきました。

かつて米国は、日本が急成長を遂げていた時代に、過激な「ジャパン・バッシング」を行った一方で、冷静に「ジャパン・アズ・ナンバーワン」として日本を研究し、競争力を取り戻したという経験を持っています。ハーバード大学のエズラ・ヴォーゲル教授の書いた同名の書籍は、米国の企業のみならず政府にも大きな影響を与えたと言われています。

日本においても、中国を侮ったり、目を背けたりするのではなく、また過大評価するのでもなく、その動向を注視し、学ぶべきところは学ぶという姿勢を持つこと。それが、日

本が引き続き「お家芸」を絶対に死守し、競争力をさらに強化していく上で大きなポイントになるのではないだろうか――。それが本章における最大の問題意識です。その結果、本章はこの本のなかでも大きなボリュームを費やすこととなり、途中からの内容の一部はかなり専門的なものになっていますが、筆者のこのような使命感が背景にあることをまずはご理解いただけたら幸いです。

それでは、まずは現状認識から始めてみましょう。

現時点においては、「中国車は品質に劣る」、日本や欧米の消費者にそのような見方があるのは確実なことでしょう。たしかに、中国は年間で２４００万台以上の乗用車を生産・消費する自動車「大国」ですが、中国の自動車メーカーの技術力やブランド力は日米欧に比べればまだまだ劣っていると言わざるをえません。

中国政府は、そのような状況を打破するために、２０１７年4月、「自動車産業の中長期発展計画」（以下、中長期計画）を発表し、２０２０年までに世界に通用する「中国ブランド」を構築し、「自動車先進国」に輸出することを明快な目標としました。さらには〝中国は10年後に世界の自動車「強国」になる〟という最終目標を掲げたのです。

そこで、中国政府が重点を置くとしたのが、新エネルギー車（NEV）・コネクテッドカー・省エネ車など。それは、中国の自動車産業の弱みである吸気系・排気系などガソリン車やエンジン系統の技術を最先端のものにするという方向ではなく、ITやコンピュータといったハイテク技術や新エネルギーなどを自動車へ統合し、自動車のスマート化・エコ化を推進する戦略と言えます。自らが勝てるゲームのルールのなかで戦おうとする戦略を実行しているのです。

この「中長期計画」では、2020年までに自動車産業のスマート化のレベルを上げた上で、「2025年までに世界のトップ10に入る自動車メーカーや電池・センサー・電気制御システムなどの部品メーカーを育成する」という具体的な目標が設定されています。また、R＆D・製造・物流・販売・アフターサービスのサプライチェーンをスマート化し、業界をまたぐ融合を進め、「自動車サービス産業」という新業態を創出・拡大することも謳《うた》われています。ほかにも、新エネルギー車の比率・スマートシステムの新車配備率・省エネ技術の採用率など、様々な数値目標が明記されています。

とりわけ、筆者は「中長期計画」の三つの点に注目しました。一つ目は、R＆Dを通して中国車の技術・品質・安全性を向上させ、世界に通用する「中国ブランド」を育成するという強い姿勢が打ち出された点。二つ目は、中国車の先進国への輸出や国際市場でのシェア拡大を明快に目指す一方、海外戦略として中国企業の国際協力を促している点。そして三つ目は、〝自動車「大国」から自動車「強国」へ〟のスローガンが、中国の大戦略「一帯一路」に沿った大きな影響力を持つ〝指導思想〟とされている点です。

これら三つの点から、中国は、消費国としての自動車「大国」にとどまることなく、「中国ブランド」が新エネルギー車（ＮＥＶ）などを軸にした次世代自動車産業の変革・再編までもリードする、製造国としての自動車「強国」になろうとしていることがわかります。そして、この自動車産業政策は、やはり中国政府が推進する人工知能（ＡＩ）産業政策とともに、「自動車産業×ＡＩ産業」政策として実行に移されていくのです。

◆国策プロジェクト、バイドゥの「アポロ計画」は世界最大最強の自動運転プラットフォームを目指す

中国政府は、２０１７年、人工知能（ＡＩ）に関する重要な政策を発表しました。7月に発表された「次世代人工知能発展計画」では、ＡＩについて三つのステップでの

成長目標が設定されました。２０２０年までにＡＩを核とする産業を築き、約16兆円以上の市場を創ること。２０２５年までにはＡＩを製造・医療・農業など幅広い産業分野に応用し、約80兆円以上の市場を創ること。そして、２０３０年までにはＡＩを生産・生活・国防などの面に深く浸透させ、約１６０兆円以上の市場を創ることが掲げられています。

そして、11月には「次世代人工知能の開放・革新プラットフォーム」が発表されました。そのなかで、「２０３０年には人工知能の分野で中国が世界の最先端になる」との宣言がされ、開放的なＡＩのＲ＆Ｄ体制を作ることや中国政府によるＡＩ産業への全面的な支援も表明されました。

あわせて、国策のＡＩ事業として四つのテーマが設定され、各テーマについて委託する企業が選定されました。四つのテーマとは「都市計画」「医療映像」「音声認識」「自動運転」で、四つ目の「ＡＩ×自動運転」の委託をされたのがバイドゥ（百度）です。

バイドゥは「中国のグーグル」とも呼ばれ、アリババ、テンセントとともに中国の三大ＩＴ企業〝ＢＡＴ〟の一角を占める検索最大手です。バイドゥは、国策の「ＡＩ×自動運転」事業を受託する前の２０１３年から、自動車メーカーと協力して自動運転の開発を進めていました。

そして、2017年4月、「中国AIの王者」として培ったAI技術、検索サービスから蓄積したビッグデータ、高精度3次元地図の知見、センシングなど自動運転の技術を結集し、満を持して、自動運転プラットフォーム計画を打ち出したのです。その名も「アポロ計画」。米国航空宇宙局（NASA）のあの有名な有人宇宙飛行計画と同じ名前です。

バイドゥが持つAI技術・ビッグデータ・自動運転技術をパートナーにオープンにし、相互に共有することによって、パートナーが短期間で独自の自動運転システムを構築することを可能にする「AI×自動運転」技術のプラットフォームを提供。より多くのパートナーを巻き込むことによって、バイドゥの「アポロ」を自動運転車の世界のプラットフォームやエコシステムにすることを目論んでいるのです。

「アポロ計画」のパートナーには、主だったところだけでも、実に多彩な顔ぶれが揃っています。中国自動車メーカー〝ビッグ5〟からは第一汽車・東風汽車・長安汽車・奇瑞汽車。準大手からは江淮汽車・北京汽車など。電気自動車（EV）メーカーからはBYD、CHJ、バイドゥが出資するNIOとWeltmeister。バス車両メーカーからは最大手の金龍客車が参画しています。外資の自動車メーカーでは独のダイムラー・米国のフォード・

韓国のヒュンダイ・日本のホンダ、部品メーカーからは独のボッシュ・ZF・コンチネンタルと大手が顔を揃えています。さらに、自動運転の心臓部を握るとされるAI用半導体メーカーでは、米国からエヌビディア・インテル、蘭のNXP、日本のルネサス。クラウドサービスのマイクロソフト、ナビゲーションなど自動車関連技術の蘭のTOMTOM。ライドシェアのグラブ・UCAR、通信機器のZTE・ファーウェイ、センサー技術のVelodyneなどが「アポロ」パートナーとして名を連ねています（2018年4月27日時点の「アポロ」のHPによる）。

まさに、そうそうたる顔ぶれ。その数は、主要な事業者だけでもすでに50社を超えています。「アポロ」が世界最大最強の自動運転プラットフォームになる可能性を秘める所以です。

バイドゥは、2017年4月の「アポロ計画」発表に続き、7月に「アポロ1・0」、9月に「アポロ1・5」として、自動運転プラットフォームの技術を段階的にオープンソース化しました。筆者も参加したCES2018では、「アポロ2・0」として、自動運転の技術をほぼ全てオープンソース化。その時点で、「アポロ」の実装によって、単純な都市部道路で昼夜を問わない自動運転が可能なレベルに達したとされています。

「アポロ」は、先に述べた通り、2017年11月に中国政府から「AI×自動運転」の国策事業としての委託も受け、パートナーを巻き込みながら急速に勢力を拡大しています。「アポロ」の特徴は、国策プラットフォームであることでしょう。中国政府は自動車産業政策にしてもAI産業政策にしても、国際協力や開放といった概念を重視しています。もっとも、中国国内のプラットフォームにはなれたとしても、本当に世界を巻き込んでいくことができるのかどうか問われるところです。

◆「中国のグーグル」、バイドゥとは何をしている会社なのか

中国検索最大手のバイドゥは、現会長・CEOの李彦宏氏によって、2000年に創業・設立されました。本社は中国の北京市、従業員は2016年末時点で約4万5000人です。2005年には米国ナスダックに上場。「中国のグーグル」とも呼ばれ、「バイドゥ検索」「バイドゥ地図」「バイドゥ翻訳」などを相次いで事業化しています。

2017年のアニュアルレポートによれば、バイドゥには取締役が9名います。そのうち、創業者で会長・CEOの李彦宏氏は北京大で情報科学の学士号、ニューヨーク大バッ

ファロー校でコンピュータサイエンスの修士号を取得したのち、インフォシークなどを経てバイドゥの創業に至っています。

副会長・COOの陸奇氏は復旦大でコンピュータサイエンスの学士号と修士号、カーネギーメロン大で同博士号を取得したのち、ヤフー・マイクロソフトの取締役を経て、2017年1月にバイドゥに招聘されました。自動運転などのプロダクト・技術・営業などの責任者です。

社長の張亜勤氏は中国科技大で電気工学の学士号と修士号、ジョージ・ワシントン大で同博士号を取得したのち、陸奇氏と同じくマイクロソフトの取締役を経て、2014年9月にバイドゥの経営に参加しています。技術・新規事業・海外事業を担当しています。

紹介した3名の取締役には、エンジニアであること、米国で学位を取得していること、また陸奇氏と張亜勤氏はマイクロソフトの取締役の経験を持つこと、といった共通点があります。

バイドゥは〝BAT〟の他二社に先行してシリコンバレーにAI研究所を設立したり、3年間で10万人のAIエンジニアを育成すると宣言したりしていますが、技術系出身の経営者がR&Dや技術力を経営の根幹に置くという技術経営の姿勢が表れています。

バイドゥの事業は、検索サービスなどの「バイドゥコア」と動画ストリーミングサービス「iQiyi」の二本柱となっています。検索サービスには、「バイドゥ検索」「バイドゥ百科」「バイドゥ翻訳」などがあります。これら検索サービスでのユーザーの利便性を向上させるのが、中国語の自然言語処理の技術が使われている音声アシスタント「デュアー」です。

財務諸表（２０１７年のアニュアルレポート）によれば、バイドゥの２０１７年の売上高は１３０億ドル、営業利益は24億ドル。売上高の内訳は、80％が検索サービスを中心とする「バイドゥコア」事業、20％が「iQiyi」事業となっています。最近の「iQiyi」の業績の伸びは著しいものの、バイドゥはやはり検索サービスの会社と言ってよいでしょう。

グーグルは政府の検閲を嫌い、中国市場での検索事業から２０１０年に撤退していますす。グーグルのいない中国におけるバイドゥの検索サービスの市場シェアは、２０１８年に入り少し下がってはいるものの、おおむね70％から80％で推移しています（StatCounter Global Statsのデータによる）。

そのような状況で、バイドゥは〝グーグルの検索サービスをコピーしているだけ〟と言われることもしばしばです。

その点、李彦宏氏はバイドゥがグーグルと差別化できる点をいくつか挙げていますが、筆者は、中国人ユーザーに新しい「ユーザー生成コンテンツ（UGC）」を作成するように仕向けている点について注目しています。UGCとは、SNSでのコメント、画像、動画、口コミサイトでの感想、通販サイトの商品レビューなどユーザー自身がインターネット上で作るコンテンツの総称です。バイドゥは、すでにインターネット上にあるコンテンツからインデックスを作成するだけでなく、中国人ユーザーが作るUGCもインデックス化し、検索ができるようにしているのです。

その一方で、バイドゥの2018年4月27日現在の時価総額は877億ドル。テンセント、アリババの時価総額は、それぞれ4700億ドル、4537億ドルです。少なくとも株式市場の評価としては、バイドゥは〝BAT〟の他二社の後塵を拝しています。

また売上高でも、テンセントが約380億ドル、アリババが約230億ドルと（いずれも2017年のアニュアルレポート）、バイドゥは両者に大きく差をつけられています。バイドゥの近年のスマートフォン・モバイル決済・金融サービスへの対応の遅れや提携していたライドシェア会社・ウーバーの中国市場からの撤退などが、そのまま株式市場の評価や業績面での差につながっている形です。

そうしたバイドゥが起死回生を期して勝負をかけているのが、自動運転も含めたＡＩ事業なのです。

バイドゥは、２０１４年４月、「百度大脳」を発表。「百度大脳」とは、検索でのユーザー利便性を向上させるために、コンピュータでニューラルネットワークを作り、多層な学習モデルと大量の機械学習によってデータの分析や予測を行うというものです。２０１６年９月には、深層学習プラットフォーム「パドル・パドル」をオープンソース化し、世界レベルでのＡＩエンジニアの取り込みを図っています。

現在、バイドゥのＡＩは「ＡＩ開放プラットフォーム」として体系化されています。そのＡＩが行うメニューは、音声認識・音声合成・文字認識・画像認識・顔認識・画像検索・言語処理・機械翻訳など多岐にわたっています。

２０１７年１月には、バイドゥがこれまで培ってきたＡＩ技術の戦略的な集大成として、音声ＡＩシステム「デュアーＯＳ」が発表されました。「デュアーＯＳ」とは、〝人々の生活にＡＩを〟とのコンセプトのもと、バイドゥが持つＡＩ技術やスキルをオープンにすることによって、「ただ話しかけるだけ」でＡＩアシスタントが受けられるスマートデバイスやそのソリューションを短期間で開発することを可能にする基本ソフトです。わかりやすく表現すれば、「バイドゥ版アマゾン・アレクサ」です。エンターテイメント・ライフスタイル・スマートホームなど10領域で200以上ものスキルセットを備え、スピーカー・家電・モバイル・自動車など様々なスマートデバイスを通して、ユーザーにサービスを提供します。

バイドゥは、AI事業の体系を図表22のように表わしています。これまでに培われたバックエンドのAI技術である「百度大脳」と「クラウド」コンピューティングをベースに、フロントエンドのAI技術として戦略的に打ち出されたのが、音声AIシステム「デュアーOS」と自動運転プラットフォーム「アポロ」なのです。

「AIが運転手」となる自動運転は、バイドゥのAI技術が最も活かされる分野です。実際、「デュアーOS」は、人・車両AIインターフェースとして、自動運転プラットフォーム「アポロ」の重要な一部を占めています。

バイドゥは、2013年以降、自動車メーカーと協力しながら、完全自動運転には必須の高精度3次元地図、ローカリゼーション（自車位置）・センシング・行動予測・運行のプランニング・運行のインテリジェントコントロールなど自動運転に関わる技術を開発し

図表22　バイドゥの人工知能（AI）事業の体系

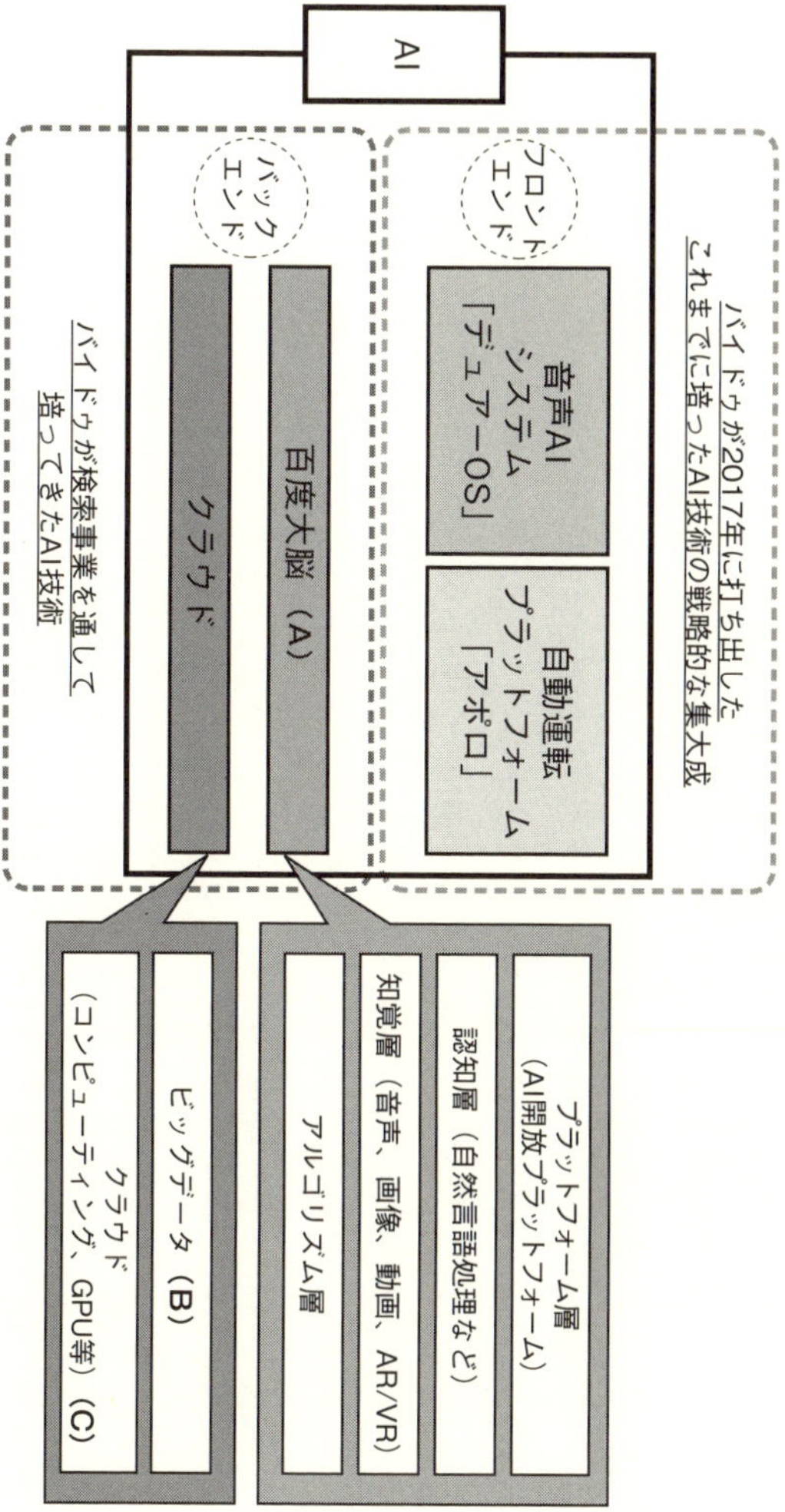

出典：2017年7月のバイドゥAI開発者大会の資料をもとに筆者作成

てきました。

２０１５年末には無人運転事業部を設置し、北京周辺で自動運転のプロトタイプ車のテスト走行を行っています。２０１６年4月には、自動運転のR＆Dやテストに注力するために、米国シリコンバレーに拠点を設立。続いて8月、自動運転のテスト車両として、中国自動車メーカー〝ビッグ5〟の一角で、のちに「アポロ計画」にも参画する奇瑞汽車が製造する電気自動車（EV）を採用しました。さらに、9月に米国カリフォルニア州で自動運転車のテスト走行を行う許可を取得。11月には中国で18台の自動運転車を展示、デモ走行を行っています。「アポロ計画」発表直前の２０１７年3月には、北京市海淀区の三ヶ所の道路で自動運転車8台のテスト走行の実施を許可申請しています。このように、バイドゥは自動運転事業を着々と進めてきているのです。

そうしたなか、２０１７年4月、バイドゥが満を持して打ち出したのが自動運転プラットフォーム「アポロ」です。バイドゥが検索事業を通して培ったAI技術に、これまでに開発してきた自動運転の技術と音声AIシステム「デュアーOS」の運転や自動車に関わるスキルセットが融合され、「アポロ」としてリリースされたのです。

ところで、グーグルのCEOであるサンダー・ピチャイ氏は「モバイルファーストから

ＡＩファーストへのシフト」を宣言、２０１６年12月には研究組織「グーグルＸ」での開発段階を終了させ、子会社「ウェイモ」として自動運転の事業化に向けて再起動することを発表しています。バイドゥの「アポロ計画」は、このグーグルの戦略やタイミングと酷似しています。

それでは、「アポロ」の具体的な内容を見ていきましょう。ここから十数ページはかなり専門的な内容となりますので、ご興味のある方以外は読み飛ばしていただいても構いませんが、自動運転開発技術を知るのに格好の材料ともなっています。筆者としては、しっかりとお読みいただくことをお勧めいたします。

◆バイドゥの「アポロ計画」、徹底分析！

筆者は先に、「アポロ」のことを〝バイドゥが持つＡＩ技術・ビッグデータ・自動運転の技術をパートナーにオープンにし、相互に共有することによって、パートナーが短期間で独自の自動運転システムを構築することを可能にする「ＡＩ×自動運転」技術のプラットフォーム〟と表現しました。

そこで、次の三つの特徴から「アポロ」を見ていきたいと思います。一つ目は〝「アポロ」はオープンである〟という点です。二つ目は〝「アポロ」は技術プラットフォームの形をとっている〟という点です。そして、三つ目は、〝「アポロ」に参画するパートナーの属性〟です。

最初に、最大の特徴、〝「アポロ」はオープンである〟という点から解説します。「アポロ」は、「データの開示と共有に関する宣言」のなかで、「オープン」「共有」「互恵」のコンセプトを謳っています。

それでは、何がオープンで、また何が共有されるのでしょうか。それはデータ・ソースコード・技術の三つです。

データは、「アポロ」の精度向上に絶対に欠かすことができない、そして自動運転の能力を決定づける非常に重要なものです。バイドゥは「アポロ」へ膨大なデータセットを提供しますが、それだけでは十分でありません。パートナーから提供されるデータを含めたデータ総体こそ、自動運転の精度を決定づけるのです。ちなみに、中国で集積されたデータは中国内のサーバーにのみ蓄積され、中国以外で集積されたデータの扱いは集積地の法令に従うというルールになっています。

集積されるデータは、原則として、すべてオープンにされます。オープンにされるデータは、シミュレーションをしたり注釈を付けたりする情報処理の権限がプラットフォーム・オーナーの「アポロ」に与えられています。

オープンにされるデータは、主に「オリジナルデータ」「アノテーションデータ」「自動運転シーン」に分かれます。簡単に言えば、「オリジナルデータ」はセンサーデータ・運転行動データ・位置データなど実走行から直接得られるデータ、「アノテーションデータ」は「オリジナルデータ」に注釈が付け加えられたデータ、「自動運転シーン」はシミュレータ上でシミュレーションされた自動運転のシナリオ（「シミュレーション・シナリオ・データ」）です。

「アノテーションデータ」「シミュレーション・シナリオ・データ」「デモデータ」は、クラウド上のデータプラットフォームでオープンにされ、パートナーに共有・利用されたり編集されたりする仕組みになっています。「アポロ」のクラウドには、データプラットフォームとあわせて、データのシミュレーションやトレーニング（学習）を担うコンピューティング能力が備えられています。また、「デモデータ」のキャリブレーション（測定）と「オリジナルデータ」へ注釈を付けるサービスも、クラウド上で提供されます。

「アポロ」は、「データの開示と共有に関する宣言」のなかで、オープンにされるデータについて、〝より多くの貢献をすれば、より多くの成果を生みだせる〟とパートナーに訴えかけています。クラウド上のデータプラットフォームで扱われるデータの量と精度こそ、「アポロ」の自動運転能力の源泉なのです。

一方、「アポロ」の自動運転に関するプログラミングのソースコードは、GitHub（ソフトウェアを開発するプロジェクトのためのウェブサービス）で公開されています。ソースコードとは、コンピュータプログラミング言語で書かれた、コンピュータプログラムである文字列、テキストないしテキストファイルのことです。「アポロ」が進化するとは、ソースコードの行数が増えること、またはソースコードが書き換えられることを意味します。

「アポロ」に参画するパートナーであれば、誰でも、オープンにされるソースコードを利用することができます。また、パートナーが独自にソースコードを書き、API（自分のソフトウェアを公開して、他のソフトウェアの機能を共有できるようにすること）を通して既存のソースコードと入れ替えることも可能です。つまり、「アポロ」は、バイドゥとパートナーが共に創造・拡充するプラットフォームやエコシステムなのです。

次に、二つ目の特徴、〝「アポロ」は技術プラットフォームの形をとっている〟という点について解説します。自動運転を実現させるためには、「認知→判断→制御」の技術が結集される必要があります。それらの技術の概念上の配置を決めているのがプラットフォームです。パートナーは、プラットフォーム上に配置されたオープンにされる技術をベースに、それぞれの専門や強みを活かして独自の自動運転システムを構築するのです。

ここで筆者が注目したのが、オープンにされる技術が横軸のバリューチェーン構造と縦軸のレイヤー構造として配置されていることです（図表23）。横軸には、「認知→判断→制御」から「車両」につなぐという自動運転のバリューチェーン。縦軸では、そのバリューチェーンを成立させるための「車両リファレンス・ハード・ソフト・クラウド」の四つのレイヤーが設定されています。

オープンにされる技術は、「アポロ1・0」「アポロ1・5」「アポロ2・0」と「アポロ」が進化するのにあわせて増えています。現在では、無線で自動運転車のソフトウェアを更新するＯＴＡ（Over-the-Air）以外の技術はすべてオープンとなっています（図表24）。

なかでも、「アポロ」特有の重要な技術として注目すべきは、「アポロ・コンピューティング・ユニット（ＡＣＵ）」・高精度3次元地図・アポロ向け「デュアーＯＳ」の三つです。それぞれ説明していきましょう。

図表23　アポロ計画の技術プラットフォーム

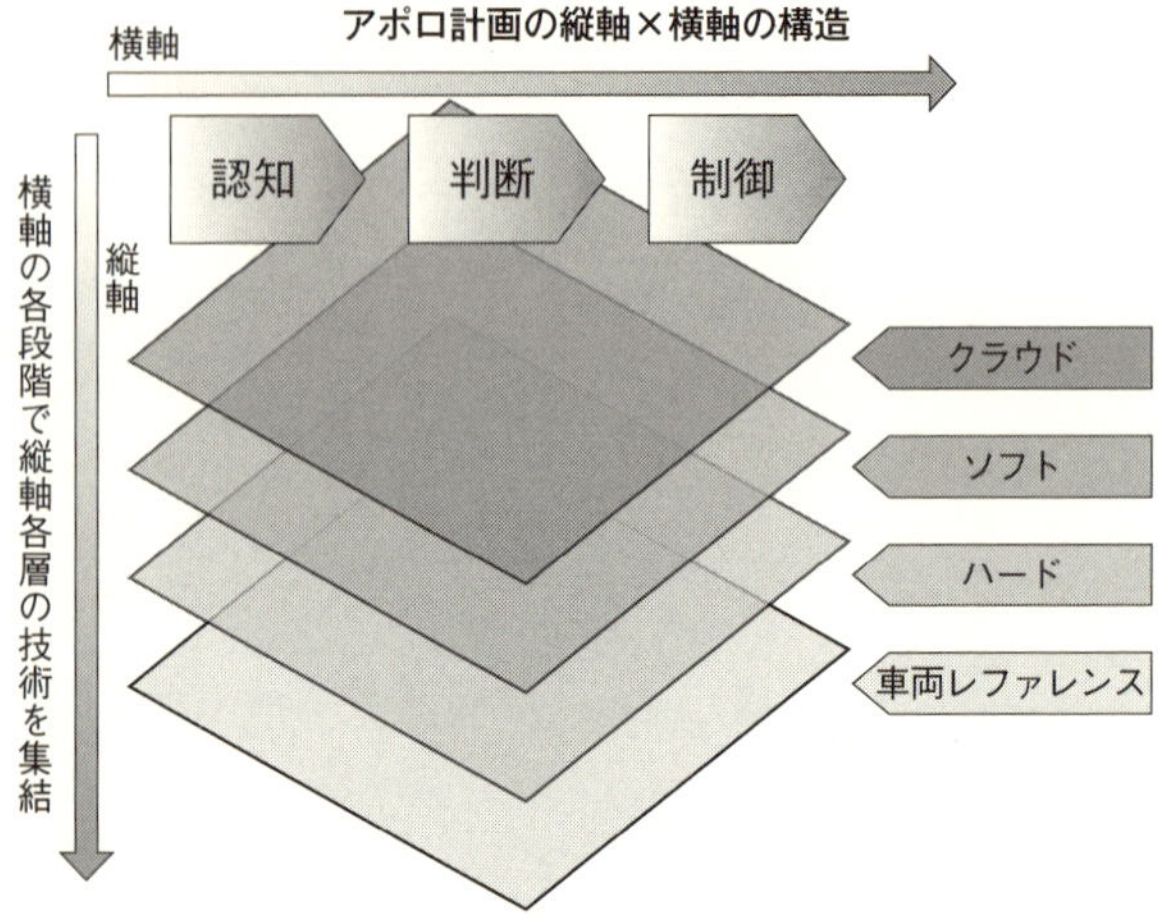

出典：「アポロ」の資料をもとに筆者作成

「アポロ・コンピューティング・ユニット（ACU）」は、これさえ車両に装備すれば自動運転車が作れるという、いわば〝オール・イン・ワン〟の製品で、商品化と量産化をにらんだ戦略的なデバイスといえます。ACUは、見た目はハードウェアですが、格納されたシナリオはローカリゼーション（自車位置）や高精度3次元地図といったソフトウェアや「クラウド」上の技術と統合されています。実現したい自動運転の機能レベルによって、ベーシック・アドバンスド・プロフェッショナルの三つがあります。特に、ACUプロフェッショナルに格納されたシナリオは、膨大な中国の交通データを備え、また中国独特の道路状況への対応も可能となっているなど、中国市場への高度な理解に基づいています。

「アポロ」自体はオープンなプラットフォームです。しかし、商品化・量産化をにらんだACUに限って言えば、バイドゥの囲い込み戦略の一環とも捉えることができます。伝統的な自動車メーカーの力を削ぎ、中国のバイドゥがプラットフォーマーとして次世代自動車産業の覇権を握る、そのような筋書きも見えてくるのです。

図表24 「アポロ2.0」の技術プラットフォーム

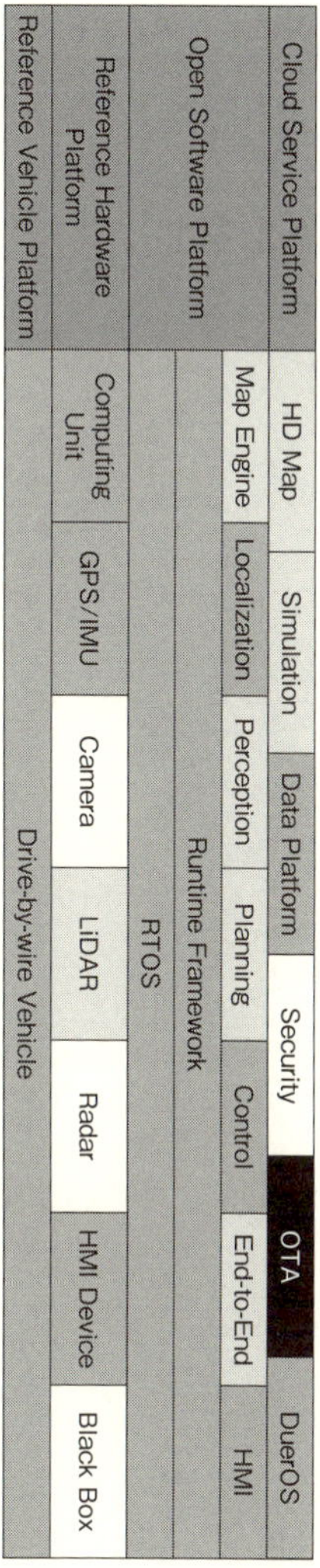

1.0で公開　1.5で公開　2.0で公開

出典：「アポロ」の資料

高精度3次元地図は、自動運転の生命線とも言うべき「デジタルインフラ」を作る技術です。従来のカーナビ向け地図と高精度3次元地図が大きく異なるのは、後者が、センシングの重要パーツであるライダー（LiDAR）と相まって、走行中の自動運転車の現在位置を知る機能の中核を担う点にあります。車線が消えていることも少なくない一般道路で完全自動運転を実現するには、カメラからの画像データだけでは不十分との見方が大勢を占めています。完全自動運転を安全かつ万全に実現するには、ローカリゼーション（自車位置）の技術と連携しながら、「クラウド」上でデジタルに車線や標識などを忠実に再現し、ライダーなどからのリアルタイム情報と現在位置との照合を行う高精度3次元地図が不可欠と考えられているのです。

バイドゥは、グーグルやドイツのHEREと並んで、高精度3次元地図の量産能力を備えています。バイドゥは、「アポロ」にその高精度3次元地図の技術を配置することによって、完全自動運転の生命線となる高精度地図においても重要な地位を築こうとしているのです。

アポロ向け「デュアーOS」は、音声AIシステム「デュアーOS」の自動車や運転に関係するスキルセットが切り出され、「アポロ」向けにアレンジされた人・車両専用のAIインターフェースです。家に据え置かれたスマートスピーカーに「ただ話しかけるだけ」で、リモートで玄関に車寄せをしたり、燃料の残量を確認したり、車中エアコンをつけておいたりなど、150以上ものスキルセットを持つ音声AIアシスタントとして機能します。まさに、アポロ向け「デュアーOS」は、自動運転車を「つながるクルマ」に変えるのです。

次世代自動車産業に大きな影響を与えるとされる四大要因のCASE（コネクティビティ・自動運転化・シェアリング&サービス化・EV化）のうち、コネクティビティ、つまり「つながるクルマ」という点で、「デュアーOS」が「アポロ」の中核に据えられていることには注目する必要があるでしょう。「アポロ」にデフォルトで搭載される音声AIアシスタントの「デュアーOS」では、最終的には「ただ話しかけるだけ」で車中の操作をすべて行うことまで想定しています。そのUI（ユーザー・インターフェース）の優位性の高さから、「アポロ」は次世代自動車のプラットフォームの候補として最有力の一つであることは間違いないでしょう。

アポロ向け「デュアーOS」は、音声アシスタントの機能のほかにも、顔認証・疲労監視・ARナビゲーション・H2V（Home to Vehicle）・サイバーセキュリティ・パーソナルレコメンデーションエンジン（消費者行動に基づいてモデリングを統計的に行う技術。顧客基本情報・購買履歴情報・コンテンツ閲覧情報などからレコメンデーションを決定する技術）など、自動運転に関する様々なソリューションを提供します。

そのアプリケーションの一例が、「アポロ・ドライバー疲労検知システム」です。これは、交通事故の約2割がドライバーの疲れが原因と言われるなか、顔認識・機械学習・深層学習・音声合成・アクティブレコメンデーションなど「デュアーOS」の機能を利用した、疲労に焦点をあてた安全運転のソリューションです。

以上が、自動運転を実現するために「アポロ」が採用する技術プラットフォームについての説明です。技術プラットフォームでは、車両そのものはさほど重要視されていないことがわかると思います。基本的には、どのようなメーカーが組み立てたEVでも、「アポロ・コンピューティング・ユニット（ACU）」さえ実装すれば、それだけで自動運転車になるのです。ACUに格納されたシナリオが「クラウド」や「ソフト」に配置された技術に接続され、その車両は自動運転車としての〝生命〟を吹き込まれます。そこでは、車両はドライブ・バイ・ワイヤーで電気的に制御される単なる一部品に過ぎず、一方で存在感を増すのがAI技術や自動運転に関わる技術、そしてその事業者なのです。

それでは、三つ目の特徴、〝「アポロ」に参画するパートナーの属性〟について見ていきます（図表25）は、「アポロ計画」のＨＰに掲載されたパートナーを属性と〝国籍〟によって筆者が整理したものです。参画するパートナーの顔ぶれからいろいろなことが見えてきます。

まず、「アポロ」パートナーは、地方政府や大学・研究機関も含めて中国が大勢を占めています。中国自動車メーカー〝ビッグ5〟では、アリババとの関係が強い上海汽車をのぞく、第一汽車・東風汽車・長安汽車・奇瑞汽車の四社が名をつらねています。準大手では江淮汽車・北京汽車・長城汽車・広州汽車の子会社など。バス製造最大手の金龍客車も参画しています。ＥＶメーカーではＢＹＤ・ＣＨＪ・ＮＩＯ・Weltmeister。バイドゥは、ＮＩＯとWeltmeisterへ出資をし、ＥＶメーカーの経営に直接たずさわっています。

ほかにも、独ボッシュの中国合弁を含む部品メーカー、ＺＴＥ・ファーウェイなど通信機器メーカー、ソフトウェアやＡＩ関連技術の会社、ライドシェア・配車サービスのＵＣＡＲなどサービサーも参画しています。さらに、保定・芜湖・重慶など自動運転のテスト走行地の地方政府もパートナーとなっています。まさに、〝ＢＡＴ〟の一角バイドゥが率いる中国の一大勢力です。

特に注目しなければならないのは、２０１７年12月、〝ビッグ5〟のうち第一汽車・東風汽

部品メーカー	AI用半導体 コンピューティング	高精度地図	LiDARなど センサー技術、部品	AI関連技術 ソフトウェアなど
DESAY SV Automotive FlyAudio HASE航盛 UAES（ボッシュ） ADAYO Smarter Eye E-LEAD	ON Semiconductor	MOMENTA	Hesai Photonics Robosense BD Star Navigation SOLING	同行者科技 Horizon Robotics ROAD ROVER RATEO IDRIVERPLUS Technology Thunder Soft Geekbang China TSP iMotion PlusAI
ボッシュ（独） ZF（独） コンチネンタル（独） VIRES（独）	NXP（蘭） ESD Electronics（独） Infineon（独）	TOMTOM（蘭）		Delphi（英）
	NVIDIA インテル fortemedia		AutonomouStuff Velodyne LiDAR	POLYSYNC
	NEOUSYS			
	ルネサス		パイオニア	
				NOVAtel BlackBerry QNX

ロボット技術	機器メーカー	メディア・ ニュース	政府機関	大学・研究機関
	ZTE YF Tech ファーウェイ	CSDN	保定 重慶两江新区 Anting Shanghai International Automotive City 芜湖 BEIJINGETOWN 雄安	北京航空航天大学 北京理工大学 清華大学 上海交通大学 Tongji University China Automotive Engineering Research Institute
Open Robotics				

出典：「アポロ」のHP（2018年4月27日時点）をもとに筆者作成

図表25 主要な「アポロ」パートナーの分類

	乗用車メーカー	商用車メーカー	EVメーカー
中国	第一汽車（big5, 三社提携） 東風汽車（big5, 三社提携） 長安汽車（big5, 三社提携） 奇瑞汽車（big5） 江淮汽車 北京汽車 長城汽車 LIFAN MORTER LEOPAARD（GAC子会社） TRAUM ZOTYE AUTO	金龍客車（バス） 福田汽車 LIFAN LOVOL（工作機械等）	BYD CHJ NIO（Baidu出資） Weltmeister（Baidu出資）
欧州	ダイムラー（独）		
米国	フォード		
ASEAN			
韓国	ヒュンダイ		
台湾			
日本	ホンダ		
カナダ			

	クラウド	ライドシェアー 配車サービス・レンタカー	オンライン教育
中国		UCAR China CarExperts eHi Car Service PAND AUTO	
欧州			
米国	マイクロソフト		Udacity
ASEAN		Grab	
韓国			
台湾			
日本			
カナダ			

車・長安汽車の三社が戦略提携に至ったことです。もともとトップ人事で関係が深かった三社ですが、提携に至ったことで将来の合併や経営統合も十分視野に入ってくるはずです。

もちろん、三社の実質的なオーナーは中国政府です。これら三社の自動車生産台数は100万台を超えると言われ、現時点で世界第3位のシェアを持つことになります。例えば、「アポロ・コンピューティング・ユニット（ACU）」がこれら三社の製造するEVに搭載されることを考えてみましょう。まさに、「アポロ」は瞬く間に世界最大最強の自動運転プラットフォームの候補に躍り出るのではないでしょうか。

〝外資〟のパートナーにも注目する必要があります。自動車メーカーでは、ドイツからダイムラー、米国からフォード、韓国からヒュンダイ、日本からホンダが参画しています。さらに、自動運転の心臓部を握るとされるAI用半導体では、米国のエヌビディア、インテルなど。自動車部品等では、ドイツのボッシュ、ZF、コンチネンタル。センサー技術では米国のVelodyne LiDAR。「アポロ計画」の発表から半年で中国内外から約1700のパートナーが参画したとされていますが、日本勢は限られ、概して「中米独連合」という政治色の強いプラットフォームになっています。

次世代自動車産業のOSになると期待されている車載コンピューティングユニットでは、

CES2018において、「中国バイドゥ×米国エヌビディア×独ZF」の三社の提携による、中国市場での量産対応を見据えた開発推進が発表されました。この提携は、具体的には、「アポロ・コンピューティング・ユニット（ACU）」、エヌビディアのAI用半導体「DRIVE Xavier」、そしてZFの車載用コンピュータに基づくものです。まさに、自動運転技術の心臓部における最強の「AI企業×AI用半導体×メガサプライヤー」の組み合わせです。「中米独連合」の重要な一例でしょう。

エヌビディアは、もともと、その車載用高性能プロセッサがボルボ・アウディ・ダイムラー・テスラ・ホンダなどに採用されているほか、ボッシュやZFとも提携関係にあります。さらに、TOMTOM・HERE・ゼンリンなどと提携し、高精度3次元地図やそれに対するAIの活用、自動駐車ソリューションなどの研究・開発も進めてきています。そのような次世代自動車産業のカギを握るエヌビディアが「アポロ計画」へ参画したことには、大きな意義があると言ってよいでしょう。

自動車メーカーが「アポロ」へ参画することは、重要な示唆を含んでいます。伝統的な自動車産業では、自動車メーカーは、完成車を製造するために、自らを頂点として、エンジン関連部品や吸気・排気・潤滑・駆動系の技術など系列サプライヤーを従えたピラミッド構造を作っています。

一方、「アポロ」の技術プラットフォームでは、「車両」は基本的には電気モーター・電池・動力制御システム・動力伝達装置などを装備するだけで、極論すれば、ドライブ・バイ・ワイヤーで電気的に制御される〝一部品〟に過ぎません。つまり、自動車メーカーがピラミッドの最上位にいるとは限らないのです。「アポロ」では車両のかわりに存在感を増すのはAI技術や自動運転の技術であることは、先に述べた通りです。

ダイムラーやフォードを含む「アポロ」へ参画する自動車メーカーは、当然、このことを理解しています。まさに、次世代自動車産業における生き残りをかけて、CASEを見据えた戦略的な見地から「アポロ」へ参画しているのです。

一方で、自動車メーカー以外のパートナーは、それぞれの専門や強みを「アポロ計画」に持ち寄ることで自動運転社会を共に構築しつつ、同時に利益も享受しようと目論んでいます。

これまで見てきたように、「アポロ」は、自動運転に関する単純なオープンプラットフォームではありません。音声AIシステム「デュアーOS」、高精度3次元地図、「アポロ・コンピューティング・ユニット（ACU）」といった、次世代自動車産業の覇権を握るための仕掛けが随所にちりばめられた、いわばバイドゥの技術の総結集と言ってもよいでしょう。そして、より多くのパートナーが参画することで、データの蓄積・ソースコードの更新・技術の進歩などによってプラットフォームは技術的に強化されることになるのです。

さらに重要なのは、自動運転に関する技術標準や国際基準の策定、ひいては自動車業界の変革・再編にも影響を及ぼす〝政治力〟が「アポロ」に蓄えられることなのです。何より、「アポロ」は、中国政府が全面的に支援する「AI×自動運転」事業の国策プラットフォームです。

ロードマップによれば、「アポロ計画」は、2018年12月までに特定の高速道路や都市部道路での自動運転の実現を予定しています。さらに、その1年後には、非特定の高速道路や都市部道路での自動運転を実現するとの目標を掲げています。

「中米独」を中心とする強力なパートナー、中国政府の強力な支援、バイドゥの「ビッグデータ×AI」分野での強みなどから産み出される「アポロ」の競争優位性。自動運転の分野では、レベル2からのボトムアップで完全自動運転を目指してきた日本勢と、最初から完全自動運転を目指す海外勢とで明暗が分かれつつあります。自動運転に関する技術競争の激しさが増すなか、〝中国の最新テクノロジー〟という側面に加えて、グローバルな次世代自動車産業における最大最強の自動運転プラットフォーム候補として、バイドゥの「アポロ計画」を注視していく必要があるでしょう。

◆バイドゥ版「アマゾン・アレクサ」、音声アシスタント「デュアーOS」はスマートカー、スマートホーム、スマートシティーのOSを狙う

スピーカーへ「ただ話しかけるだけ」で声を認識し、ニュースを読む・コーヒーを注文する・音楽をかける・天気を調べる・エアコンをつける・自動車の操作をする・車中から映画のチケットを購入するなど、様々な仕事をしてくれる音声AIアシスタント。

「ただ話しかけるだけ」という利便性やCX（カスタマー・エクスペリエンス：顧客の経験価値）では、「アマゾン・アレクサ」が市場で先行していると言ってよいでしょう。

「アマゾン・アレクサ」とは、AIによる音声認識や自然言語処理のシステムです。アマゾンは、「アレクサ」をサードパーティに対して公開することで、生活サービス全般のエコシステムを形成しようとしています。その結果、「アレクサ」は、スマートスピーカー「アマゾン・エコー」のみならず、様々な家電、さらにはセキュリティ・屋外・駐車場・自動車、そ

デュアーOS実装のスマートロボット「Little Fish（小魚在家）」（写真：小度在家、バイドゥ）

してＩｏＴ製品にも搭載され、あらゆるモノ・場面・機能に入り込んでいるのです。

　バイドゥの「デュアーＯＳ」も、ＡＩによる音声認識や自然言語処理の音声ＡＩシステムです。〝人々の生活にＡＩを〟をコンセプトに、それが実装されたスマートデバイスを通して、自然言語で「ただ話しかけるだけ」で、ＡＩアシスタントとしての様々な機能を提供してくれます。

　バイドゥも、「デュアーＯＳ」をサードパーティへオープンにすることで、バイドゥが持つＡＩ技術やスキルに加えて、パートナーのデバイス・スキル・コンテンツ・サービス・技術などを取り込み、エコシステムを形成しようとしています。

　バイドゥは、ＣＥＳ２０１８において、「アポロ計画」とは別に、音声ＡＩシステム「デュアーＯＳ」のブースも出展していました。

中国の小度在家のスマートロボット「Little Fish（小魚在家）」、米国のSengledのスマートランプスピーカー、日本のPopin Aladdinのプロジェクター内蔵スマートライトなど、「デュアーOS」が実装されたIoT家電が数多く展示・紹介されていたことに目を奪われたのは筆者だけではないでしょう。バイドゥが内製するスマートスピーカー「Raven H」・スマートロボット「Raven R」は、洗練されたデザインも印象的でした。現在開発中のAIホームロボット「Raven Q」には、顔認証機能や自動運転プラットフォーム「アポロ」との連動機能が備わっていると言われています。もちろん、全て、「ただ話しかけるだけ」の音声AIアシスタントです。

これら「デュアーOS」が実装されたスマートデバイスは、「アマゾン・アレクサ」が搭載された「アマゾン・エコー」に相当します。「アマゾン・エコー」が〝スマートホーム〟のプラットフォームであるのと同じように、「デュアーOS」が実装されたスマートデバイスもエンターテインメント・情報サービス・ユーティリティ・教育・ライフスタイル・モビリティ・パーソナルアシスタントなど生活のなかの様々なニーズに応えてくれるのです。「デュアーOS」は、まさにバイドゥ版「アマゾン・アレクサ」なのです。

狭義に言えば、「デュアーOS」は、「ただ話しかけるだけ」で様々なAIアシスタントが受けられるスマートデバイスやそのソリューションを開発するための基本ソフトです。デバイスにマイクやスピーカーがついていれば、「デュアーOS」の実装で、それはスマートデバイスになるのです。

「デュアーOS」のエコシステムは、基本ソフト「デュアーOS」、そのクライアントとしての〝デバイス〟、バイドゥのAI技術による〝スマートデバイス〟化、そして「スキル」によるコンテンツやサービスへのひも付けによって形成されます。少し説明を加えましょう。

まず、自社の〝デバイス〟（音声AIアシスタント）を開発しようとするパートナーは、クライアントとして、バイドゥが公開する「デュアーOS」のリファレンスデザイン（AI製品を開発しようとするパートナーに対して、バイドゥが公開する設計図）と開発キットに従います。

パートナーが開発するデバイスをスマート化するのがバイドゥのAIです。バイドゥは、検索事業を通して、アルゴリズムや表現学習（A）、ウェブデータ・検索データ・画像・動画・位置情報などのビッグデータ（B）、画像処理などのコンピューティング能力（C）といったＡＩ技術を培ってきました（図表22参照）。そして、バイドゥのＡＩは音声認識・画像認識・自然言語処理・ユーザープロフィールデータへのアクセスという四つの基本機能を備え、それらがパートナーの開発するデバイスに搭載されることによって、デバイスは〝スマートデバイス〟となります。このＡＩ技術こそが、「デュアーＯＳ」が音声ＡＩシステムであることの中核です。バイドゥ自身も、「デュアーＯＳ」が実装されたアバターロボット「Xiaodu」を開発しています。

パートナーが開発する〝スマートデバイス〟にコンテンツやサービスをひも付けるのが「スキル」です。「スキル」とは、スマートデバイスへの命令、またはユーザーに提供される機能を意味します。「スキル」はバイドゥやパートナーの外部サービスと連携し、ユーザーは映画を観たり、音楽を聴いたり、検索をしたり、ランチを注文したりといったサービスを利用することができます。パートナーの数が増え「スキル」が追加されることで、「デュアーＯＳ」はその機能を拡張することができます。現在、「デュアーＯＳ」のエコシステムが持つ「スキル」セットは、10分野にわたり、その数は２００以上に達しています。

「デュアーＯＳ」が実装されたスマートデバイスは実に様々です。スピーカー・テレビ・冷蔵庫・温水器・空気清浄機・照明・玩具・洗濯機・掃除機・炊飯器・エアコン・ロボット・

ステレオ・リモコン・ドアロック・カーテン・時計・ヘルスモニター・自動車・モバイルなど。これらスマートデバイスは、人々の生活に関わるあらゆるモノ・場面・機能に及ぶ、〝スマートホーム〟や〝スマートカー〟のプラットフォームになっています。そして、外部から様々なコンテンツやサービスを「デュアーOS」のエコシステムへ呼び込み、大きなビジネスの生態系を形成させるトリガーにもなっているのです。

さらに、「デュアーOS」が実装された家電・自動車・IoT製品などスマートデバイスは、〝スマートシティー〟のプラットフォームとしての役割も担います。

2017年12月、バイドゥは、中国河北省雄安新区政府と、都市計画・建設にAI技術を活用する「AI都市計画」に関して、戦略的に協力していくことで合意しました。雄安新区は、中国政府が成長エンジンとして建設を進める新しい経済特区です。バイドゥと同区政府の合意には、雄安新区をスマートシティーにすること、そのために自動運転・公共交通・教育・セキュリティ・ヘルスケアー・環境保護・決済などの分野にAI技術を活用することなどが謳われています。ほかにも、バイドゥは、河北省保定・安徽省蕪湖・重慶、そしてアリババのお膝元と言ってもよい上海でも、AI技術を使ったスマートシティーの建設について、各地方政府と協力していくことを予定しています。

これらスマートシティーには、音声ＡＩシステム「デュアーＯＳ」・自動運転プラットフォーム「アポロ」を含む図表22で示したバイドゥのＡＩ技術の総力が埋め込まれます。それによって、人々の生活の隅々にまでＡＩが入り込み、仕事・居住・移動・娯楽など生活をする上での様々なニーズが充足されるのです。

中国は、国策としてＡＩ産業を全面的に支援し、２０２０年までに約16兆円のＡＩ市場を作り、その10年後には10倍の約１６０兆円のＡＩ市場にすることを宣言しています。さらに、ＡＩは、低炭素社会の実現・住みやすい街づくり・人と自然の共生など中国が抱える社会の課題にも対峙します。その意味で、スマートシティーは、中国の経済・社会政策の一環としても、重要な役割を担っているのです。

バイドゥは、音声ＡＩシステム「デュアーＯＳ」をスマートカー・スマートホーム・スマートシティーの基本ソフトとして位置付け、生活サービス全般のエコシステムを形成しようとしています。一方で、音声ＡＩアシスタント市場でトップをいく「アマゾン・アレクサ」は、「アマゾン・エコー」という絶対的な〝スマートホーム〟のプラットフォームを持ち、４０００台以上のスマートデバイスに搭載され、その「スキル」セットは２万５０００以上と言われています。その圧倒的な〝アマゾン・アレクサ経済圏〟にバイドゥの「デュアーOS」が対抗するためのカギは、アマゾンにも先行することとなる〝スマートシティー〟計画、中国政府の支援、中国での社会問題解決への使命感に潜んでいるのではないでしょうか。

◆群雄割拠の中国EVメーカー

中国では、すでにEVメーカーが60社以上も存在すると言われています。まさに、群雄割拠の状況です。

従来のガソリン車と比較すると、EVでは吸気系・排気系が不要となり、エンジン系統での技術力や実績の価値が低下していきます。モジュール化・電子化・水平分業化が進み、多くの完成車メーカーが乱立していること自体、自動車産業への参入障壁が崩れ、業界構造がすでに崩壊していることの証左でしょう。

自動車「大国」から自動車「強国」への躍進を目論む中国としては、自動車先進国への輸出という具体的な目標まで提示したなかで、日米欧の自動車メーカーを超えることが必要です。中国政府は、エンジン車では日米欧の自動車先進国には勝てないと認めていることとから、〝エンジンのないクルマ〟である「電気自動車（ＥＶ）化×自動運転化」を先行して進めることによって、次世代自動車産業の「強国」になろうとしているのです。

中国政府の「自動運転化」への取り組みは、「自動車産業の中長期発展計画」（２０１７年４月）・「次世代人工知能の開放・革新プラットフォーム」（２０１７年11月）を通して、「ＡＩ×自動運転」の国策事業やバイドゥの自動運転プラットフォーム「アポロ」として具体化しています。

一方、「電気自動車（ＥＶ）化」について、中国政府は実に戦略的な取り組みをしています。推進策と〝選択と集中〟策をまじえながら、真に国際競争力を伴う中国自動車産業のＥＶ化を成し遂げようとしているのです。

まず、ＥＶの推進策です。北京・上海など大都市では、ガソリン車に対して発行するナンバープレートを抽選制として制約を設ける一方で、ＥＶの購入者はナンバープレートの取得が容易になっています。また、ＥＶの購入者に対して日本円で最大１００万円余りもの補助金が支給されたり、購入後もＥＶは特定の環状道路での走行規制が免除されたりと、優遇措置が講じられています。

先に述べた「自動車産業の中長期発展計画」（２０１７年４月）が実行に移されるなか

で、2017年9月に「乗用車企業平均燃費・新エネルギー車クレジット同時管理実施法」（通称〝NEV法〟）が公布されました。これは、簡単に言えば、中国の自動車メーカーは、2019年以降、販売台数の10％以上を新エネルギー車（NEV）にすることが義務付けられる法律です。中国政府のEVシフトを強力に加速する政策と言ってよいでしょう。

一方、EVの〝選択と集中〟策です。中国政府は、2009年6月の「新エネルギー車生産企業および製品参入管理規則」によって、EVを含む新エネルギー車（NEV）の製造事業について、一定の参入規則を設けました。2015年6月の「電気乗用車企業の新規設立に関する管理規定」では、純電気乗用車メーカーについての追加的な参入要件も設定されています。

そして2017年1月、2009年参入規則を改定し、新エネルギー車（NEV）の定義と範囲が明確にされるとともに、安全面での参入要件の引き上げ・検査措置の整備・法的責任の強化などがほどこされました。要件に関わる審査を通過できないNEVメーカーは、助成金受給資格の失効などにより優遇措置を受けることができなくなっています。実際、NEVの適合違反によって行政処分を受けた自動車メーカーも出てきています。さらに、財政負担の軽減や保護主義への懸念などもあり、中央・地方政府によるNEVメーカーへの助成金が段階的に廃止される可能性もささやかれています。

中国でEVメーカーが乱立するなか、中国政府は同メーカーを20社程度に絞り込む方針を明らかにしました。独メーカーでもEVライセンス認可を取得するのに苦労しており、独政府とともに主要メーカーが水面下での工作を進めているとも伝えられています。中国政府は、中国資本の完成車メーカーを手厚く支援し、国際競争力を持つNEVメーカーを育成するとともに、次世代自動車産業での競争を優位に進めたいという意向もあるようです。

中国資本の自動車メーカーや電池メーカーへの手厚い優遇策も、あからさまと言わざるをえません。NEVメーカーが中国政府から助成金を受け取るためには、「新エネルギー車普及応用推薦車リスト」(2017年1月公布)に載らなければなりません。同リストに載るには、「ホワイトリスト」登録企業(バッテリー模範基準認証の取得企業)から電池を調達することが条件とされています。しかし、現時点では、大連で車載用リチウムイオン電池の工場を稼働させたパナソニック、韓国のサムスン電子やLG化学をはじめ、外国資本で同リストに登録を果たした企業は存在しない状況です。

中国の自動車専門誌『汽車商業評論』が、興味をひく集計をしています。それは、中国での２０１７年上半期の販売実績を〝ＮＥＶ法〟にあてはめて、各自動車メーカーの「新エネルギー車（ＮＥＶ）ポイント」を計算したものです。それによれば、基準値以上の「ＮＥＶポイント」を稼いで他社へ転売できる「黒字」を出したのは「アポロ」のパートナーであるＢＹＤ（比亜迪汽車）、ＮＥＶ販売の伸びが最近著しい北京汽車、ボルボなどを傘下におさめ国際戦略に長けた吉利汽車など数社のみ。一方で、フォルクスワーゲン、トヨタなどをはじめとする外国資本や、ガソリン車での市場シェアが大きい国営の自動車メーカーは、「ＮＥＶポイント」を他社から購入しなければならない「赤字」に陥っています。

ＮＥＶ法は、中国政府の「電気自動車（ＥＶ）化」（ＮＥＶ化）への確固とした姿勢が見える一方で、既存自動車メーカーや外資メーカーにとっては相当厳しい義務が課された格好になっています。自動車メーカーのなかには、次世代自動車産業でのＮＥＶの重要性を認識し、ガソリン車販売を数年後には廃止するなどの野心的な経営計画を掲げている企業もあります。しかし、ＮＥＶ法の基準をクリアすることさえも困難な状況で、その実現可能性は疑問視もされています。一方、新興自動車メーカーは、中国ＥＶブームの流れにのって多額の出資が集まる傾向にはあるものの、健全な収支計画が見通せないなど、まだまだ不透明と言わざるをえないでしょう。

そうしたなか、引き続き、中国政府の政策展開やそれに合わせたNEVメーカーの動きには注視する必要があります。自動車産業は国際政治と表裏一体です。中国のEVシフトが次世代自動車産業の変革・再編、ひいては日本の自動車メーカーにも大きな影響を及ぼすことは間違いないでしょう。

◆中国政府の自動車産業政策

先に述べた「自動車産業の中長期発展計画」（2017年4月）・「乗用車企業平均燃費・新エネルギー車クレジット同時管理実施法」（通称〝NEV法〟、2017年9月）・「次世代人工知能の開放・革新プラットフォーム」（2017年11月）は、中国政府の自動車産業政策を特徴づける三つの重要な政策コンテンツです。

さらに、もう一つ、触れておかなければならない重要な政策があります。それは、2016年7月公布・同年11月施行の「インターネット予約タクシーの経営サービス管理暫定法」です。ひと言でいえば、ライドシェアを認める法律です。定義によっては、白タク行為とも捉えられかねないのがライドシェアです。世界では軋轢を生みながらもそのサービスが拡大するなか、中国は、法律を制定することによって、ライドシェアを完全に合法化したのです。

同法律のなかでは、ライドシェア会社は「網約車プラットフォーム企業」と呼ばれています。〝網約車〟とはインターネットで予約するタクシーのことです。「網約車プラットフォーム企業」は、政府当局から経営許可を取得すること、インターネット情報サービス企業としても届出をすることが定められています。料金などは政府が決定すること、中国国内にサーバーを置くこと、顧客情報と自動車の走行データは2年間保存すること、採算割れとなる営業を禁止すること、といった条件も付けられています。

以上のように、中国の自動車産業政策は、電気自動車（EV）を含む新エネルギー車（NEV）、人工知能（AI）、自動運転、さらにはライドシェアのようなサービスもカバーしながら展開されています。

自動車を購入する消費者のレベルで言えば、政府は、NEVへの買い替えを促すような補助金などの政策によっても、脱ガソリン車を推し進めています。中国は、まさに、CA

SE（コネクティビティ・自動運転化・シェアリング&サービス化・EV化）をいち早く政策に取り込むことで、次世代自動車産業への影響力を確保しようとしているのです。

ここで、自動運転に関する国際的な法整備について、説明を加えておきます。自動車の運転を規制する道路交通に関する条約は二つ存在します。一つは1949年に署名されたジュネーブ道路交通条約。日・米・英・仏・蘭などが署名・批准しています。もう一つは1968年に署名されたウィーン道路交通条約です。主に欧州の国家が署名・批准し、日米は含まれていません。これら条約には、共通して、〝自動車の運転にはドライバーがいなければならない〟〝自動車の運転はドライバーによるコントロールがなされなければならない〟という主旨が規定されています。この規定が、自動運転が国際法上認められていなかった法的な根拠です。

自動運転社会の機運が高まるなか、条件付きながら自動運転が法的に可能となるよう、これら条約の改正作業が行われました。ウィーン条約は改正が採択・批准され、2016年に施行に至っています。しかし、ジュネーブ条約については、同様の改正が採択されたものの、批准国が多数に至らず施行されないままとなっています。日米が加盟するジュネーブ条約の改正作業が滞ると同時に、国際法上のズレも発生している状況です。

中国は、両方の条約ともに署名・批准をしていません。つまり、少なくとも国際法上は、中国は自動運転に関する規制を強制されることはないのです。見方によれば、自動車先進国の日米欧が法整備で時間を費やし、また国内法でなんとか工夫をしながら自動運転の準備を進めるあいだに、中国は、ある意味フリーハンドで、自動運転走行やその実証実験を〝国を挙げて〟実施できるのです。このことも、中国の自動車産業政策にとってプラスとなる側面はあるはずです。

中国のエネルギー政策についても少し触れておきましょう。ＥＶ化を推進する上では極めて重要であるからです。中国は「第13次５カ年計画（２０１６〜２０２０年）」において、一次エネルギー消費に占める非化石燃料の比率を２０２０年には15％へ引き上げるという目標を設定しています。そして、「低炭素社会」の理念や急増する石油純輸入への対策もあり、化石燃料では大気汚染の主因である石炭を抑制する一方で天然ガスを拡大すること、非化石燃料では再生可能エネルギーと原子力の開発といったエネルギー構造改革を進めています。自動車産業政策は、こうしたエネルギー政策に合致したものなのです。

◆中国市場の重要性

ここで、中国の自動車市場を概観してみます。

図表26は、中国・日本・米国・欧州（独仏英）の４ヶ国・地域の過去３年の自動車生産台数・販売台数の推移を表したものです。中国が他を圧倒していることは一目瞭然です。乗用車では２０１７年の中国の生産台数・販売台数ともに年間２５００万台に迫る勢いで、商用車を含めるとそれぞれ年間３０００万台を超えるのもまもなくでしょう。乗用車だけなら、中国の生産台数・販売台数ともに、日本・米国・欧州（独仏英）を合計しても、それをさらに上回っています。

図表27は、２００５年から２０１７年までの同４ヶ国・地域の乗用車販売台数の推移、乗用車販売市場における中国のシェアの推移です。乗用車販売市場では、やはり日米欧市場が長年伸び悩むか縮小しているのを横目に、中国の２０１７年の乗用車販売台数は２００５年に比べて約６倍になっています。乗用車販売市場での中国のシェアも、２００５年には10％足らずだったのが、２０１７年には35％に達しています。中国市場の伸びが際立

図表26　自動車 生産・販売データ（中・日・米・欧）

自動車「生産」台数（中・日・米・欧、2015年〜2017年）

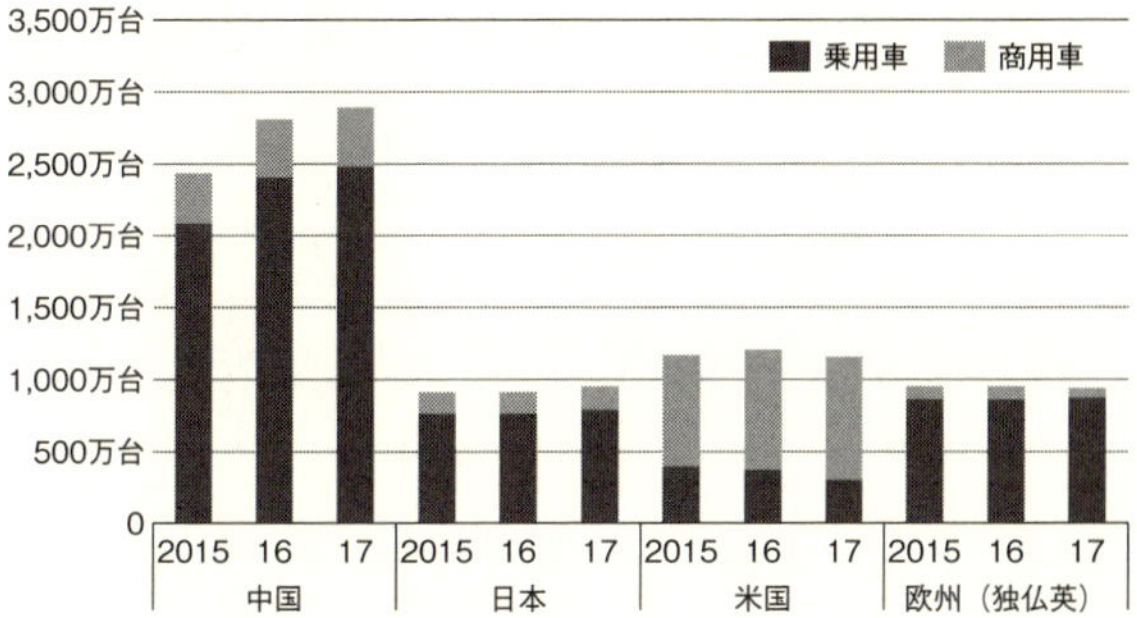

自動車「販売」台数（中・日・米・欧、2015年〜2017年）

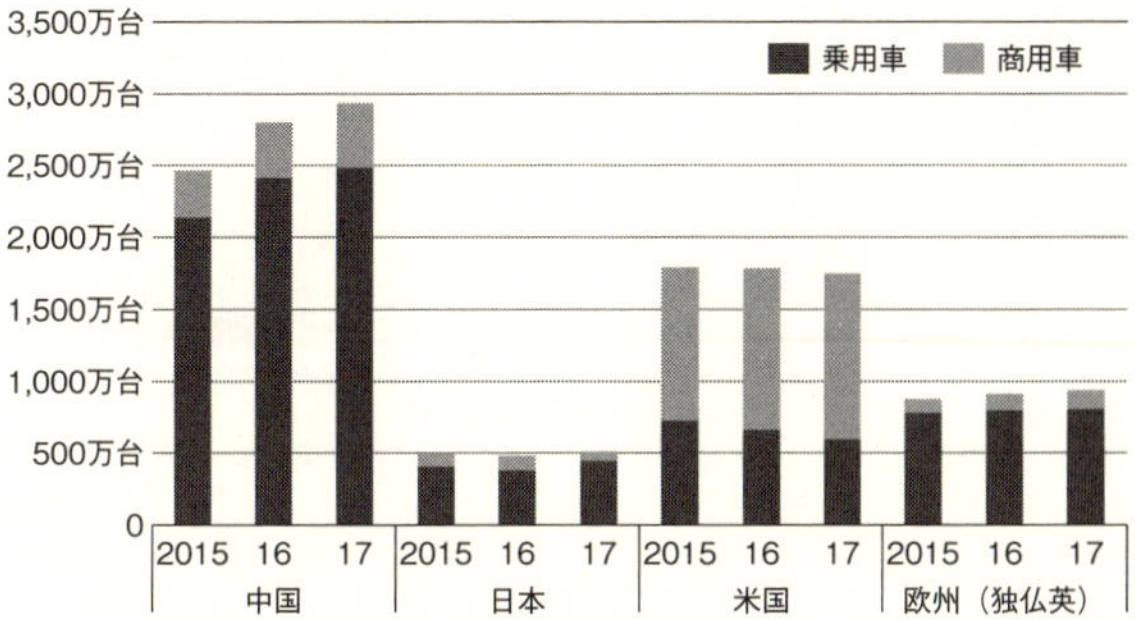

出典：国際自動車工業連合会の統計データをもとに筆者作成

っているのがわかります。

国際エネルギー機関（ＩＥＡ）が発行した「Global EV Outlook 2017」によれば、２０１６年時点でＮＥＶの世界の累計販売台数が２００万台に達したとされています。そのうち中国でのＮＥＶの累計販売は65万台、約32％のシェアに達し、米国の56万台を追い抜いたとされています。

中国の自動車業界団体である中国自動車工業協会（ＣＡＡＭ）の統計によれば、２０１７年の中国でのＮＥＶの販売台数は、ＥＶが乗用車・商用車含め65・２万台、ＰＨＶが乗用車・商用車含め12・５万台で、合計77・７万台のＮＥＶが中国市場で販売された計算です。ＮＥＶの生産台数・販売台数ともに、２０１７年には、対前年比50％以上の伸びとなっています。ことＥＶ乗用車に限れば、生産台数・販売台数ともに80％以上の伸びとなっています。まさに、２０１７年の中央・地方政府を挙げての助成策、消費者への優遇措置、ＮＥＶ法の公布などが功を奏した格好です。

これらの概観を踏まえて、中国の自動車市場の重要性について、二つの点を挙げたいと思います。一つ目は、やはり市場としての実績・魅力です。日米欧の自動車先進国を圧倒

図表27　乗用車 販売データ（中・日・米・欧）、および中国の市場シェア推移

乗用車「販売」台数（中・日・米・欧、2005年～2017年）

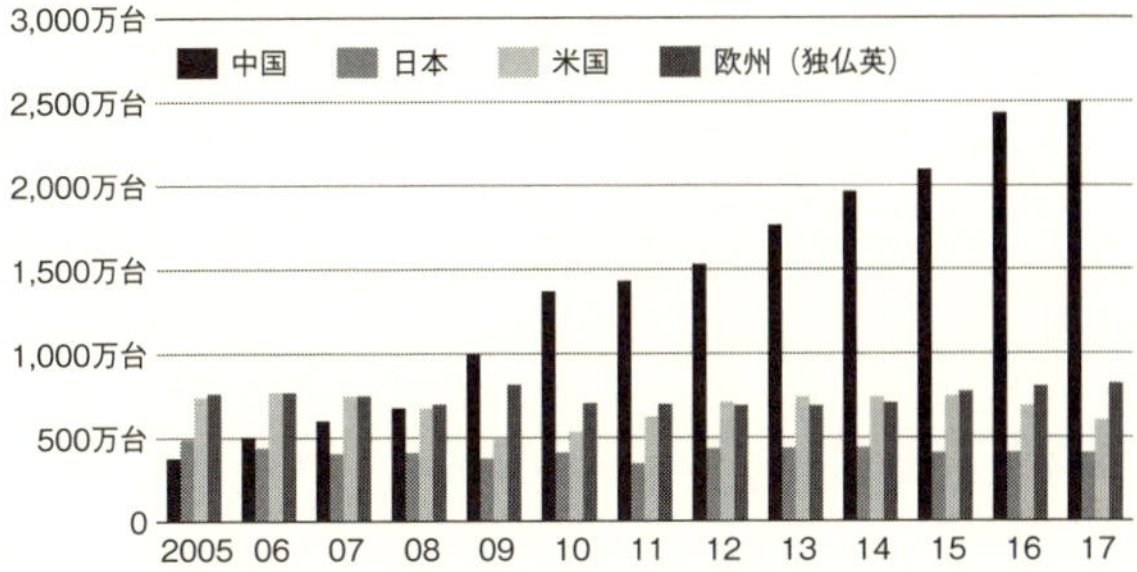

世界の乗用車「販売」市場に占める中国のシェア推移
（2005年～2017年）

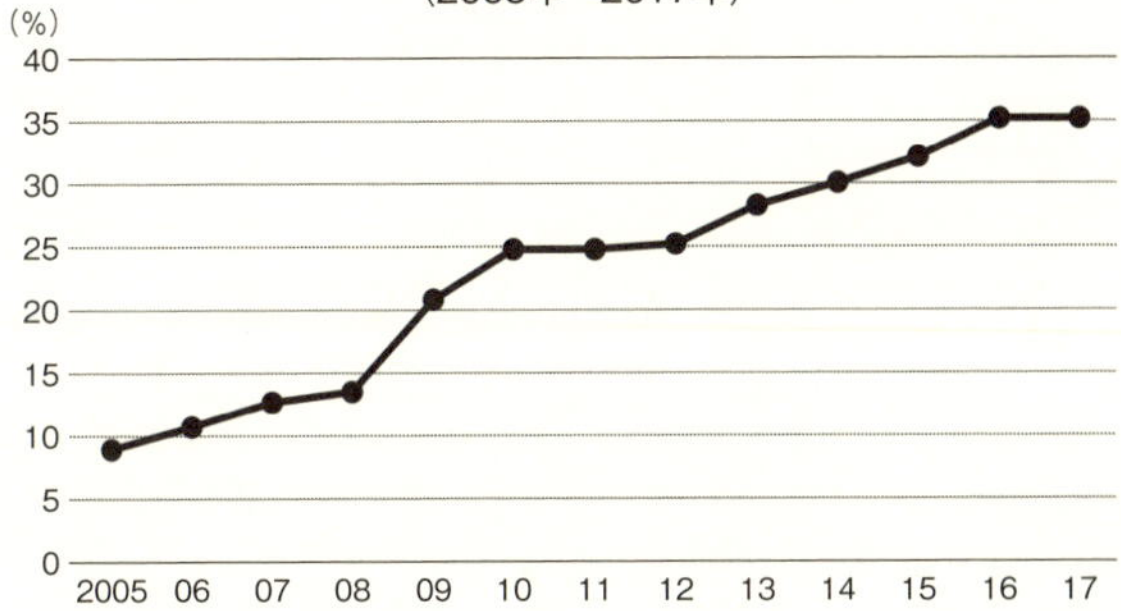

出典：国際自動車工業連合会の統計データをもとに筆者作成

する中国の市場規模・成長性・購買力、NEV市場としての先行性も明らかです。

二つ目は、それだけ魅力ある、他を圧倒する中国市場が次世代自動車産業へ向けて自ら改革をしようとしている点です。中国は、現状のままでは、自動車「大国」であっても自動車「強国」にはなれないと考えているのです。そこで、中国は、ガソリン車やエンジン系統の領域で勝負するのではなく、NEV・コネクテッドカー・省エネ車などに照準を合わせました。NEV・AI・自動運転など様々な政策を打ち出し、その結果、企業の具体的な動きやNEVの生産台数・販売台数の数値となって表れてきています。

中国市場は、いわば、次世代自動車産業への壮大な社会実験の場なのです。とりわけ、改革の一部であるNEV事業について、中国の外資規制が緩和され、外国資本の中国市場への参入障壁が下げられる動きも注目です。自動車産業全体がCASEに向けての戦略を練るなかで、日米欧の自動車先進国の事業者は中国市場を注視していかなければならないでしょう。

◆「中国ブランド」が日米欧メーカーを超える日

中国では、従来、国営の自動車メーカーに外国メーカーとの合弁を組ませることで、海外のノウハウを吸収、技術力を高めてきました。例えば、上海汽車なら独ＶＷ・米ＧＭ、第一汽車なら独ＶＷ・米ＧＭ・日本のトヨタとマツダ、東風汽車ならホンダ・ルノー・日産といった具合です。２０１８年４月には、米国との「貿易戦争」回避のために、上記の外資規制を撤廃する方針も打ち出されました。同外資規制以外にも自国の企業に対しては手厚い保護をしている中国政府ではありますが、この方針を打ち出すことができた背景には、自国メーカーの成長があると考えられます。

近年は、民営の独立系自動車メーカーも、中国国内で存在感を増しています。それらは、重点をＥＶにシフトして以降、外国メーカーとも競合する位置を確保しつつあります。特に、ＢＹＤ（比亜迪汽車）の躍進には目を見張るものがあります。

ＢＹＤは深圳に本社を置く民営企業で、親会社の株式は香港市場に上場されています。もともと、グループとして、車載リチウムイオン電池や携帯電話用電池などの電子機器・ＩＴ部品を製造・供給してきました。２００８年にプラグインハイブリッド自動車（ＰＨＥＶ）を発売し、自動車製造事業に本格的に参入しています。

２０１７年の中国でのＮＥＶ販売台数は約11・４万台、中国でのＮＥＶ販売全体の約７

分の1を占め、トップに位置しています。また、NEV法で義務付けられた販売台数の10%以上をNEVにするという基準を軽々とクリアし、その比率は50%を超えると見られています。郊外に住む比較的若い層や中低所得者層をターゲットにしたローエンドのEVを製造・販売するなど、そのマーケティングにも工夫をこらしているのです。

一方で、中国政府の「中国ブランド」育成政策に呼応するかのように、国際競争力をつけ、中国市場だけではなく先進国市場を見据えた事業展開をする「中国ブランド」も出てきています。ここでは、特筆すべきメーカーの代表として、まずバイトン（BYTON）を紹介したいと思います。

2016年に起業したばかりのFMC社（Future Mobility Corporation）が2017年9月に立ち上げた新興EVブランドが、バイトンです。

バイトンの電気自動車（EV）は、CES2018において、ひときわ入場者の目をひいていました。洗練されたエクステリア。インテリアでは、ハンドル部分のタッチパネルやダッシュボード全面に広がる横長スクリーン。音声AIアシスタント「アマゾン・アレクサ」が搭載され、さらに手の仕草だけでも操作が可能という優れたインターフェース。

レベル3の自動運転機能・ドライバーの顔認証・ヘルスチェック機能なども備わっています。ブース全体や紹介動画などのブランディングも高い評価を受けていました。

さらに驚いたのが、このモデルが２０１９年から中国で量産化され、４万５０００米ドル程度で実際に販売されるという計画。２０２０年には米国・欧州市場へも投入予定といいます。

バイトンは、独ＢＭＷと日産の元幹部が立ち上げたとはいえ、「中国メーカーなのにブランディングに優れている」「中国資本のブランディングもここまできた」「もはや中国資本は自動車産業においても侮れない」と脅威とともに評価されていました。開発・製造は中国、スマートカー部分のソフトウェアは米国、車体デザインはドイツと、「中米独」三ヶ国にまたがっての水平分業という意味でも画期的です。

バイトンは、中国〝ＢＡＴ〟の一角であるテンセントや台湾のＯＥＭ・ＥＭＳの雄である鴻海《ホンハイ》科技集団の出資を受け、独のボッシュとは技術提携によってパワートレインやブレーキシステムなどで協業を進めています。また、２０１７年12月にカリフォルニア州に北米本社を設立、２０１８年2月には自動運転プラットフォームを開発する米国のオーロラと提携することを発表。着々とその戦略を実行に移し、中国だけでなく米国・欧州での販売に向けても準備を進めているのです。

次に、吉利汽車（Geely Auto）について紹介します。吉利汽車もＢＹＤと同じく民営企業で、株式は香港市場に上場されています。２０１７年の中国でのＮＥＶ販売台数は約２・５万台。ボルボの買収・ロンドンタクシーの経営権の取得や車体製造の受託・ロータスの買収など、吉利汽車は中国で最も国際化に積極的な自動車メーカーと言ってもよいでしょう。

２０１８年2月には、独ダイムラーの議決権付き株式を9・69％取得し、その筆頭株主となることを発表しました。吉利汽車がダイムラーの経営にも参画しようとしているのです。その意義は、ボルボなども所有する同社の世界戦略というだけではないでしょう。もちろん、〝自動車後進国の中国メーカーが世界でも有数の名門メーカーを所有する〟ということだけでもありません。筆者は、その真の意義は、「ＣＡＳＥ」を最初に提唱し、それを推進するダイムラーすらも、中国の自動車「強国」化の戦略へ組み込んでいこうとすることにあるのではないかと考えています。ちなみに、ダイムラーは、バイドゥの自動運転プラットフォーム「アポロ計画」にも参画しています。

吉利汽車について、もう一つ注目すべきは、２０１６年に同社がスウェーデンに設立した自動車メーカー「リンク・アンド・カンパニー（LYNK & CO International AB）」です。同社の車種のラインナップは、クロスオーバー2モデルとセダン1モデルです。すべて電動パワートレインを搭載するＮＥＶとなっています。これらのモデルは、ボルボの「コンパクト・モジュラー・アーキテクチャー（ＣＭＡ）」を共有し、スウェーデンで設計・製造がなされています。ＣＭＡとは、ボルボが電動化を念頭に開発した小型車を製造するためのプラットフォームです。パワートレイン・インフォテインメント・空調・データネットワーク・安全システムなどを含んでいるほか、自動運転機能も併設可能です。

さらに、これらのモデルに特徴的なのが、コネクテッドカー機能が装備されていることと、「オーナーシップ機能」「シェアリング機能」の両方が内蔵され、〝自動車を所有する〟という使い方、〝自動車をシェアする〟という使い方の両方に適応できるということです。つまり、ＮＥＶ化・自動運転化・コネクティビティ・シェアリング＆サービスのＣＡＳＥの全てがカバーされています。

ちなみに、吉利汽車は、２０１５年に配車サービスなどを提供するＥＶシェアリング会社「曹操専車（Caocao Zhuanche）」を立ち上げています。特徴の一つは、配車される自動車がすべてEVで、すべて自社で所有されていることです。将来、「曹操専車」のサービスに「リンク・アンド・カンパニー」のNEVが使用されることも十分ありえるでしょう。

ところで、「リンク・アンド・カンパニー」のHP・展示会・プレス発表会などからは、実に洗練されたスタイリッシュなデザインを感じ取ることができます。先に述べたバイトンと同じように、ブランディングを最重視していることが見て取れます。

2017年11月、「リンク・アンド・カンパニー」のNEVは、中国での販売が開始されました。中国での販売は、米ドルで2万4000ドルからという価格設定で、吉利汽車の人気SUVの1万5000ドル程度のモデルよりも相当高くなっています。2019年には欧州、翌2020年には米国での販売も予定されています。米国のいくつかの州では、自動車「レンタル」事業の構想もあるようです。また、代理店を通さない直販やオンライン販売など、既存の自動車業界とは異なるユニークなマーケティング・営業手法も採用されています。

中国が世界の自動車業界を変革する。吉利汽車の事業展開からは、まさにそのような意気込みが伝わってきます。次世代自動車産業において、中国の自動車「強国」へ向けた動きを理解する上で、ボルボを傘下に持ち、ダイムラーまでをも傘下におさめようと触手を伸ばしている吉利汽車の動きには大いに注目する必要があるでしょう。

もう一つ、「中国ブランド」を紹介しましょう。ＣＡＴＬです。ＣＡＴＬは、福建省・寧徳に本社を置く中国最大手の電池メーカーです。２０１１年に設立され、電気自動車（ＥＶ）用リチウムイオン電池などの製造事業を展開しています。同社のＨＰによれば、２０１７年に電池の年間販売実績で世界のトップに躍り出たとされています。２０１５年の２・19ＧＷｈの消費電力量の販売から、２０１７年には５倍以上の11・84ＧＷｈに伸ばしています。中国のシェアでもＢＹＤを追い抜いた格好です。

テスラとパナソニックが共同で運営している米国「ギガファクトリー」の年間生産能力が35ＧＷｈで（２０１８年計画値）、ＣＡＴＬはそれにには依然達していないものの猛追をしています。特に、２０１８年４月初め、ＣＡＴＬの株式が深圳市場に上場されることが承認されました。約２２００億円を調達することで、生産能力の増強など今後の勢いはさらに増すことになるでしょう。

ちなみに、リチウム資源開発会社Orocobreが、２０２０年までの車載リチウムイオン電池の生産能力を予測しています。それによれば、ＣＡＴＬは年間１００ＧＷｈでトップ、続くのは40GWhでテスラ・パナソニック、20GWhでLG化学となっています。
先に述べた通り、中国のNEVメーカーが政府から助成金を受け取るためには、「新エネルギー車普及応用推薦車リスト」（2017年1月公布）に載ることが条件です。そして、そのリストに載るためには、中国政府が「自動車動力蓄電池業界の規範条件」（2015年3月）で設定した基準をクリアした、いわゆる「ホワイトリスト」にリストアップされた電池メーカーからEV電池を調達しなければなりません。

リストアップされていない企業が製造するリチウムイオン電池をNEVに搭載しても助成金や補助金が支給されないことから、当然競争上不利となります。消費者も、購入価格のデメリットに加えて、政府から〝認定されていない〟NEVへの購買意欲はそもそもわかないのではないでしょうか。

中国政府が公示している「ホワイトリスト」には、もちろんCATLも記載されています。同リストには50社以上が載っていますが、すべて中国メーカーで、外資系は一社も含まれていません。つまり、外資系NEVメーカーが中国でNEVを製造するためには、実質的に、中国の電池メーカーのリチウムイオン電池を搭載しなければならないことになります。

そこで、圧倒的な強さを持っているのがＣＡＴＬなのです。実際、ＣＡＴＬのリチウムイオン電池は、その品質が評価されて、外資の「BMW X1」や北京現代汽車「ソナタ」へも搭載されています。ＣＡＴＬ自身、〝顧客第一主義〟を掲げ、政策的なバックアップにのみ依存するのではなく、品質に裏付けられた競争力向上に取り組んでいます。同社は、その拠点を北米・欧州（独仏）・日本に持ち、中国のＮＥＶメーカーだけでなく、中国市場を目指す外資に対しても「中国ブランド」の攻勢をかけているのです。

中国政府は、２０１６年11月、２０１５年の「自動車動力蓄電池業界の規範条件」の改定案を提示しました。そのなかで、電池メーカーの電池生産能力の最低条件を、２０１５年基準の2億Ｗｈから40倍の80億Ｗｈに引き上げる案が出されました。この基準を満たす電池メーカーはＣＡＴＬ・ＢＹＤなど数社程度です。ハードルを大きく上げて参入を厳しくすることによって、電池製造業界を改革・再編し、体質強化や国際競争力の醸成を促す、という考えでしょう。

もしそうなった場合、中国市場で勝負をする外資系のＮＥＶメーカーは、ＣＡＴＬへのアクセスを実質的に強いられることになります。中国のＮＥＶ車載リチウムイオン電池市場が、ＣＡＴＬによってほぼ寡占される可能性すらあるでしょう。独資での中国市場参入に向けて政府などとの協議を進めるテスラも、パナソニックの電池が「ホワイトリスト」にない以上、中国メーカー製の電池を搭載する必要が出てくるのです。テスラがＣＡＴＬと組む、そんなシナリオも決して絵空事ではないかもしれません。

中国政府は、「自動車産業の中長期発展計画」（２０１７年４月）のなかで、自動車メーカーだけでなく、世界のトップ10に入る部品メーカーも「中国ブランド」として育成するとしています。ＣＡＴＬは、まさにその筆頭格と言えるでしょう。

◆競争こそが優位性の源泉
——「バイドゥのアポロ計画に負けない」：アリババ、テンセントの自動車産業戦略

中国政府が発表した「次世代人工知能の開放・革新プラットフォーム」（２０１７年11月）では、国策のＡＩ事業として、四つのテーマとその委託先が決められました。すでに詳しく見てきた「ＡＩ×自動運転」のバイドゥ、さらに「ＡＩ×都市計画」のアリババ、「ＡＩ×医療映像」のテンセント、「ＡＩ×音声認識」のアイフライテック（科大訊飛）です。

アリババが委託された国策事業が〝都市のＡＩ化〟です。交通・水道・エネルギーなど

の基礎施設やインフラといった都市に関する全てを数値化、都市のビッグデータを掘り起こします。これらをもとにＡＩを利用して、渋滞の解消・警察や救急・都市計画など、社会にとって最適なソリューションを提供します。もちろん、自動運転も数多くある機能のうちの一つでしょう。本社所在地の杭州、その次は蘇州での実施が予定されています。

また、アリババは、バイドゥの雄安新区政府とのスマートシティー合意に先がけて、２０１７年９月に同政府とＡＩ・フィンテック・物流などの分野で協力していくことも発表しています。公共交通プロジェクトでも、ＡＩ技術の上海地下鉄への導入に向けて、上海申通地鉄集団と提携しています。

一方、テンセントが委託されたのが、ＡＩの医療への応用です。テンセントは顔認識などのＡＩ技術を結集、２０１７年８月に「ＡＩ医学画像連合実験室」を設立し、食道がんの早期スクリーニング臨床実験の仕組みを整えています。過去の病理診断データや医者のネットワークなどにＡＩを利用して、がんの早期発見・微細な腫瘍の検出・ＣＴ検査能力の向上などに役立てられます。ちなみに、テンセントも、バイドゥ・アリババと同じく、雄安新区政府とフィンテックや公共医療について協力していくことで合意しています。

アイフライテックは、音声認識技術を様々なソリューションへ活用するという国策事業を委託されました。同社はバイドゥをしのぐ音声認識技術の最大手です。試験問題の作成などの教育分野、音声電子カルテ入力システムなどの医療分野、受付サービスや自動翻訳の分野で強みを発揮しています。アイフライテックが開発したＡＩを通じて人と車が双方向の対話ができる「トビウオシステム」には、４００万人のアクティブユーザーがいると言われています。

これら四つのテーマは、画像認識・音声認識・虹彩認証、あるいは機械学習・深層学習などを利用するソリューションです。また、自動運転や医療は都市の機能の一部でもあります。当然、互いに密に関連しています。つまり、これら企業のあいだでも、必然的に競争が生まれるのです。自動運転プラットフォーム「アポロ計画」の競争優位性が侮れないのは、こうした中国国内での競争が熾烈でもあるからです。

実際、次世代自動車産業の覇権をめぐる戦いでは、アリババやテンセントも独自の動きを鮮明にしています。

アリババは、２０１７年9月、オペレーティングシステム「AliOS」を発表しました。「AliOS」とは、アリババの従来のオペレーティングシステム（ＯＳ）戦略を統合・発展させたもので、モバイル・自動車を含むあらゆるＩｏＴ製品に搭載される、オープンソースのOSです。コンセプトは、「アマゾン・アレクサ」や「デュアーOS」と酷似しています。

「AliOS」が自動車に搭載されることで、運転はOSによって制御されます。コネクテッドカー機能を備え、将来の自動運転にも対応可能と言われています。アリババと上海汽車は、合弁会社Banma Network Technologyを通して、すでに2016年から「MG」や「Roewe」など同OS搭載のモデルを販売しています。神龍汽車も「AliOS」搭載モデルを開発し、2018年から販売予定です。また、2017年12月には、米国フォードとも戦略提携をし、クラウドコンピューティングやコネクテッドカーの分野での協業を探っています。フォード車への「AliOS」搭載はもちろんのこと、アリババのBtoCオンラインショッピングモール「天猫」でフォード車を販売する構想もあると言います。

2018年4月、アリババは中国でスマートカーの開発を加速させるために、車載半導体大手のNXPとの提携を発表しました。NXPのプロセッサ（「i.MXアプリケーション・プロセッサ」）と「AliOS」の自動車への搭載によって、AI・IoT・クラウドコンピューティング・マルチスクリーン・スマートコックピット・OTAなど、新しい車内のカスタマー・エクスペリエンスが提供されるとしています。バイドゥの「アポロ」で言えば、「中国バイドゥ×米国エヌビディア×独ZF」の三社で打ち出した車載コンピューティングユニットに相当すると言ってよいでしょう。この「アリババ×NXP」の〝車載インフォテインメント・ソリューション〟は、次世代自動車産業での中国市場をターゲットに、スマートカーの量産化を目指すアリババの戦略商品なのです。

アリババは、2018年中に、完全無人ガソリンスタンドのオペレーションも開始予定としています。つまり、アリババは、「AliOS」というスマートカーのOS、「天猫」での自動車販売、そして完全無人ガソリンスタンドでの自動車のメインテナンスやサービスといった、自動車に関わる広範な事業展開を周到に準備しているとも考えられます。

一方、テンセントは、2016年12月、オンライン地図サービスや高精度3次元地図のドイツHEREと戦略的な包括提携を結びました。HEREと言えば、米国グーグルとも並ぶ、自動運転の生命線「デジタルインフラ」を構築する高精度3次元地図のプロバイダーです。両者が設立した中国合弁会社を通して、中国市場向けのデジタル地図サービスを展開、また自動運転に利用する高精度位置情報サービスも構築するとされています。その際、テンセントは他の投資家と共同でHERE株式の10%を取得することも発表されています。

テンセントは２０１７年11月に北京に自動運転技術に関わる研究施設を開設、培ってきたマッピングやＡＩ技術を活用して独自の自動運転事業に乗り出していることが明らかになりました。２０１８年４月には、自動運転車の公道での走行テストを実施したという情報も出てきています。

さらに、２０１７年12月に深圳でテスト走行を実施した無人運転公共バス「阿爾法巴」には、テンセントが提供するスマホ乗車アプリのモバイル決済「騰訊乗車碼」が採用されています。テンセントは、直接的には「阿爾法巴」のテスト走行での自動運転技術のプロジェクトメンバーではありません。しかし、間接的に得られる知見は、独自の自動運転事業にも利用できるのではないでしょうか。テンセントのテスラへの出資については第２章で述べた通りです。

以上のように、中国のＩＴ三強〝ＢＡＴ〟のバイドゥ・アリババ・テンセントの自動車産業戦略、特に自動運転への戦略が出揃ってきています。

バイドゥの自動運転プラットフォーム「アポロ」については、詳しく見てきたところです。アリババは「AliOS」をたずさえ、中国自動車メーカー〝ビッグ５〟の上海汽車や米国フォードと提携するほか、新興EVメーカーの小鵬汽車の経営も行っています。そして、NXPとの提携によって量産化をにらんだ戦略商品〝車載インフォテインメント・ソリューション〟を打ち出しました。一方、テンセントは、高精度3次元地図のHEREを取り込み、独自の自動運転事業を立ち上げようとしています。また、バイドゥも出資する新興EVメーカーのNIO・Weltmeister、さらには中国NEV市場に進出しようとしているテスラにも出資しています。

まさに、中国の次世代自動車産業は、〝BAT〟三者による三つどもえの戦いの様相も呈してきているのです。そして、この競争こそ、グローバルな次世代自動車産業で覇権を狙おうとする中国の優位性の源泉と言ってもよいでしょう。

◆中国3大自動車メーカーが合併!?
――さらに規模の経済を拡大し、ASEAN、欧米、日本市場を狙う中国

中国では、EVメーカーが乱立しているのとは裏腹に、自動車メーカー〝ビッグ5〟のうち第一汽車・東風汽車・長安汽車の最大手3社が合併し、中国政府をオーナーとする世

界最大級の自動車メーカーが誕生するという可能性もささやかれています。もし実現すれば、国内事業者同士の競争による資源の浪費を避けることができ、中国自動車産業の国際化を加速できるというわけです。

実は、このような国家競争戦略には先例があります。2015年、中国の二大鉄道車両メーカーであった中国南車と中国北車の合併によって、「中国中車（CRRC）」が設立されました。これは、欧米鉄道ビッグ3を上回る超巨大鉄道車両メーカーの誕生を意味しました。合併の効果によって、中国中車の価格競争力が高まるとともに、〝オールチャイナ〟を前面に出した営業攻勢もされ、鉄道車両製造分野での中国の国際的なプレゼンスが格段に向上したのです。実際に、合併による中国中車の誕生後は、〝オールチャイナ〟として東南アジアや南米などで日米欧大手との受注競争に挑んでいます。

中国は、「規模の経済による競争力強化で世界進出」というのは、鉄道車両業界で経験済みなのです。EV化・自動運転化・スマート化などへの対応によって、次世代自動車産業の開発コストはこれまでとは桁違いなものになってきています。特に、車載OSから、ハードとしてのクルマ、ソフトとしてのサービスまで一気通貫で覇権を握ろうとするなら、中国国内で消耗戦をしている場合でないのは明白でしょう。

すでに戦略提携に至っている第一汽車・東風汽車・長安汽車の合併構想には、中国中車（CRRC）の設立に際して中国が採用した戦略が垣間見えます。「アポロ」パートナーでもあるこれら三社の世界の自動車生産台数は、年間1000万台を超えると言われ、現時点で世界第三位のシェアを持つことにもなります。これら三社は、「ナショナルチーム」として、EV・AI・自動運転といった最先端分野の研究・開発力を高めると同時に、海外展開を加速し、「中国ブランド」の国際化を推進するとしています。

自動車産業の戦いは、フォルクスワーゲン、トヨタ、GM、ルノー・日産・三菱連合が販売台数で「1000万台クラブ」のメンバーとなる一方、それら以外の自動車メーカーは離されてきている状況です。

中国政府が「中国ブランド」の自動車先進国への輸出を目標に掲げるなかで、それぞれ合弁を組んだり提携をしたりしている外国資本の自動車メーカー等との利害調整さえできれば、「最大手三社の合併」は現実的なシナリオとして想定しておくのが妥当ではないでしょうか。速度の経済とともに規模の経済もさらに向上させて、メガコンペティションに備えておこうという中国の大戦略です。

鉄道車両製造業界では、中国中車の誕生に伴う再編も起こっています。2017年9

月、もともと競合関係にあったドイツのシーメンスとフランスのアルストムの鉄道部門が経営統合される合意がなされました。これは、中国中車の国際攻勢に対抗するための策にほかなりません。次世代自動車産業においても、中国の巨大自動車メーカーの誕生が起爆剤になって、提携関係の再構築や業界再編が起こる可能性があると考えることは合理的だと思われます。

筆者は、本章の冒頭で、「『中国車は品質に劣る』、日本や欧米の消費者にそのような見方があるのは確実なことである」と述べました。しかし、自動車産業が次世代へ向かい、そして中国が自動車「強国」になろうとするなか、「中国ブランド」に対する市場評価はおのずと変わっていくのではないでしょうか。インドネシア・タイ・マレーシアなどＡＳＥＡＮ市場での中国車の躍進がすでに顕在化する一方で、日米欧という自動車先進国市場への「中国ブランド」の浸透も現実味を帯びてくるでしょう。

自動車産業、ＩＴ・電機・電子産業などに従事する多くの人たちと話をしてきたなかで、実は中国をどのように見ているかで、その人の問題意識や危機感の水準、そしてその人が所属する企業の変化のスピードを判断できることに気がつきました。本書で様々な市場データも掲載したように、今や中国市場は次世代自動車産業、ＡＩ、ＩｏＴ、ロボットなど、すべての主要産業における競争の主戦場なのです。

歴史を大局的に見ると、これからさらに成長していく国家は自由貿易主義を唱え、成長に不安を抱える国家は保護主義を唱えてきたことがわかります。また10年単位でグローバル市場での国家間の戦いを振り返ってみると、国力以上の為替レートの評価の下で戦わざるを得なかった日本と、したたかに人民元安を継続してきた中国という構図も見逃せません。そして主要産業における競争の主戦場である中国においては、実際には熾烈な戦いが繰り広げられており、その勝者がグローバル展開した場合の脅威を過小評価すべきでないことは明らかです。

本章の冒頭でも述べた通り、日本においては、中国を侮ったり、目を背けたりするのではなく、また過大評価するのでもなく、その動向を注視し、学ぶべきところは学ぶという姿勢を持つことが、競争力を強化していく大きなポイントになるはずです。中国が国際的には禁じ手のような手法も駆使して〝オールチャイナ〟で戦おうとしているなかで、第10章や最終章で述べるように、日本においても早急に国家・自動車メーカー・部品メーカー・IT企業などを含めた〝オールジャパン〟での大戦略の策定と実行が求められていると言えるのです。

第7章

「ライドシェア」が描く近未来の都市デザイン

――ウーバー、リフト、滴滴出行

◆ライドシェア＝白タクという「作られた」誤解

日本上陸が遅々として進んでいない本格的なライドシェアサービス。そのため「ライドシェア」を誤解する向きが少なくありません。

その一つが、ライドシェア＝白タク（営業許可を受けず、一般人が自家用車を使ってタクシー業務を行うこと）という誤解です。これはライドシェアの日本上陸を阻むために意図して「作られた」誤解ではないかと考えられます。

タクシー業界は「白タク」であるライドシェアに反発、国土交通省もライドシェア解禁を「慎重に検討する」という構えを崩していません。しかしライドシェアが白タクというのは、ライドシェアの本質を根本から見誤ることになるので注意が必要なところです。

結論から述べると、ライドシェア企業はテクノロジー企業であり、「ビッグデータ×AI」企業だとみなすべきです。さらには、都市デザインを変革するという高い使命感を掲げており、最終的に次世代自動車産業をリードする可能性が高いとさえ、目されているのです。事実、日本とは対照的に、米国や中国でのライドシェアの浸透ぶりは目覚ましいものがあります。すでに米国では「タクシーよりもウーバー」が常識。そのウーバーは2009年創業ですが、その企業価値はすでに7兆円とも言われ、ユニコーン企業の代表格と呼ばれるまでに成長しました。

米国内ホテルでの表記。タクシーとともにウーバーとリフトの乗り場案内がある（筆者撮影）

ライドシェアの社会実装は進み、いまや単なる輸送サービスの枠を超えたと言ってもいいでしょう。筆者はそれを、CES2018で確信しました。米国ではウーバーよりも社会的評価の高いライドシェア大手のリフトの経営陣も参加した「障害者の自立支援のための自動運転」というパネルディスカッションで、視覚障害を持ったある経営者がこんなふうに語っていたのです。「ライドシェアは、視覚障害者の自立に大きく貢献した。視覚障害者でもアプリを通じて気軽に利用できるライドシェアは、障害者にとっても安心できる交通手段だ」。また、ライドシェアでは聴覚障害者もドライバーとして活躍しているとのこと。ライドシェアの社会実装が進む米国では、同サービスは輸送サービスとしての機能的価値のみならず、情緒的価値、精神的価値をも提供する存在になりつつあります。

こうした流れを受けて、トヨタやＧＭといった自動車メーカーがライドシェア企業に出資する動きが顕著です。また自らライドシェア事業に進出する企業も続々と登場していま す。２０１８年2月には、自動車部品最大手のボッシュがライドシェア事業に参入することを発表しています。それはライドシェアが次世代自動車産業における中核的事業になると予想されているからなのです。

◆シェアリングが世界にもたらしたインパクト

そもそもライドシェアとは何か。一般的な理解としては次のようなもので足りるでしょう。モビリティをサービスとして提供するＭａａＳの一つで、自家用車を「相乗り」、つまりシェアリングする仕組みのこと。一般人が自分の空き時間を活用し、移動したい人を自家用車で運びます。また、アプリを使った決済やＳＮＳによるドライバー評価のシステムなどが、ビジネス上の特性です。なお、次世代自動車産業が自動運転車の実用段階に入った場合、自動運転車はライドシェア会社が自社で保有する（あるいは自動車メーカーから一括してリースで借り受ける）と見られています。

一方でライドシェアをしっかりと理解するには、まず「シェアリング」という概念をしっかりと理解する必要があります。シェアリングとは、モノやサービスを共有する仕組みであり、Ｐ２Ｐ（個人間）で行われることが多いのが特徴です。

取引の際には、インターネット上のプラットフォームを活用します。その取引を成立させるには、ＳＮＳ上の評価システムが欠かせません。そのＳＮＳ上に利用者からのレビューなどによる「信用」が蓄積、これをもとに取引が成立します。アマゾンで本を買うときにレビューを参考にするのと同様、ＳＮＳ上のレーティングやレビューのシステムを通じて新しい信用構造が生まれている。これは極めて重要なポイントです。

タクシーとの違いは、地域によってはタクシー免許を持たないドライバーによるサービス提供も行われていること。そしてスマホアプリで車を呼び出すオンデマンド型サービスであるということです。

シェアリングは、モノ・サービスの稼働率を上げることで社会全体の生産性を向上させるという側面を持っています。従来の「モノを所有する」世界では、クルマの利用者はほぼ所有者に限定されるため、稼働率も限定的でした。しかし「モノをシェアする」世界では、利用者は不特定多数に上り、稼働率が向上します。自動車も、日本では稼働率2～3%、グローバルでは稼働率5%とも言われています。この遊休資産をシェアリングによって稼働させられる、そうすれば社会全体の生産性も底上げできる、というわけです。

もっとも、「所有からシェアへ」という転換が進むことで、モノの全体ボリュームが減少するという側面も指摘されています。つまり、シェアリングサービスの利用者が増えれば、車の数そのものが減る可能性があるということ。稼働率の向上による影響と、全体ボリュームの減少による影響、どちらが上回るのかは議論が別れるところですが（カーシェアリングサービス「Car2go」を展開するダイムラーは、シェアリングカーが試乗体験として機能しているため、むしろ自動車販売台数も伸びたと語っています）、いま明らかなのは、それぞれの業態やプレイヤーの戦略によって完全に明暗が分かれるということです。

また、P2P（個人間）の取引が主体であることから、既存の参入障壁を打ち破るというディスラプティブ（破壊的）な側面があります。各地でタクシー業界がウーバーに抗議行動を起こしているのは、その端的な表れの一つです。法規制や既存プレイヤーとの摩擦、賛否両論の対象になりやすいのがシェアリングサービスだと言えます。

◆クレジット・テックとしてのライドシェア

　クレジット・テック（与信情報の新たなテクノロジー）としてのライドシェア、という側面も興味深いところです。クレジット・テックとは、従来の信用構造を補完したり、新たな信用創造を生み出したりする仕組みのことを指します。

　先ほど述べた通り、シェアリングサービスの基本は、Ｐ２Ｐ、個人間取引です。これを成立させるには、これまでにない信用構造や信用情報が必要でした。想像してみてください。知らない人のクルマに乗る、知らない家に泊まる、あるいは知らない人に家を貸す、知らない人にクルマを貸す。いずれのサービスも、相手が「信用のおける相手である」との担保がなければ、安心して利用できないはずです。

　従来、バンク・ノンバンクが提供する信用構造においては、年収や所有資産、就業年数、居住年数といったものが信用情報として機能しました。しかし、これをシェアリングサービスに導入するにはコストが大きすぎます。

　これに対して、クレジット・テックでは相手のプロフィールや取引履歴、取引状況、評判などが信用情報として機能します。中国ではアリババが大量の購買データと決済データに基づいて個人の社会的信用度を定量化、可視化する「芝麻信用」というサービスを生み出しましたが、同様のプラットフォームがライドシェアにも欠かせません。つまり、ライドシェアの取引は、クレジット・テックによる新しい信用情報をもとに成立している。これには、ライドシェアでの信用情報がクレジット・テックを形成しているという逆の側面もあります。ライドシェアとクレジット・テックは、お互いを強化しあう関係にあるのです。

◆白タクやタクシーとの違いはここにある

続けて、ライドシェアの仕組みを具体的に見ていきましょう。

まずプラットフォームを運営する企業があります。本章に登場するウーバー、リフト、滴滴出行（Didi Chuxing）の3プレイヤーは、これにあたります。彼らは車両を保有せず、運転手も雇用していません。そのかわりプラットフォームは、モノやサービスの提供者（運転手、タクシー会社等）と、その購入者（乗客）を仲介します。これがおおまかな構造です。

これを利用するにあたっては、SNSとスマホが大きな役割を果たします。ウーバーで

図表28　ライドシェアの仕組み

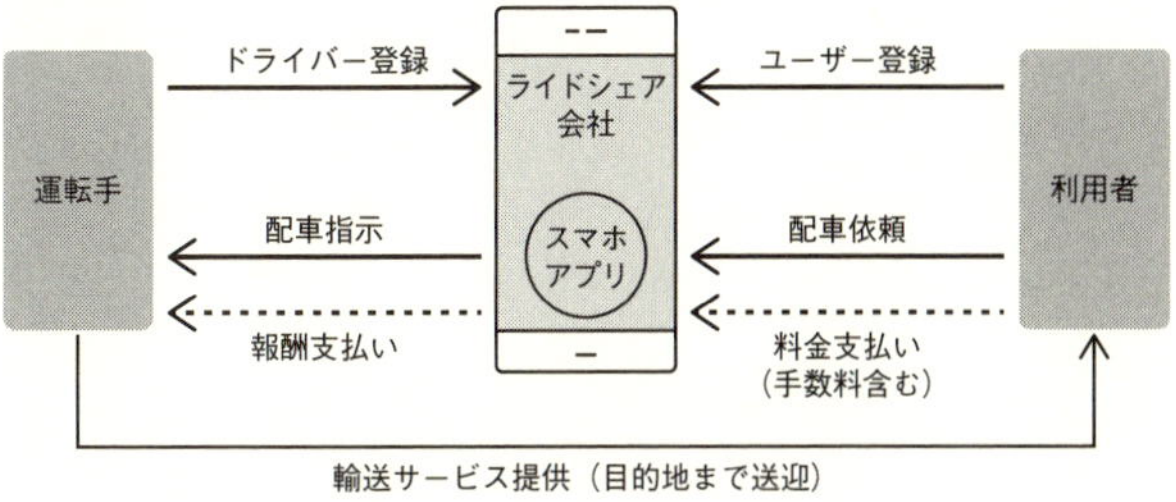

は、乗客はスマホにアプリをインストールして、名前やクレジットカード、電話番号などを事前に登録しておく必要があります。配車を依頼したいときはアプリを立ち上げ、近くにいる車を検索し、連絡を入れます。このとき、アプリにはドライバーの名前や車種、過去の評価などが表示されています。乗り終わったら登録済のクレジットカードで決済します。

ドライバー側は、配車の依頼をアプリ上で「承認（アクセプト）」することで受注します。アクセプト前にわかるのは乗客までの距離、現地到着までの推定時間など。アクセプトすると、乗客の名前や行き先が判明します。

なお料金は、サンフランシスコではウーバーの利用料金はタクシーの７割ほどとされていますが、需要が高くなっているエリアほど基準値より高くなる仕組みになっています。

降車後、乗客はアプリを通じて運転手の運転技術や接客、経歴などを詳細に評価します。これが口コミになるため、評価が低い運転手は、ほかの乗客から敬遠されることになります。また運転手側も、過去に載せた乗客を評価できます。

さらなる理解のため、ライドシェアと白タクとを比較してみることにしましょう。白タクは、営業許可を受けていない個人が自家用車を使うタクシー行為です。そのためドライバーには身元の保証がありません。しかしライドシェアの場合、ドライバーは運営会社に登録しています。またライドシェアではユーザーが評価した運転手情報や運転技術をSNS上で閲覧できます。これが身元の保証代わりになっています。

続けて、タクシーとライドシェアも比較してみましょう。ライドシェアの運営会社は乗客とドライバーを仲介するのみで、運行には責任を負いません。そもそもドライバーは運営会社の社員ではないため、事故対応も個人で行います。労働管理や、運転前アルコールチェックもありません。また多くの国では、タクシーには二種免許と登録制度が必要なのに対し、ライドシェアは一種免許のみでOK。つまり、タクシーの免許の有無にかかわらず、一般人が自家用車やレンタカーを用いてドライバーとして参入してくるのがライドシェアというわけです。

ユーザーにとってライドシェアがありがたいのは、スマホで配車から評価までを完結できる手軽さです。アプリを開いて行きたい場所を指定すれば、料金の目安や所要時間、ルートがわかり、あとは配車を依頼するだけ。カードを登録しているため財布を取り出す必要もありません。

さらには、シチュエーションにあわせて乗るクルマを選べる楽しみもあります。ウーバーもリフトも、安価な小型車から荷物を詰める大型のＳＵＶ、またスポーツカーと、複数の車種を提供しています。特定のクルマではなく、多様なニーズにあわせて多様なクルマをシェアできる仕組みとしても、ライドシェアは認知されつつあるのです。

◆２０２０年までに３兆円市場に成長する見通し

ライドシェアの爆発的な広がりを示すデータを紹介します。

楽天の三木谷浩史社長が代表理事を務める新経済連盟のレポートによると、２０１５年時点での世界のライドシェアの市場規模は約1兆６５００億円でした。同レポートではこの数字が２０２０年までに倍増すると推計しています。

ボストン コンサルティング グループは、2030年までに米国を走行する車の全走行距離の4分の1が自動運転に置き換わる、またライドシェアや自動運転、EVの普及によって移動コストが6割削減すると予想しています。

ライドシェア普及のための法整備も進んでいます。特に米国、中国の対応は早いものでした。米国は州単位で法規制を行い、ライドシェアをタクシーとは異なるサービスとして位置付け、運営者には保険加入やドライバー向け研修など、ドライバーには最低1年以上の運転経験を求めるなど、一定の責任を課した上で正式に認める動きがあります。中国では、2016年に「インターネット予約タクシーの経営サービス管理暫定法」を施行して法環境を整備し、米国と同様、運営者とドライバーに一定の責任を課しました。

一方、日本はというと、すっかり世界から取り残されている状況。自家用車を用いたライドシェアリングは道路交通法により「白タク行為」として禁止されています。またタクシー事業者の反発もあり、基本的には容認しない姿勢を示しています。ウーバーは日本でのサービス提供を開始しているものの、行き詰まっており、「当面はタクシーの配車サービスに専念する」としてきました。もっとも筆者としては、ソフトバンクが筆頭株主になったことからも、今後は日本の「サービスカー」事業はウーバーによって大きく変革されると予想しています。

現状、ライドシェアのトッププレイヤーは、これまで再三触れてきた米ウーバー、次いで米リフトです。何かと比較されることの多い両社ですが、その売上規模ではウーバーが大きくリフトに差をつけています。リフトの２０１７年の売上が１０００億円強であったのに対し、ウーバーの売上は２０１６年時点ですでに約７０００億円に達していました。

しかし昨今のウーバーは度重なるトラブルに見舞われています。２０１７年６月には、セクハラ問題など数々の不祥事の責任を取る形で創業者のトラビス・カラニックＣＥＯが辞任しました。自動運転でも死亡事故を起こしており、ＣＥＯが交替してもその経営は不安視されています。

またウーバーのドライバー管理には問題がある、利用者の声への対応はリフトが上との見方もあり、利用者の増加速度ではリフトのほうが上。第3章でも、グーグルの自動運転子会社のウェイモが、提携相手をウーバーからリフトに乗り換えたニュースに触れましたが、リフトの躍進が目覚ましい状況です。

そしてもう一社、忘れてはならない超重要プレイヤーが、中国の滴滴出行です。現在、中国国内市場のシェア9割を獲得。世界のユニコーン企業10社のうち時価総額1位はウーバーですが、滴滴出行も10位圏内につけています。滴滴出行に限らず、昨今の中国企業が米メガテック企業のミッションを貪欲に「パクリ」ながら、米メガテック企業以上のスピード感でそのミッションを実現しつつあるのは、驚くべきこと。次世代自動車産業のグローバルなリーディングカンパニーは滴滴出行、そんな未来像も十分に考えられるのです。

◆ウーバー、ユニコーン企業ランキング首位に

さて、本章の主役であるウーバーです。2018年1月、ソフトバンクグループが8000億円を投じて筆頭株主になったことで、改めて「ウーバーとは何者か」と日本でも注目が集まりました。

創業者は前CEOのトラビス・カラニックと、ギャレット・キャンプ。雪の降るパリで「いくら手を上げてもタクシーがつかまらなかった」ことがウーバー創業のきっかけだと言われています。また、カラニックが映画『007 カジノ・ロワイヤル』の1シーンで、主人公ジェームス・ボンドの携帯電話に地図が表示されていたのを見て、「携帯電話で車両がどこにいるか追跡できたらいい」と考えたことも後押しに。ちょうどその頃、

iPhoneとアプリストアが登場していました。「アプリで車を呼ぶ」というビジネスが生まれる土壌は、十分に整っていたのです。

2010年6月、サンフランシスコでサービスを開始したウーバーは、瞬く間に成長していきました。2016年時点での数字を挙げると、80以上の国・330以上の地域でライドシェアサービスを展開。毎日100万回以上の乗車が行われ、年間の取扱高は2兆円を突破、その企業価値は7兆円を超えると言われています。

そのほか、ウーバーに関する数字をいくつかご紹介しましょう。少し古いデータですが、2014年の第1四半期にはタクシー52%、レンタカー39%に対し、9%しかなかったウーバーのシェアは、2015年の第一四半期にはタクシー35%、レンタカー36%に対し、ウーバーは29%と肉薄しています。ニューヨークのシンボルとも言えるイエローキャブもウーバーの登場以来シェアを落としており、今は「イエローキャブよりウーバー」の時代に。

乗客の内訳は、ウーバーは女性が52%、男性が48%。リフトは女性が58%で男性が42%。ドライバーのほうも、タクシーに比べて女性がかなり多いことがわかっています。ニューヨーク市のタクシードライバーは女性が1%しかいないのに対して、ライドシェアのドライバーは14％が女性です。ここから推測できるのは、一般の女性が副業的に、安全にお金を稼ぐことができるサービスとしてライドシェアが活用されているということ。ただ、働き方に柔軟性がある一方で、ウーバーの平均的なドライバーの収入の少なさは批判もあるところです。２０１４年時点ではアメリカ国内で15万人以上のアクティブなドライバーを有していました。

◆「野蛮」な創業者と「優れた」ビジネスモデルのウーバー

本書のリサーチに当たっては、改めて次世代自動車産業における20名以上の経営者とそれぞれの企業を徹底的に分析しました。実は、そのなかでもウーバーの創業者であり前CEOのトラビス・カラニックは、私がリサーチの途中から強い興味をもって、最も多くの英文での文献を調べたり英語での動画を観まくったりした人物の1人になりました。それは、企業としてのウーバーを褒め称える声が多い一方で、人間としてのトラビス・カラニックには批判の方が多いことに興味を持ったからです。

ウーバーはまさにライドシェアのみならずシェアリングエコノミーの代名詞となってい

ます。その優れたビジネスモデルは、米国でも一般誌から専門的な経営誌に至るまで高く評価されています。いまやビジネススクールでも優れたケーススタディーの典型例です。

その一方で、話題の対象が創業経営者になると、とたんにトーンが180度変わってくるのです。

トラビス・カラニックが率いてのウーバーは、その「野蛮」な事業展開で知られてきました。安全管理責任や旅客運送法を回避する手法が批判され、世界中で提訴や行政処分を受けてきました。法令遵守もお構いなしの拡大戦略をとることで、企業価値7兆円というケタ違いの成功を収めることができたとも言えそうですが、批判の声は絶えませんでした。

ここ日本でも、2015年には、福岡県で行う実証実験を中止するよう国土交通省からウーバーに指導が入りました。また2016年には、富山県で予定されていたサービスの開始が地元タクシー会社の反発を受けとりやめになっています。

その元凶は創業者であるカラニックのキャラクターにあると言われています。リサーチの過程では、「野蛮」、「アウトロー」、「武闘派」、「嫌われ者」などの表現を数多く目にしました。私は本章の冒頭でライドシェア会社の本質は「白タク」ではなく「テクノロジー企業」であると述べましたが、実際にはウーバーは事業展開に当っては「白タク」的な無謀なやり方でシェアを広げてきたのです。

数々のインターネット企業が失敗してきた中国進出を企んだときも、怖いものしらず。当時シェアを広げていた滴滴出行に対し、その筆頭株主という地位と引き換えに中国から撤退しています。自動運転技術を盗用するためにグーグルの元社員を引き抜いた疑いで、ウェイモから訴えられたことも（のちに和解）。

本業以外の面でも、トラブル続きでした。従業員のセクハラ問題、ドラッグの使用で解雇が続きました。カラニック自身が、ウーバーの運転手と運賃値下げを巡って口論する様子がネットに流出したこともあります。「ウーバーを削除しよう」というハッシュタグがツイッター上を飛び交ったときは、40万人がウーバーのアプリを削除しました。こうした不祥事の責任を取る形で、２０１７年6月、カラニックはついに辞任することになります。

米国の大手テクノロジー企業の創業者が、社会的な問題を解決するという使命感で起業するのに対して、カラニックからは野望や私利私欲と呼んだ方がいいような欲望を感じました。もしカラニックが現代における「異業種戦争」ではなく、本当の「戦国時代」に生まれていたら、天下を獲っていたかもしれません。

ウーバーのダラ・コスロシャヒCEO（写真：AFP＝時事）

現在、ウーバーを率いているのは、旅行サイト世界最大手のエクスペディアの元ＣＥＯ、ダラ・コスロシャヒです。１９６９年、イラン・テヘラン生まれ。１９７０年代末のイラン革命後、家族と共に米国に移住し、２００５年からエクスペディアのＣＥＯを務めました。イスラム教徒が多数を占める６ヶ国の市民の米国渡航を規制するドナルド・トランプ米大統領の政策に反対を表明したことでも知られています。インターネット業界のカリスマというほどではないですが、エクスペディアを急成長させた立役者。２００５年には21億ドルだった売上を２０１６年には87億ドルに伸ばしています。

彼のキャラクターは、カラニックとは対照的に穏やか。それが本業にも反映されてか、ＣＥＯ交代以降のウーバーは協調路線に切り替えたかのようにも見えます。各国の法律や規制に合わせる形でタクシー業界と手を組もうとしているのです。日本に対しても同様です。２０１８年2月にはダラ・コスロシャヒが来日、安倍首相とも会談するなど、改めて日本上陸の意思を示しました。

経営者も交代し、ソフトバンクが筆頭株主になってからのウーバーは、明白に規模拡大から、経営効率や生産性をより重視するようにも変化してきました。中国、ロシアに続き、東南アジア事業も売却するなど、これまで苦戦を強いられてきた新興国市場からは撤退も始めています。

◆ウーバーの正体は「ビッグデータ×ＡＩ企業」

ウーバーのサービスを、よく知られるタクシーのそれと比較するならば、次のような違いがあります。タクシーがインダイレクト（路肩で手を上げてタクシーを止める）であるのに対して、ウーバーはダイレクトにアプリでドライバーを呼び出します。またタクシーはピックアップ（車に乗せる）のみですが、ウーバーは加えて、ドライバーのレーティングやモバイル決済などのサービスを提供しています。車種の選択も可能です。エコカー、タクシー、ハイヤー、ミニバンなどからサービスを選べるのです。

ライドシェア以外のサービスもあります。2015年にオンデマンド配達サービスの「ウーバーラッシュ」、2017年には運送トラックの配車サービス「ウーバーフレイト」と、自社サービスを続々とリリースしています。

自動車だけではありません。2017年11月には小型飛行機を使った「空飛ぶクルマ」の開発でNASAと提携することを発表、2020年までに試験飛行を行うとしました。日本ではまだ米国や中国ほど自由には展開できていないものの、タクシー・ハイヤー会社と提携する形で配車サービスを始めています。

それ以外にも日本で展開中のサービスがあります。それが「ウーバーイーツ」です。登録している1000店舗のレストランの料理を一般人である「配達パートナー」が運ぶ仕組みで、これにより普段配達をしていないレストランも利用できることがユーザーの利点です。

ここで特に指摘しておくべきは、ウーバーはテクノロジー企業、「ビッグデータ×AI」企業であるという事実です。社内の環境からして、テクノロジー企業そのものです。機械学習プラットフォーム「ミケランジェロ」を構築し、誰もがＡＩを活用できるよう、社内の開発環境を標準化しています。

その成果は、例えばウーバーのプライシングに表れています。ウーバーの値付けは「ダイナミックプライシング」。アマゾンや、ウーバーと同じシェアリング大手のエアビーアンドビーがそうであるように、独自のアルゴリズムで需給を分析しつつ、リアルタイムで値段を変えています。これもテクノロジー企業だからできていることだと言えるでしょう。具体的には、繁忙期に、乗客が多い地域から出発する場合に料金を引き上げる「サージプライス制度」を導入しています。ドライバーはアプリを通じてライドシェア需要の大きい時間とエリアを予測、価格が高騰しているエリアを効率的に回れば、収入を増やすことができるというわけです。

人工知能テクノロジーも十二分に活用しています。一例が「ウーバープール」です。これは同じ方面に向かう他のユーザーと相乗りすることで、低料金で乗車できるサービス。この仕組みの背景に人工知能があります。このサービスを運営するには、正確な経路や到着時間を予測することで、どのユーザーを相乗りさせるか、スムーズに算出しなければなりません。ウーバーはここに、人工知能を用いた独自の経路検索エンジンを活用しているのです。

２０１７年1月には、これまでの数十億回に及ぶ配車サービスを通じて集めた世界の交通データを都市に提供する「ウーバームーブメント」を開始しました。現在は、一部の都市計画当局や研究者のみの使用になりますが、いずれは無料公開されるとのことです。

そして、やはり注目すべきは自動運転です。ウーバーは２０１５年初頭から自動運転技術の開発に着手しており、２０１６年の段階で一般道での自動運転テストを実行、これまでで３２０万キロ以上の試験走行を行っていると報じられています。筆者が取材したＣＥＳ２０１８では自動運転車に搭載するＡＩにエヌビディアの技術を採用したことを発表、自動運転技術の開発スピードを加速させていることがうかがい知れました。トヨタ自動車も、ウーバーと自動運転を含む新たなモビリティサービスで提携をしています。

そう、ウーバーは自動運転のキープレイヤーでもあるのです。先にも触れましたが、自動運転の社会実装を進めるには、高コストを高い稼働率で吸収できるライドシェアから入るのが定石だと考えられています。完全自動運転車が完成しても、高価格がネックとなり、一般利用者は「すぐ買おう」と思うほどのインセンティブがないかもしれません。しかしライドシェア事業者はすぐにでも完全自動運転車を導入したいはずです。というのも、「自動運転×ライドシェア」が実現すれば、運転手にかかる人件費は不要になります。また利用者が増える時間帯でのドライバー不足、車両不足も解決してくれるはず。ここに、ウーバーが完全自動運転の開発を急ぐ必然が、またグーグルがライドシェアサービスとの提携を画策する理由があります。

ウーバーは「２０１８年中に自動運転配車サービスを開始する」と語っていましたが、先にも述べた通り、同年3月に同社の自動運転車が歩行者をはね、死亡させるという致命的な事故を起こしてしまいました。これがもとで開発に遅れが生じると見られています。ウーバーが創業者の時代にライドシェア事業を拡大してきた「武闘派」的手法は自動運転には絶対に馴染みません。グーグルなどが真剣に安全性にも留意して進めてきた自動運転化の流れを遅らせる動きが、このようなところから不用意に表れるのは残念なことでもあると思います。

筆者としては、抜本的に開発計画を見直し、これを契機に本当に安全性を徹底する体制を構築してほしいと願っています。同社の安全性や社会責任への配慮などを含めて、事故以降の事業展開を注視したいところです。

◆都市デザイン変革の使命感に燃えるリフト

前項で触れたように、ウーバーには「武闘派」「アウトロー」といったイメージがつきまとい、経営者交代後も完全には払拭できていません。これとは対照的なポジションにつけているのが、ウーバーに次ぐライドシェア２番手の、リフトです。創業は２０１２年、サンフランシスコ。現在は米国の約３００の都市で展開しています。また、前述の通り市場シェアではウーバーに大差をつけられていますが、ユーザーの増加率ではリフトが上回ります。

ウーバーとの違いは、早い段階から規制当局や自動車産業と協調路線をとっていること。海外展開をする際には、地域ごとに最大手と提携。中国では滴滴出行、インドではオラ、東南アジアではグラブと提携することで、ウーバーに対抗。また楽天やアリババなどから２０００億円以上を調達、２０１６年にはＧＭから約５５０億円の出資を受け、ＧＭが格安でリフトの運転手にクルマを貸し出すサービスを始めています。サービスの使い勝手の面でも、アプリの使いやすさなどでリフトのほうが上だという評判もあります。

図表29　リフトの共同創業者ジョン・ジマーによる
「ビジョンとしての第３次トランスポーテーション革命」

■自動運転車が広まり、5年以内にリフトのサービスの大半を占めるようになる。

■2025年までに、米国の主要都市で、クルマ所有が終わりを告げる。

■その結果、都市の物理的な環境は、かつて経験したことがないほど、大きく変わる。

■近未来のトランスポーテーションは単に人がどのように移動するかに影響を与えるだけではない。それは、街がどのようになり、そこに住む人たちがどのように暮らしているのかにまでインパクトを与えるものになる。

出典：ジョン・ジマーのブログより筆者翻訳

ウーバーとの最大の違いは経営者たちの使命感にあります。彼らの言葉からは、リフトは都市デザインを変革する企業である、社会問題を解決する企業であるとの信念が伝わってきます。例えば、第三次交通革命により、クルマ中心から人間中心の都市デザインへ。それは、交通量が少なく、汚染がなく、駐車スペースが不要で、そのかわりに緑地や公園、住宅や企業に生まれ変わる世界。そこではライドシェアは飛行機や鉄道、バスなどの公共交通と融合する。そのときのネットワークを担うのがリフトである、というのです。

また、共同創業者であるジョン・ジマーは自身のブログで「リフトのビジョンとしての第3次トランスポーテーション革命」を提示しています（図表29）。

・自動運転車が広まり、5年以内にリフトのサービスの大半を占めるようになる。

・2025年までに、米国の主要都市で、クルマ所有が終わりを告げる。
・その結果、都市の物理的な環境は、かつて経験したことがないほど、大きく変わる。
・近未来のトランスポーテーションは単に人がどのように移動するかに影響を与えるだけではない。それは、街がどのようになり、そこに住む人たちがどのように暮らしているのかにまでインパクトを与えるものになる。

さらに彼は、自動運転車への移行を見据えたライドシェア会社の成長を通じて、都市デザインを車道のほうが広い「クルマ中心」のものから、歩道のほうが広い「人中心」のものへと変革させようと考えているのです。

そして同社のミッションステートメントも、これらの使命感を忠実に練り込んだものになっています。「私たちのミッションは、トランスポーテーションによって人々をもう一度結びつけ、地域を一つにつなげていくことです」。社内外の人たちを鼓舞し、新たな価値提供をリフトに期待したくなるものだと思います。

企業文化や創業者のキャラクターも、リフトとウーバーは好対照です。

共同創業者のローガン・グリーンCEOは、リフトでは利用者と運転手の双方を大切だと考え、運転手の待遇についても最大限の配慮を行っていると再三強調しています。新人には先輩ドライバーがノウハウを教えるといい、ウーバーとリフトの両方に登録しているドライバーを調査したところ、8割が「リフトのほうがいい」と答えたそうです。

ライドシェア事業としては、同じ方向に向かう乗客同士が相乗りする「リフトライン」、決まったルートを回る「リフトシャトル」などのオプションも広げつつあります。

一方で、2017年は異業種コラボが目立った年でした。例えば、ディズニーとの提携により、ディズニーワールドの宿泊客を乗せ、リゾート内を送迎するサービスを立ち上げました。提携先を拡大するとともに、既存顧客の利便性を様々なところから高めていくためのリフトの姿勢が表れたものと言えるでしょう。

2017年はまた、ウーバーと明暗を分けるように、リフトにとって躍進の年になりました。2018年にリフトが発表したところによると、乗車回数は前年の2倍に、利用者数は2300万人以上に達しました。使命感の高さなどから、ウーバーよりもポジティブな印象を与えられたことが奏功しているのでしょう。ライバルとの差は縮まりつつあります。

リフトは最近、自動運転技術に関する提携を複数締結したことでも注目されました。提携相手は、フォード、ジャガー・ランドローバー、ウェイモなど。もともと2016年に

GMから出資を受けたのを機に自動運転の開発に着手したリフト。こうした提携は、それをさらに推し進めるものになるでしょう。

なかでも、グーグルの自動運転車子会社ウェイモとの提携は、「ウェイモが提携相手をウーバーからリフトへ乗り換えた」という側面もあり、話題となりました。これも、優れたサービスを提供することで都市交通の改善を目指す、という共通するビジョンに後押しされてのこと。自動運転がライドシェアを起点に社会実装が始まり、市場が創造されていくだろうということは、再三触れてきた通りです。

◆中国市場からウーバーを追い出してみせた滴滴出行

ライドシェアの注目プレイヤー、最後は中国のユニコーン企業、滴滴出行です。

2012年の創業からたった5年あまりのあいだに、中国400都市に利用者は4億人以上という、中国国内では圧倒的なシェアを誇るまでに成長した滴滴出行。いまでは、中国の3大IT事業であるバイドゥ、アリババ、テンセントからも出資を受け、現在の企業価値は500億ドルを突破したとも言われていますから、目もくらむような大成功です。

2017年には、独自の決済サービスの提供に乗り出すため、決済サービス事業者の19Payを買収しました。また同じ2017年の11月には、日本国内最大手のタクシー会社・第一交通産業が、訪日中国人による日本国内でのタクシー利用を促進することを目的に、滴滴出行とのタクシー配車サービスの連携に向けた協議を開始したことを発表しています。

滴滴出行の創業者の程維CEOは、アリババでアリペイ関連の事業に従事していた人物です。「タクシーがつかまらない」という自身の経験からスマホでタクシーを呼べるアプリを開発しました。

そして、北京大学及びハーバード大学卒でゴールドマンサックス（GS）出身という経歴を持つ女性経営者、柳青COOの存在も同社躍進の秘訣です。彼女はレノボ創業会長である柳伝志氏の娘でもあります。柳会長は高度な教育を娘に提供する一方でレノボへの入社はさせず、また彼女も独力でGSに入社し、史上最年少でアジア太平洋地域の執行役員にまで昇格を果たしました。GSで滴滴出行担当だったことがきっかけで程維CEOから直接のヘッドハントを受けて入社したのです。

同社はやがて、ライドシェア事業にも参入するのですが、そこで中国に参入してきたウーバーチャイナと激突しました。結論から言えば、その戦いでウーバーに勝利したことが、滴滴出行の国際的な知名度を上げることになりました。

カラニックとは対照的に、謙虚で穏やかそうに見えるキャラのCEOですが、GSで培った優れた交渉力を持つ柳青COOとともに仕掛けたその戦い方は大胆不敵。ウーバーにリードされると見るや、ドライバーの利益が出ないほど料金設定を下げつつ、奨励金を投じてドライバーを集めました。これにウーバーも追随する形となり、双方の奨励金合戦が始まりました。それでも飽き足らず、乗客相手の値下げも行うようになると、両社の収益はさらに悪化。この消耗戦に音を上げ、敗北を認めたのは、ウーバーのほうでした。最終的に、ウーバーは滴滴出行の株式の17%と10億ドルの投資を受け取るかわりに、ウーバーの中国事業を滴滴出行に譲り、撤退したのです。あの傍若無人なウーバーに負けを認めさせ、中国から追い出すという偉業を成し遂げた滴滴出行。以降、中国の巨大なライドシェア市場は、同社の独壇場で

滴滴出行の程維CEO（写真：Imaginechina／時事通信フォト）

す。

今後は、滴滴出行の海外展開が始まります。筆者は、滴滴出行が次世代自動車産業のグローバルなリーディングカンパニーとなる可能性は十分にあると予想しています。

その論拠は、中国の3大IT企業であるバイドゥ、アリババ、テンセントや中国政府の支援を受けて、すさまじいスピード経営を実現していること。特にこれらBAT3社と本業面では直接競合していないことは中国では優れた強みです。

また同時に自動運転といった領域においては、「アポロ計画」を進めるバイドゥなど国内のメガテック企業と競合するなかで、自社の優位性を鍛えに鍛え抜いていること。そして最も重要なのは、都市デザインを変革するという使命感を掲げていることです。これは次世代自動車産業のリーディングカンパニー候補の第一条件。彼らの使命は、都市部で失われつつある交通システムを、シェアリングエコノミーを通じて補完すること。また、ライドシェアのプラットフォームを通じて、ありとあらゆるサービスを消費者に提供しようとしています。すでにこれまで蓄積してきた走行・移動ビッグデータを活用して小売や飲食へのコンサルティングサービスを提供しているほか、「車内コンビニ」なども手がけ、ライドシェアがこれからサービスプロバイダーとして何ができるかを社会実験しています。

ライドシェアのプラットフォームとしては、滴滴出行は２０１８年４月に、トヨタ自動車など自動車大手や部品大手など31社が参加するシェアリングの企業連合を立ち上げると発表しました。この連合には、トヨタのほか、独フォルクスワーゲン、仏ルノー・日産自動車・三菱自動車アライアンス、部品メーカーでは独ボッシュと独コンチネンタルなども参加。自動車製造やシェアリング、オンラインといった各分野を一つのプラットフォームにまとめ、利用者に提供していくものとされています。まずは中国国内でのサービスから開始するものの、実際の目標は世界最大のワンストップのライドシェアプラットフォームを構築することにあるようです。

◆中国メガテック企業の主導権争い

「中国版ウーバー」と評されることも多い滴滴出行ですが、たしかに、「ビッグデータ×ＡＩ企業」であることも、共通しています。

２０１５年にはビッグデータ解析やＡＩを扱う滴滴研究院を開設し、中国全土を走る車両から走行データを収集。これにより、85％の確率である地点の需要予測を行うととももに、目的地までの最短ルートを算出します。これは渋滞緩和に、ひいては都市計画にも役に立つとしています。何しろ滴滴出行は「中国内のシェア9割を握っている」とも言われており、そのプラットフォームに集まるデータも膨大です。程維CEOによれば「1日2500万件のライドシェアデータに2000万人のドライバーと各交通手段のデータも集まる」とのこと。これが生み出す新サービスに期待がかかるのは当然のことです。

2018年に入ってからも滴滴出行の動きは活発です。特に見逃せないのは、2月に正式発表された新しい交通システム「交通大脳」です。これはクラウドコンピューティング、AI技術、交通ビッグデータなどを駆使することで交通状況を予測、調整するもの。つまり交通大脳は単なるデータセンターではないということ。データ中枢、分析中枢、コントロール中枢からなり、コントロール中枢は信号機や監視カメラ、交通警察官の投入量までコントロール下に置きます。同社はこのシステム構築の実験を20都市で行うとしています。

このように交通システムの変革をビジョンに掲げる滴滴出行ですが、この分野のリーダーになれるかどうかは、まだ未知数です。

中国では「次世代人工知能の開放・革新プラットフォーム」と題されたプロジェクトのもと、「2030年には人工知能の分野で中国が世界の最先端になる」と宣言。そして国家の委任を受けてＡＩ事業を進める４事業者が定められました。このときバイドゥの自動運転プラットフォーム「アポロ計画」らと並んでスタートしたのが、アリババによる「城市大脳」プロジェクトです。これは交通、エネルギー、水道など公共インフラを全て定量化・ＡＩ化するもの。こちらもすでに通行時間の短縮などの効果が上がっています。

滴滴出行の「交通大脳」とアリババの「城市大脳」、そしてバイドゥの「アポロ計画」。中国有数のメガテック企業による、交通プラットフォームの覇権争いは熾烈を極めるでしょう。しかし、だからこそ、グローバルの覇権を握るに足る優れたプラットフォームが中国から誕生する可能性が高い、と私は予想しています。

◆「トランスポーテーション・ネットワーク・カンパニー」としてのライドシェア会社

本章の最後に、米国においてライドシェア会社がどのように呼ばれているのかを紹介したいと思います。それは、「トランスポーテーション・ネットワーク・カンパニー」。現在提供している自動車ライドシェアサービスを基点として、航空機、鉄道、地下鉄、バスなどのトランスポーテーションの手段を全てネットワークすることが期待されている呼称です。米国社会においてそのように捉えられているのがライドシェア会社なのです。

将来的には、ライドシェアの対象範囲には、自動運転車のみならずオートバイや自転車なども含まれてくるでしょう。むしろ、自転車シェアリングなど、より小さな乗り物からおさえ、そこから飛行機・鉄道・バス・クルマなど全ての交通手段を統合し管理する企業が、真のトランスポーテーション・ネットワーク・カンパニーになるかもしれません。

そして滴滴出行は、すでに中国でこの概念の実用化を２０１７年４月からスタートさせました。まずは同社のライドシェアサービスと公共交通機関とのネットワーキングから開始された同事業。現時点では後者については交通案内程度のものにとどまっていますが、筆者はこれが上記のようなネットワークにまで拡大され、サブスクリプションのような定額サービスとも融合されて全てのトランスポーテーションが決済でもつながるほか、現在実験中の様々なトランスポーテーション以外のサービスまでをも取り込み、生活全体のプラットフォームに化けていくのではないかと予想しています。「野蛮な戦国武将」カラニックはすでに自滅して立ち去りました。筆者は、登録者数ではすでに世界一の配車アプリであり、優れた人材を集め技術力も高めている滴滴出行を次世代自動車産業での最注目企業であると評価しています。

図表30には、ＰＥＳＴ分析に基づくライドシェア会社の本質と社会へのインパクトを一覧で示してみました。ライドシェア会社の本質とは、これまで述べてきたように、テクノロジー企業、「ビッグデータ×ＡＩ」企業などに加え、将来的にはモノを運ぶ物流企業、新たな価値や新たな顧客の経験価値（ＵＸ）の提供、新たな需給の創造と破壊の同時進行を起こす存在、そしてトランスポーテーション・ネットワーク・カンパニーであるということが指摘できるのです。

そして、ライドシェア会社の社会へのインパクトとしては、都市デザインの変革、車道中心から歩道中心、クルマ中心から人間中心の都市デザインへの変革、モビリティ社会の変革、モビリティ自体の変革、新興国からのリバースイノベーション（運輸手段が整備されていない新興国から利用が先行して進むこと）などが指摘できるのです。これらの本質やインパクトこそが、次世代自動車産業においてライドシェア会社が覇権を握ると分析されている理由なのです。

図表30　PEST分析に基づくライドシェア会社の本質と社会へのインパクト

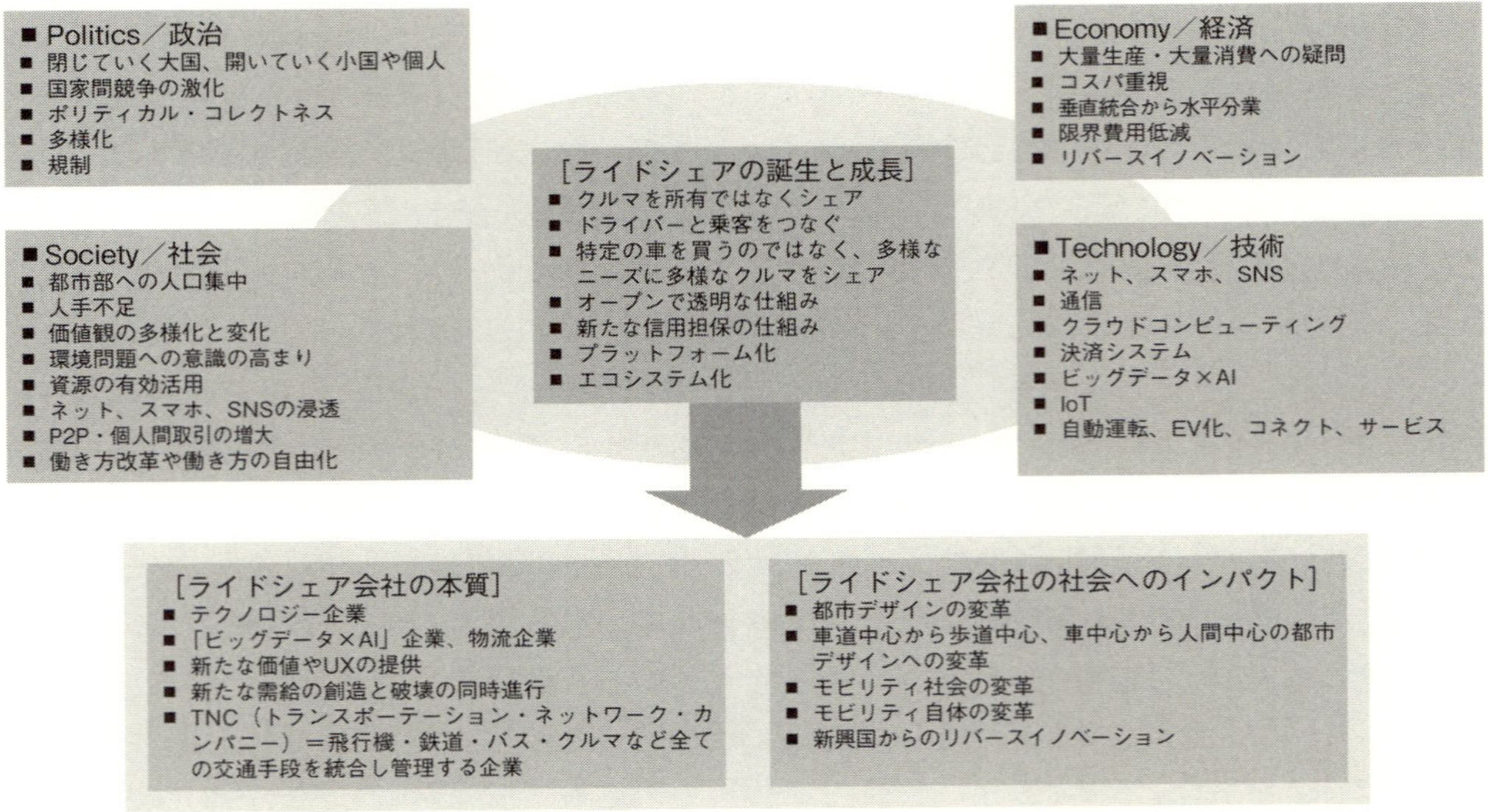
■ Politics／政治
■ 閉じていく大国、開いていく小国や個人
■ 国家間競争の激化
■ ポリティカル・コレクトネス
■ 多様化
■ 規制
■ Economy／経済
■ 大量生産・大量消費への疑問
■ コスパ重視
■ 垂直統合から水平分業
■ 限界費用低減
■ リバースイノベーション
■ Society／社会
■ 都市部への人口集中
■ 人手不足
■ 価値観の多様化と変化
■ 環境問題への意識の高まり
■ 資源の有効活用
■ ネット、スマホ、SNSの浸透
■ P2P・個人間取引の増大
■ 働き方改革や働き方の自由化
■ Technology／技術
■ ネット、スマホ、SNS
■ 通信
■ クラウドコンピューティング
■ 決済システム
■ ビッグデータ×AI
■ IoT
■ 自動運転、EV化、コネクト、サービス
[ライドシェアの誕生と成長]
■ クルマを所有ではなくシェア
■ ドライバーと乗客をつなぐ
■ 特定の車を買うのではなく、多様なニーズに多様なクルマをシェア
■ オープンで透明な仕組み
■ 新たな信用担保の仕組み
■ プラットフォーム化
■ エコシステム化
[ライドシェア会社の本質]
■ テクノロジー企業
■ 「ビッグデータ×AI」企業、物流企業
■ 新たな価値やUXの提供
■ 新たな需給の創造と破壊の同時進行
■ TNC（トランスポーテーション・ネットワーク・カンパニー）＝飛行機・鉄道・バス・クルマなど全ての交通手段を統合し管理する企業
[ライドシェア会社の社会へのインパクト]
■ 都市デザインの変革
■ 車道中心から歩道中心、車中心から人間中心の都市デザインへの変革
■ モビリティ社会の変革
■ モビリティ自体の変革
■ 新興国からのリバースイノベーション

第8章

自動運転テクノロジー、〝影の支配者〟は誰だ？

——エヌビディア、インテル……

◆自動運転実用化がスピードアップしている理由

改めて確認しておかなければならないことがあります。それは「AIだけでは自動運転車は実現できない」という事実です。とりわけ「完全」自動運転車は、日進月歩のスピードで進化する様々な技術と組み合わせることなしには、到底完成しません。

単純に、私たちが運転をするとき、どれだけ複雑な作業を、難なくこなしているのか思い出してみれば実感できるはずです。自車位置を把握し、歩行者や走行車、車線や信号、制限速度の標識などに注意を払いつつ、減速、直進、車線変更、停車など自動車の動かし方を瞬時に定め、ハンドルやブレーキ、ウィンカーを過《あやま》たず操作する。見通しが悪い道路では「子供が急に飛び出してくるかもしれない」などと、予見、推論する必要もあります。人や物、周りの状況を「察する」必要があるのです。いまさら言うまでもないことかもしれませんが、操作を少しでも誤れば人命に関わる事故につながるのです。しかし、現にこうして私たちは自動車の運転に慣れ親しんでいます。

自動運転車は、同じ作業を、ドライバーにかかわって車そのものが担います。しかも、人

図表31　自動運転車実用化がスピードアップしている理由

（１）ディープラーニングの進化
（２）センサー技術の進化
（３）AI用半導体の進化

が運転する以上に、事故なく安全に行う必要があります。なぜなら人よりも安全であるというところが自動運転実現の必要条件となっているからなのです。そこには一体どれだけのテクノロジーが関わっているのでしょう。

本章では、ＡＩをはじめ、センサー、カメラ、ディープラーニング、ＧＰＳ、レーダー等々の、自動運転のキーテクノロジーを整理してみることにします。

まずは、センサーとＡＩです。センサーは自動運転車の広義の「目」となって、自車位置や周りの状況を把握します。ＡＩは自動運転車の「脳」となり、センサーから把握した情報をもとに自ら判断し、自動運転車に操作指示を出し、制御します。

このように言葉で説明してしまえば、案外話は簡単なように思えるかもしれません。「ＡＩが人間の仕事を奪う」といった議論があることからもわかるように、昨今、ＡＩができることは飛躍的に増え、ならば自動車の運転もＡＩに任せられるだろう当然、期待したくもなります。

しかし、実際には運転には数限りないシーンが想定されます。前方が見えないほどの豪雨の日もあるでしょう。車線の白線が消えていることもあれば、標識が木の葉っぱで隠れていることもあります。また前方走行車の急停車、道路工事中、渋滞、事故、交通規制、子供の飛び出し、路面上の障害物など、ありとあらゆる不測の事態が想定されます。

人間のドライバーがそんな状況を切り抜けられるのは、過去の経験則から「学習」し、その後に起こることを「推論」できるからです。センサーが人工の目、AIが人工の脳だとするなら、人間の脳と同じように、「学習」を繰り返して様々なことを経験・蓄積し、成長していく必要があります。AIは万能ではありません。学習なしでは、AIはその威力を発揮できないのです。

そこで、もう一つのテクノロジー「マシーンラーニング（機械学習）」が登場します。

AIは、集積されるビッグデータをもとにトレーニング（学習）を繰り返し、そこにある規則性や関連性に気づき、運転に関係するあらゆることについて、法則やルールを見つけ出します。それがマシーンラーニング（機械学習）です。しかし、これだけでは足りません。というのも、マシーンラーニングでは学習するにあたって、人間から「特徴量」と呼ばれる着目点を指示される必要があります。例えば、信号機を見るにしても、「赤＝止まれ」と「青＝進んでもよい」を区別するには、色という着目点を人間が指示しなくてはならないのです。すべてのシーンを想定し、人間が特徴量を指示するのは、現実的に不可能です。「完全」自動運転も、機械学習のみでは実現しないものです。

人間が指示することなしに、AIが自律的に学ぶことはできないか。この問題の突破口となったのが「ディープラーニング（深層学習）」の進化です。ディープラーニングによってAIは、人間が着目点を指示することなしに、ビッグデータをもとに自動的に学習し、かつてない精度と速度で成長していきます。これにより、自動運転は機械学習の限界を超え、人間と同様の「察する」能力を手にしたのです。実は、自動運転が実用化に向けてスピードアップしたのは、ディープラーニングの進化による恩恵が大きいのです。

◆AIの「学習」と「推論」に不可欠なGPU

マシーンラーニングやディープラーニングには、ビッグデータを読み込ませ、トレーニングさせる必要があります。この段階を、AIの「学習」段階としましょう。

一方で、自動運転車の「目」を担い、周囲の3次元画像データを取得するセンサーの進化も目覚ましいものがあります。センサーから取得される3次元画像データを演算処理することによって、AIはリアルタイムで、路面状況・車線・走行車・歩行者・障害物・信号・標識など周囲の状況を把握し、停車すべきか、減速すべきか、車線変更すべきかなどを判断し、操作指示を出す必要があります。この段階をAIの「推論」段階といいます。

例えばGPSは、受信機で人工衛星からの信号を受け取ることによって、受信者（自動車）が自分の現在位置を知るシステムです。スマホやカーナビにも利用されているので、これは馴染みがある方も多いことでしょう。またIMUは、前後、左右、上下の3軸の加速度、ピッチ、ロール、ヨーの3軸の角速度から自動車の挙動を検知するセンサーです。こちらは人工衛星の電波が届かないところでGPSの機能を補完します。

ライダー（LiDAR）は「Light Detection and Ranging」の略。赤外線などレーザーを照射し、対象物に当たって反射して戻ってくるまでの時間を計測、周辺の対象物までの距離と周辺環境の3次元構造や車線の白線の位置を読み取ります。レーダーは、電波を対象物に向けて発射し、その反射波を測定することによって、対象物までの距離や方向、相対速度を測る装置です。DMIは、タイヤの回転数を計測して進んだ距離を計測する走行距離計です。

これらのセンサーが自動運転車の目となり、自車位置や周囲の状況を把握するわけです。

そしてＡＩの「学習」と「推論」を実行するにあたって欠かせないのが、ＧＰＵ（Graphic Processing Unit：グラフィック・プロセッシング・ユニット）です。これは３次元画像の処理をする演算装置のこと。もともとＧＰＵはＰＣゲームの画面に３次元画像を表示するために使用され、ＣＰＵ（中央処理装置）だけでは処理できない作業を補完するものとされていました。簡単に言うと、ＣＰＵに比べてＧＰＵは、大量の画像データを同時に処理するのが得意なのです。ＡＩもコンピュータのなかで動くプログラムの一種である以上、ＡＩの進化は、半導体の進化なくしては、ありえません。

センサーが取得する３次元画像データをクラウドに取り込み、マシーンラーニングやディープラーニングによってＡＩを「学習」させる。そして、センサーが取得する３次元画像データをクラウド上でリアルタイムに演算処理をすることで、ＡＩがすでに学習を済ませた内容と実際のデータを照らし合わせ、どのように自動車を動かすべきか「推論」する。この両方を同時に、GPUが引き受けるのです。

ディープラーニングの進化がAIの自律的な「学習」と「推論」を可能にし、それを半導体技術やセンサー技術の進化が支える形で、自動運転技術は劇的な発展を遂げました。

◆自動運転の牽引者グーグルは誕生時点からAIの会社

自動運転と言えば、ほとんどの人がまず思い浮かべる会社はグーグルではないでしょうか。さらにグーグルと言えば、（ディープラーニングによってコンピュータが「猫」というものを独力で認識した）「グーグルの猫」によってAIに革命的な進化をもたらした企業としても有名です。同社の次世代自動車産業に対する取り組みは第3章で述べましたが、自動運転テクノロジーとしてのAIを解説する本章においては、グーグルという企業の「AIカンパニー」としての本質をご紹介したいと思います。

『WIRED』創刊編集長であり、米国のテクノロジー業界に大きな影響力を持つケヴィン・ケリーは、その著作である『〈インターネット〉の次に来るもの』（NHK出版）のなかで以下のエピソードを紹介しています。

「２００２年頃に私はグーグルの社内パーティーに出席していた。同社は新規株式公開をする前で、当時は検索だけに特化した小さな会社だった。そこでグーグルの聡明な創業者ラリー・ペイジと話した。〈中略〉「僕らが本当に作っているのは、ＡＩなんだよ」と彼は答えたのだ。〈中略〉ＡＩを使って検索機能を改良しているのではなく、検索機能を使ってＡＩを改良しているのだ」

そして、グーグルにとってＡＩとは目的ではなく、自社のミッションという目的を実現するための手段。膨大な検索ビッグデータをＡＩで分析することによって、人が求めていることを読み解く。完全自動運転を実現することによって、それぞれの人がクルマのなかで最も有意義だと思うことができる世界を実現する。さらに完全自動運転車から集積したビッグデータをＡＩで分析することによって「世界中の情報を整理し、世界中の人々がアクセスできて使えるようにすること」というミッションの実現につなげる。

こういったことが、グーグルが自動運転を推し進めてきた理由なのではないかと筆者は考えています。

◆自動運転技術の三つのプロセス

自動運転のシステム全体は極めて複雑ですが、あえて単純化して説明するならば、センサーとＡＩによる「認知→判断→操作」という一連の情報処理とみなすこともできます。周りの状況を「認知」し、それに基づく「判断」を下し、しかるべき「操作」をする。この点においても、人間のドライバーとＡＩは全く同じです。

「認知」の段階では、センサーを通して、自動運転車がどこに位置しているのか把握し、自車の状況・周りの状況・位置関係の情報などを認識します。

ここには、歩行者、走行車、自転車、障害物、車線、建物など動的・静的あらゆるものの動きと位置が含まれています。例えば、自動運転車の前方に現れた対象物が歩行者なのか自転車なのかといった識別をするのです。また、信号機の状態や制限速度の標識についても、マシーンラーニングやディープラーニングによって学習を済ませたＡＩが、信号は赤なのか青なのか、制限速度は何キロなのかといった認知をします。

こうして認知された情報には、二つの利用方法があります。

一つは、実走行から得られるビッグデータとして集積されるというものです。ビッグデータはマシーンラーニングやディープラーニングにまわされ、ＡＩの「学習」に利用されます。こうして自動運転車の頭脳は鍛えられ、ＡＩのドライビングテクニックはさらに向上していくことに。「認知」情報が多ければ多いほど、自動運転の精度は上がります。

もう一つの利用方法は、自動運転中にリアルタイムで解析され、ＡＩの「判断」の材料になるというものです。すでに学習を済ませたＡＩの知識に、リアルタイムで取得される実際の3次元画像データを提示して、クルマをどのように動かすべきか「判断」されるのです。

例として、すぐ先の信号機の色が赤に変わったこと、前方で歩行者が道路を横断し始めたこと、10メートル先から右折専用車線があることを、センサーが「認知」した場合を想定してみましょう。

ＡＩはそれまでに学習した知識に照らし合わせて、信号が赤だから一時停止をする、歩行者が道路を横断し始めたから減速をしながら一時停止の用意をする、右折したいから右折専用車線へ車線変更するといった「判断」を下します。その「判断」に基づいてＡＩは「操作」指示を出します。一時停止や減速のためにブレーキを踏む、車線変更のためにウ

図表32　自動運転のバリューチェーン構造

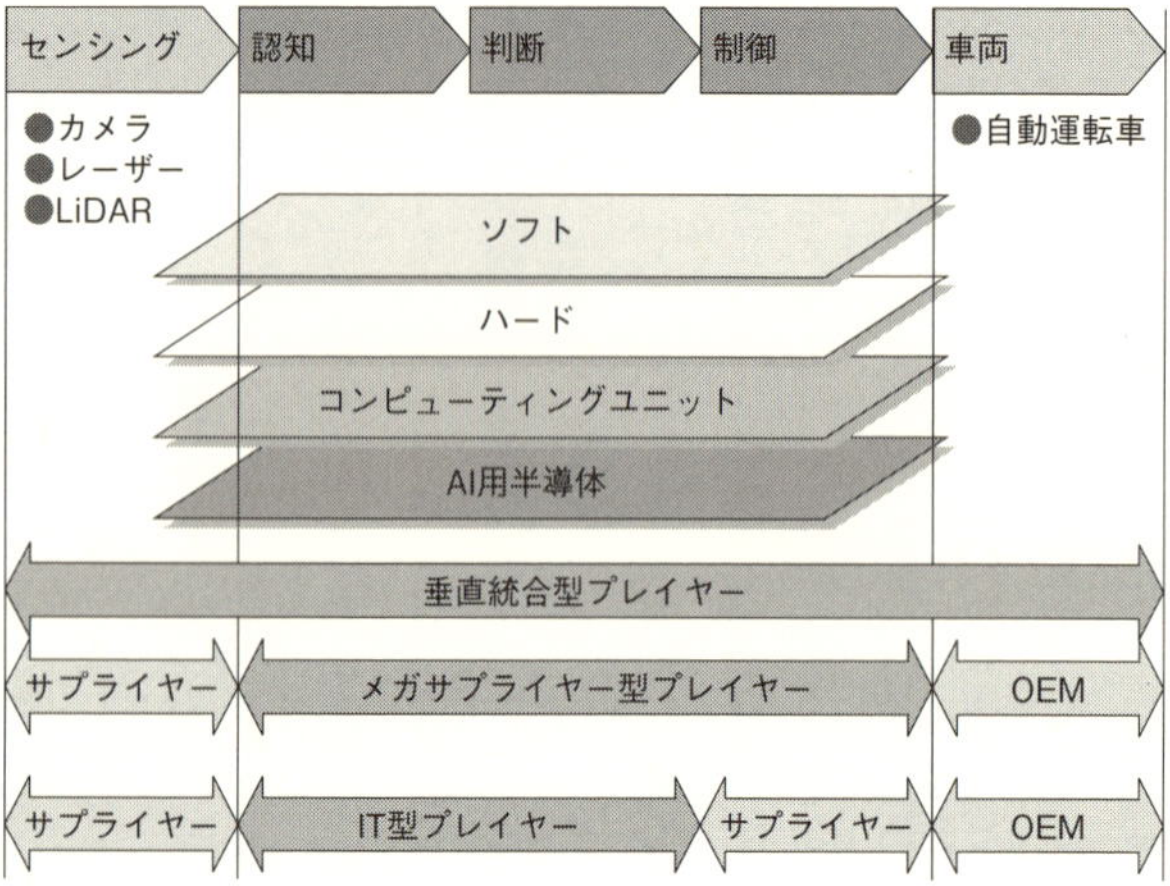

インカーを出してハンドルを切る、あるいはアクセルを踏むといった指示です。続いて、その指示に忠実な「操作」が行われ、一時停止・減速・車線変更・加速といった自動運転車の「制御」がなされます。本章の冒頭に述べたように、人間のドライバーも運転をするときは「認知→判断→操作」を経て自動車の「制御」へつなげるというプロセスを踏襲します。自動運転の場合もまったく同じです。センサーが「目」、AIが「脳」となり、「認知→判断→操作」を行うこと。それが自動運転なのです。

なお、図表32の自動運転のバリューチェーン構造においては、ここで述べてきた

「認知→判断→操作」という三つのプロセスを中核として、自動運転のバリューチェーンと次世代自動車産業の各プレイヤーが検討していくべき戦略の選択肢を提示しています。「垂直統合型プレイヤー」になるのか、「メガサプライヤー型プレイヤー」になるのか、「ＩＴ型プレイヤー」になるのか。あるいは「サプライヤー」や「ＯＥＭ」にとどまるのか。最終章で述べられている戦略オプションともあわせて参考にしていただけたら幸いです。

◆「察する」テクノロジー、センサー「３点セット」

前述の通り、３次元画像データを取得する各種のセンサーは、「認知」という段階を担うことで、自動運転の起点となります。いくらディープラーニングによってＡＩのドライビングテクニックが向上し、いくら超高速の演算能力を持つＧＰＵが出現しても、センサーによる「認知」情報が正確でなければ、安全な自動運転の実現は不可能です。

ここでは、最も一般的に使用される、映像を撮るカメラ、電波をあてるレーダー、光線をあてるライダー（ＬｉＤＡＲ）の３点セットを見ていきましょう。実際には、広義の

図表33　「察する」テクノロジー、センサー「3点セット」

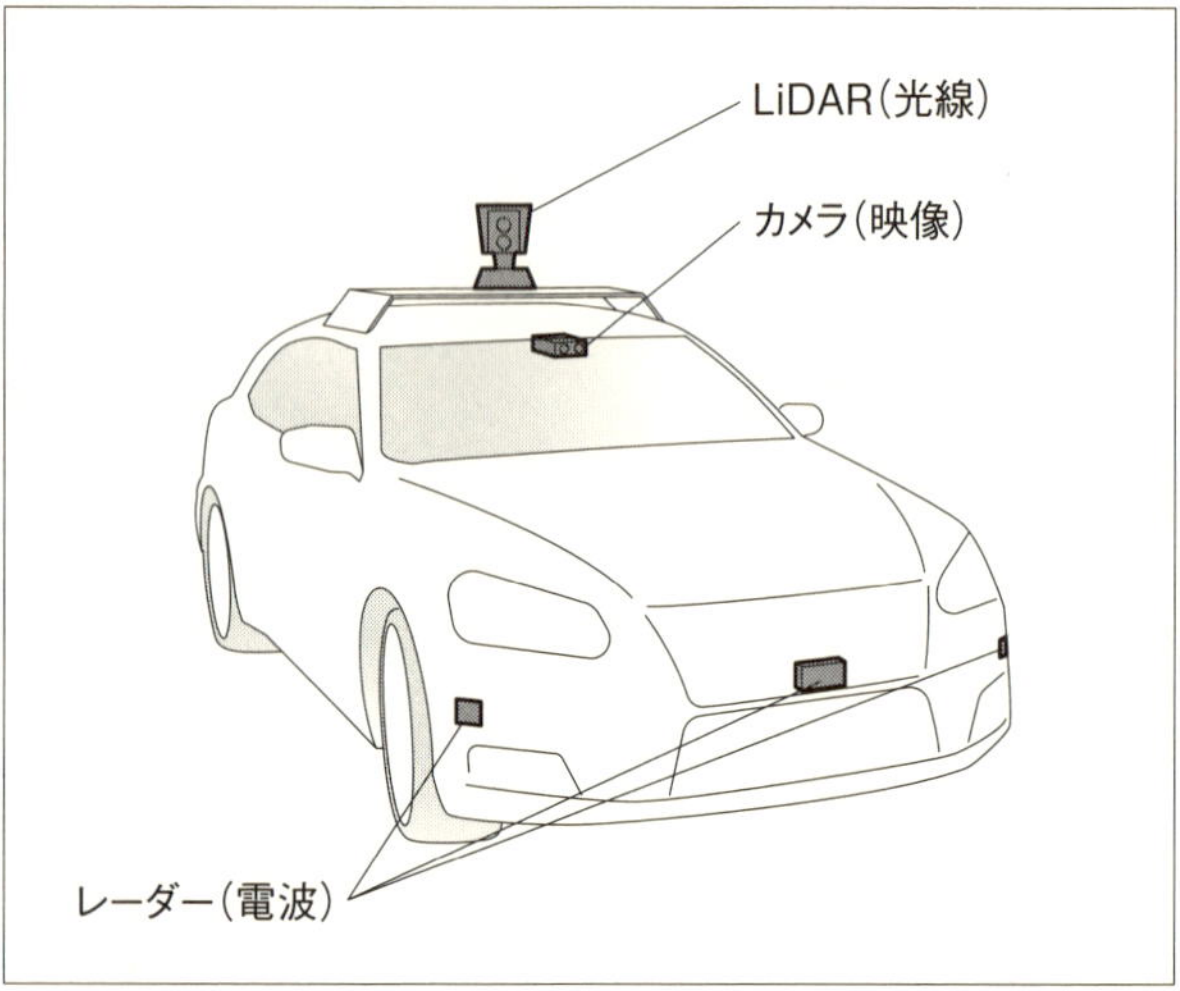

イラスト：齋藤稔

「センサー」としては、GPS、DMI、IMUなども含まれるのですが、認知における主要3センサーをご紹介していきたいと思います。

3次元イメージセンサーを備えたカメラは、3次元映像を撮ることによって対象物を認識します。標識の文字・数字・絵・マーク、信号機の色、道路に書かれた速度数字、車線の白線、横断歩道なども映像としてそのまま捉えるので、取得される「認知」情報は非常に明確です。特に、レーダーとライダーにはできない色の識別ができる点は強みです。その一方で、雨や霧など悪天候時や晴れの日でも、日光の当たり具合によっては映像の精度が落ちてしまいます。

カメラは、まさしく自動運転車の「目」というアナロジーにぴったりです。一方で、レーダーとライダーは、実は「目」以上の働きをするものです。というのも、目が見えない環境での「認知」、いわば「察する」ことを可能とするテクノロジーだからです。これにより、視界の悪い環境下でも、自車の位置を把握することができます。

レーダーは電波の反射波を利用します。雨・霧・逆光などの影響を受けにくいことから、視界が悪い夜間や悪天候時に強いという特徴があります。しかし波長が長いことから、光線に比べて反射が弱いという難点もあります。そのため、例えばはるか前方でトラックの荷台から落ちた小箱が道路上に放置されている場合のような、小さな対象物・障害物は見つけにくいとされています。

ライダーは、光線の反射具合で距離・形・材質などを判別します。カメラより悪天候条件に強く、レーダーより波長が短いことから、双方のメリットを備えていると言われています。

なかでもライダーは、自動運転車に必須とされ、注目を集めている技術です。高速道路など限定された環境下ならばカメラとレーダーの組み合わせで自動運転は十分に可能とされながら、市街地での自動運転にはライダーが欠かせないというのです。現に、自動運転

ロジーにおける今後の攻防が注目される点でもあります。

　それではなぜ多くの企業においては、「ライダーでなければならない」と考えているのでしょうか。理由の一つは、誤差の小ささです。GPSも自車位置を知る機能を備えていますが、最大で10メートル程度の誤差があります。高速道路であっても問題が起きかねない誤差ですが、ましてや市街地などではその誤差が命取りに。建物も多いために、GPSを受信できない場合もあります。その点ライダーであれば、建物や道路周辺の情報を3次元画像データとして把握できます。これを、後述する高精度3次元地図と組み合わせることで、自車位置を正確に把握することができるのです（なお、テクノロジーの進化によってGPSの精度が高まり、ライダーは不要になるとするメーカーも増えてきています。それでも当面は、安全性を徹底する上でライダーは不可欠なセンサーと考えていいでしょう）。

　もう一つの理由は、周囲の対象物との距離測定にあります。市街地では、多くの歩行者や駐車車両など、対象物との距離を測りながら安全に走行・徐行する必要があります。そこでは対象物との距離を数センチ単位で測定できるセンサーが欠かせません。そして現時点で、市街地の自動運転に対応できる測定精度を持つのはライダーのみです。

現状、自動運転は高速道路が中心ですが、この先、自動運転が広く普及すれば、必然的に市街地での利用が中心となり、ライダーの役割はますます重要になってきます。ライダーの難点は、サイズが大きいことや高価格であること。目下、性能向上はもちろん、市販車への搭載が可能なほどの小型化・低コスト化が急がれているところです。

遠距離識別や悪天候対応に強いレーダーに、極小物識別や夜間対応に強いライダー、そして色彩や広角の識別に強いカメラ。レーダーとライダーは速度識別も可能です。この3点セットが、自動運転車の「認知」を担い、自動運転を安全確実なものにしています。単なる「目」ではなく、「察する」テクノロジーがセンサーなのです。

◆次世代自動車の「デジタルインフラ」、高精度3次元地図

センサー3点セットのほかにもう一つ、自動運転車の「認知」において重要な技術があります。高精度3次元地図です。

地図といっても、その名の通り、3次元の地図であることがポイントです。極小物の識

別に強みを発揮するライダーやGPS・カメラ・レーダーなどセンサーを搭載した測量車によって、車線の白線や路面文字、標識、道路の形状、建物、ガードレールなど周辺の全情報を収集、クラウド上で作成されます。自動運転車は、センサー3点セットで周囲の情報を認識すると同時に、この高精度3次元地図を参照することで、自分の位置を正確に把握できるのです。

一見カーナビと似ているようですが、実際は似て非なるものです。カーナビ向け地図がドライバーへの経路案内が目的であるのに対し、高精度3次元地図は、車の運転制御そのものが目的です。それこそ高精度3次元地図があれば、白線や標識など物理的インフラの乏しいところでも、これを頼りに自動運転車は安全走行ができるのです。このようなことから、高精度3次元地図は次世代自動車における「デジタルインフラ」と呼ばれているのです。

また、高精度3次元地図は刻一刻と更新されるものでもあります。自動運転車が搭載するセンサーは3次元データをリアルタイムで収集し、クラウド上にビッグデータとして提供し続けています。それも地図に関するデータのみではありません。地図にひもづく渋滞、事故、交通規制、歩行者、障害物などの運転に関わるあらゆる動的・静的データをク

図表34　「ダイナミックマップ」の４つの層

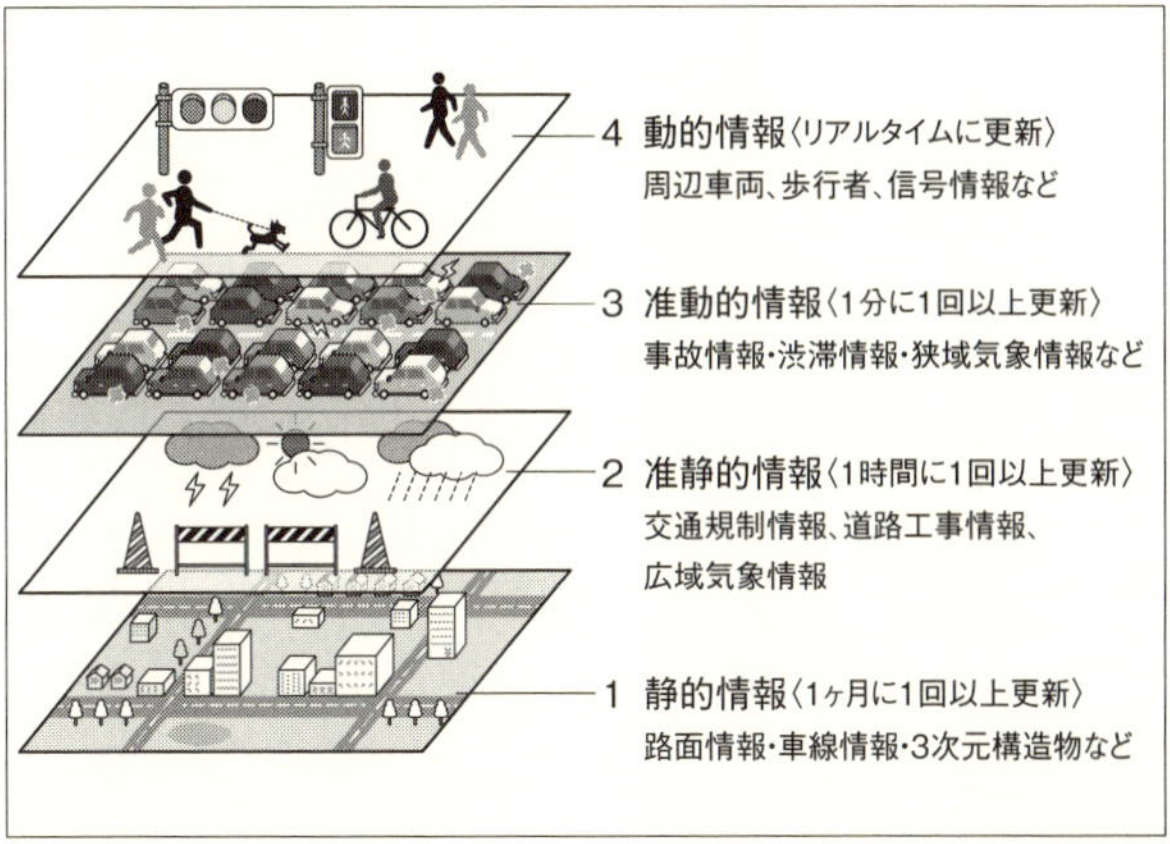

イラスト：齋藤稔

ラウドにあげることで、安全かつスムーズな運転に活かしていくのです。

ちなみに日本の内閣府は、戦略的イノベーション創造プログラムの一環として、官民連携で「ダイナミックマップ」の開発を進めています。これも高精度3次元地図に類するものです（図表34）。

動的・静的な交通情報として、1ヶ月に1回以上更新される「静的情報」（路面・車線・建物など）、1時間に1回以上更新される「準静的情報」（制限速度、交通規制、道路工事、広域気象など）、1分に1回以上更新される「準動的情報」（事故・渋滞・狭域気象情報など）、リアルタイムに更新される「動的情報」（周辺車両、歩行者、信号情報など）

の4レベルから蓄積されることになっています。

高精度3次元地図は、自動運転の生命線とも言うべき「デジタルインフラ」を作る重要な技術です。AIやセンサーの技術と同様に、次世代自動車産業での覇権をめぐる戦いがここにも生じています。

現在は、四つの勢力が高精度3次元地図の実現に向けて激しい競争を繰り広げています。

ウェイモを展開する米国のグーグルに、ドイツの自動車メーカーとの関係が強く幅広い提携戦略を進めるドイツのHERE、自動運転プラットフォーム「アポロ」に参画し、アップルマップへも地図情報を提供するオランダのTOMTOM、そして「アポロ」を展開する中国のバイドゥです。官民挙げてのオールジャパン体制で臨む「ダイナミックマップ」も、これらの勢力に挑んでいるところです。

◆次世代自動車産業の「頭脳」、AI用半導体の覇権をめぐる戦い

それ自体は目新しいものでなくとも、自動運転車に不可欠な技術として、改めて開発競

争が進んでいるものがあります。半導体です。

センサーが取得した3次元画像データがどんなに素晴らしいものでも、それらビッグデータを直ちに演算処理し、運転に活かすことができなければ全く意味がありません。ＡＩがそのポテンシャルを十二分に発揮するには、高性能な半導体が必須。その意味では、自動運転車の真の頭脳とも言えるのが半導体なのです。

とりわけ注目されているのは、３Ｄ画像を超高速処理する半導体、ＧＰＵです。

そもそも半導体とは、ハードウェアを制御してデータを受け取ったり、そのデータを演算・加工してメモリに記憶させたり、結果を別のハードウェアへ出力したりといった一連の動作を担うものです。パソコンやデータセンターのサーバーなどに搭載されている半導体は、ＣＰＵです。ＣＰＵには汎用性があり、様々な種類の動作をハードウェアに実行させることができます。

一方、ＧＰＵにはＣＰＵほどの汎用性はありませんが、3次元画像の演算処理を高速で実行します。自動運転車の周辺情報をセンサーが把握するとき、膨大な3次元画像をリアルタイムで演算処理する必要がありますが、ＧＰＵはそのようなケースに適しているのです。

また、ＡＩが「学習」する際のスピードも、ＣＰＵでは通常1年以上かかるところを、ＧＰＵなら1ヶ月程度で終えるといいます。これは、ＧＰＵの使用によって自動運転の開発効率が格段に向上することを意味しています。ＧＰＵは車両の設計にも影響を及ぼします。自動車車両にはパワートレイン、ステアリング、ブレーキ、エアコンなどを電子回路で制御する電子制御ユニット（ＥＣＵ）が搭載されており、その数は一車両あたり数十個から多いものであれば百個以上に上ります。しかし、高度な演算処理能力を持つＧＰＵが車両に搭載されると必然的に、1個のＧＰＵが数個のＥＣＵに取ってかわることになり、ＥＣＵの搭載個数は減少するでしょう。そうなれば車両は軽量化・小型化し、部品メーカーを含めた自動車産業の構造やサプライチェーンも変化することが予想されます。

半導体を支配する者が自動運転を支配する――。そんな言葉がささやかれるなか、ＡＩ用半導体の覇権をめぐる戦いが行われています。

陣営は大きく四つに分かれています。

第一の陣営は、ＧＰＵでは一強の様相を呈しているエヌビディアです。実は、ＧＰＵを発明したのも、ＧＰＵをＡＩのディープラーニングへ初めて利用したのもエヌビディアです。自動車メーカーや部品メーカーなどと幅広い提携を進め、その数は３００社を超えるとか。ＡＩ用半導体としては「エヌビディアのＧＰＵ以外に選択肢がない」と言われるほど、頭一つ抜けた存在となっています。

第二の陣営は、半導体の王者インテルです。パソコン用ＣＰＵでは圧倒的な強さを持つインテルも、スマホやＡＩ用半導体では守勢に回っています。そこでインテルは、ＣＰＵよりも高速処理できる半導体ＦＰＧＡ（フィールド・プログラマブル・ゲートアレイ）に強いイスラエルのモービルアイを約１兆７０００億円で買収するなどして、本格的にＡＩ用半導体分野に参入しました。

第三の陣営は、スマホでの強みや知見を車載半導体やＡＩ用半導体に活かしたいクアルコムです。欧州の自動車業界との関係が強く、バイドゥの自動運転プラットフォーム「アポロ計画」へも参画しているオランダのＮＸＰを買収することを発表しています。

そして第四の陣営として、アマゾン、アップル、グーグルなどＡＩ用半導体を自社開発・内製を始めたメガテック企業が挙げられます。表向きには、自社のクラウドサービスやデータセンター向けにＡＩ用半導体を使用することを目的としていますが、メガテック企業もまた次世代自動車産業に向けて準備を進めるなか、ＡＩ用半導体の覇権争いに加わってくるのは不可避でしょう。中国の大手ＩＴ企業も次世代自動車産業への参入のなかで、ＡＩ用半導体の自社開発も視野に入れています。

以上の４陣営のほかにも、数多《あまた》のプレイヤーが存在します。エヌビディアが提供する半導体とは階層が違う製品群の企業にはなりますが、２０１７年には売上高・シェアでインテルを超えた韓国のサムスン、日本勢ではすでにＡＩ用半導体の分野へ進出した東芝、デンソー、ルネサスなどの動きも見逃せません。

パソコン市場の頭打ちがささやかれ、ＣＰＵの将来需要も懐疑的と見られる一方、ＡＩ用半導体の需要は飛躍的に伸びてきています。これは、半導体メーカーの生き残りをかけた戦いでもあるのです。

では、勝敗を決するポイントは、どこにあるのでしょう。エヌビディアの牙城を崩すプレイヤーは現れるのでしょうか。

無論、エヌビディアにスキがないわけでは全くありません。ＡＩ用半導体として攻勢を強めるエヌビディアのＧＰＵですが、そもそもＧＰＵは3次元画像データの処理をする演算装置です。汎用性があるためにＡＩ用半導体として使用されているものの、ＡＩやディープラーニングに特化した半導体ではないのです。汎用性を廃し、特定用途に必要な機能だけに絞れば、演算速度・電力効率をより高めることができ、コストもリーズナブルになります。ここに競争が生まれる余地があります。

後述するようにエヌビディアのＧＰＵも進化を続けていますが、現状の消費電力やコストでは、開発用途ならともかく、量産車にはまだ使用が難しいのです。現時点ではエヌビディアのＧＰＵを使うほかないとしても、自動運転車を開発しようとするプレイヤーは、ＡＩの最適な方式や用途が定まり次第、演算速度・電力効率・コストの全てで競争力のある自動運転専用の半導体を使用したいと考えるはずです。そこでは汎用性や柔軟性は必要ありません。特定の仕事だけを超高速かつ低電力消費でこなしてくれるだけでよいのです。

そうなれば、このゲームのルールも変わります。エヌビディアに迫ろうとする各プレイヤーも、エヌビディア自身もこのことを当然理解しています。「誰が完全自動運転車を実現するか？」という戦いと同様、ＡＩ用半導体の覇権をめぐる戦いがさらに激しさを増していくことは確実です。

◆すでに〝影の支配者〟の存在感を示すエヌビディア

AI用半導体の覇権をめぐる戦いの主要プレイヤー、エヌビディアとインテルを概観してみましょう。

まずは、グラフィック処理技術に優れた企業で「GeForce」シリーズなどの製品で知られてきたエヌビディア。グラフィックボードに使われるグラフィックチップを開発してきた会社です。それが近年は、AIコンピューティングやAI用半導体を語るのに不可欠な企業に成長してきました。これまでグラフィックス処理で培ってきた技術が、ディープラーニングに必要な並列演算・行列演算を処理する技術と共通していたからです。

創業者で現CEOのジェンスン・ファンは、オレゴン州立大学で電気工学の学士号、スタンフォード大学で同修士号を取得。卒業後は、シリコンバレーで半導体メーカーのアドバンスト・マイクロ・デバイセズに入社しました。エヌビディアの創業は1993年。きっかけは、当時は未熟だったグラフィック用のチップにビジネスチャンスを見出したこと。その読みは見事に的中しました。1999年には米国ナスダックに上場を果たし、2

エヌビディアのジェンスン・ファンCEO（写真：AFP＝時事）

０１８年４月27日時点の時価総額は１３７３億ドル。２０１６年１月から２０１８年４月までの２年余りで、株価は７倍以上に膨れ上がっています。

アニュアルレポートによれば２０１７年の売上高は69億ドル、営業利益は19億ドルです。このうちＧＰＵが売上高の約84％を占めました。

ＧＰＵは１９９９年に発明されて以来、主にＰＣゲームのグラフィックを超高速で表示するために使われてきました。しかし、これがディープラーニングに活用できることがわかると、自動運転車の実用化を目指す自動車メーカーが、軒並みＧＰＵを採用し始めたのです。現在のエヌビディアはＡＩ、ＧＰＵ、ビジュアルコンピューティングなどを戦略の軸として、ゲーミング、エンタープライズグラフィックス、データセンター、自動車という四つの重点ターゲットを設定していますが、なかでも、「ＡＩコンピューティングカンパニー」としてＡＩ用半導体で攻勢をかけています。

次世代自動車産業のプレイヤーがこぞってエヌビディアのＧＰＵを採用する様は、エヌビディアを中心としたプラットフォームやエコシステムの誕生を見るようです。

自動車メーカーでは、ドイツのダイムラー、フォルクスワーゲン、アウディ、米国のフォード、テスラ、そして日本のトヨタがエヌビディア陣営に。特にテスラが自動運転の開発で先行できたのは、同社のＧＰＵを搭載したＡＩ車載コンピューティングプラットフォーム「DRIVE PX 2」を採用したことが大きいとされています。自動車部品ではドイツのZF、ボッシュ、コンチネンタル、高精度３次元地図ではドイツのＨＥＲＥ、オランダのTOMTOM、日本のゼンリンと協力関係にあります。

ただし、テスラはＡＩ用半導体を自社開発する方針を示し、またフォルクスワーゲンはインテルに買収されたモービルアイとも提携しており、エヌビディアとの結束はいくぶん緩やかだと言えます。

バイドゥの自動運転プラットフォーム「アポロ計画」にもエヌビディアは参画していま

す。ＣＥＳ２０１８では、「バイドゥ×エヌビディア×ＺＦ」の三社の提携による、車載コンピューティングユニットの開発推進が発表されました。これは中国市場での量産対応を見据えたものです。「アポロ」のコンピューティングユニットはバイドゥの囲い込み戦略の一環。同時に「次世代自動車産業の覇権を狙う中国」の国策である「アポロ」の一角を担う点で、エヌビディアの役どころは注目に値します。

エヌビディアはさらに攻勢を強めようとしています。

もともとエヌビディアが供給していたＡＩ車載コンピューティングプラットフォーム「DRIVE PX 2」は、消費電力が80～２５０Ｗと高く、価格も日本円で数百万円するとされました。そこでエヌビディアは、低電力化を図った自動運転車用プロセッサ「DRIVE PX Xavier」を量産車向けに開発しました。消費電力は30Ｗ。演算速度は30ＴＯＰＳ（毎秒30兆回の演算）という高い性能を誇ります。トヨタやバイドゥの「アポロ」に提供されるＡＩ車載コンピューティングプラットフォームには、この「Xavier」が搭載されます。「30Ｗ・30ＴＯＰＳ」という性能は、多くの半導体メーカーがさらに高性能・低電力消費・低コストの半導体チップを開発するにあたって、現時点での大きな目標になっています。

さらに２０１７年10月には、レベル５の完全自動運転のロボタクシーを実現するために設計された、新たなＡＩ車載コンピューティングプラットフォームを発表しました。その「DRIVE PX Pegasus」は、消費電力が５００Ｗと大きいものの３２０ＴＯＰＳの演算能力を持ちます。「DRIVE PX Xavier」から性能の桁がまた一つ上がっているのです。プレスリリースでは「DRIVE PX Pegasus」によって「ハンドル・ペダル・ミラーがなく、リビングルームやオフィスのような内装を備えた完全な自動運転車を実現」するとしています。

またエヌビディアの「DRIVE PX」プラットフォーム上で開発を進める２２５社のパートナーのうち、25社以上のパートナーが「NVIDIA CUDA GPU」を利用した完全自律型ロボタクシーの開発を進めているともいわれます。米国のウーバーにも「DRIVE PX Pegasus」が供給される予定です。

いまやエヌビディアは、ＡＩ用半導体の分野で、「製品が優れている→有力プレイヤーが使用する→最先端分野を担う→プラットフォームとなる」という好循環サイクルを作り出しています。半導体は消費者に見えにくい製品ですが、この好循環サイクルによってエヌビディアが供給するＡＩ用半導体プラットフォームは自動運転の「影の支配者」、デファクトスタンダードと言ってもいい存在感を放つようになりました。テスラなど自動運転の最先端のプレイヤーと、最先端の技術を追求し続けてきた実績は、たとえ半導体の王者インテルであろうと、容易に追い越せるものではありません。

エヌビディアは、もともと、後発の新興半導体メーカー。インテルなど大手企業の下請けをする小さな会社だったことが信じられないほどの「下克上」ぶりです。

この「下剋上」という言葉はもう一つの意味を含んでいます。伝統的な自動車産業においては、半導体チップメーカーは一部品メーカーに過ぎませんでした。しかし、自動運転、EV、コネクテッドカーなどからなる次世代自動車産業においては、サプライチェーンを支配するプラットフォーマーにもなりうるということを、エヌビディアは示しているのです。より具体的には、PCにおける「ウィンテル支配体制」のインテルのような存在になる可能性を持っている代表格企業がエヌビディアなのです。

さらには、この企業はすでにAI用半導体と捉えるべきではない領域にまで事業展開しています。同社ではすでに多くのソフトウェアエンジニアを内部に抱え、車載プラットフォームを基軸として自動運転関連サービスのソフトウェア開発にも乗り出しています。同社にとってGPUはもはや手段であり、自動運転プラットフォームにおけるサービスやソフトでの覇権も握ろうと目論んでいるのです。自動運転技術の要である3D画像処理をおさえたエヌビディアの動向は目が離せません。

◆インテル&モービルアイの猛追

インテルは、ここへきてエヌビディア追走になりふり構わない姿勢を鮮明にしています。

エヌビディアと同じく米国カリフォルニア州サンタクララに本社を置き、従業員規模は10万人を超えています。アニュアルレポートによれば、2017年の売上高は628億ドル、営業利益は179億ドルです。1968年に設立、1971年にナスダックに上場、2018年4月27日現在の時価総額は2457億ドルとなっています。

エヌビディアと比べると、従業員規模は10倍、売上高・営業利益は9倍、時価総額で約1・8倍。パソコンに搭載されるCPUでは圧倒的な市場シェアを持ち、データセンターのサーバー向けCPUでも実に9割を超えるシェアを持つとされています。

しかし、次世代自動車産業を見据えた事業展開では、完全にエヌビディアの後塵を拝しています。この評価にしても、時価総額が売上や企業規模から考えて相対的にライバルより低い結果になって表れています。ＣＰＵ市場の将来性が少しずつ不透明になるなか、そして自動運転社会の機運が高まるなか、インテルはその戦略の転換を図ろうとしています。

２０１７年1月、インテルは自動運転技術の開発基盤「Intel GO」を発表しました。これは、自動車、コネクティビティ、クラウドを連携させる自動車向けソリューション。「インテルAtomプロセッサ」と「インテルXeonプロセッサ」の二つの選択肢が用意され、開発者が必要とするパフォーマンスに合わせて拡張可能な開発キットと、自動運転車に特化した業界初の５Ｇ対応開発プラットフォームを提供するとしています。

２０１７年3月には、ＧＰＵよりも高速の演算処理が可能なＦＰＧＡに強みを持つ、イスラエルのモービルアイを買収しました。これは、２０１５年のＦＰＧＡ最大手の米国アルテラの買収、２０１６年のディープラーニング分野の半導体を手がけていた米国ベンチャーのナバーナの買収に続くものでした。

「インテル入ってる」のＣＭやパソコンのＣＰＵでお馴染みだったインテルは、近年株価も伸び悩み、売上の伸びも鈍化してきました。同社では、パソコン全盛期においてはマイクロソフトのウィンドウズとの〝ウィンテル連合〟により市場を支配した一方で、次のプラットフォームとなったスマートフォンでは米国クアルコムやソフトバンクが買収した英国アームなどに惨敗した経験も有しています。このようななかでインテルは、データセンター、フラッシュメモリー、IoTなどを重要な事業領域と定義し、特にIoTでは自動運転事業に照準を定めているのです。

モービルアイの買収で注目されたのは、買収の発表と同時に、インテルがモービルアイの共同創業者兼会長であり同社CTOでもあるアムノン・シャシュア氏をインテル全体の自動運転事業の責任者に任命し、インテルの同事業本部の拠点をイスラエルに移すと発表したことでした。つまりは、買収するインテルの組織に買収されるモービルアイを統合するのではなく、イスラエルに本拠を置くモービルアイにインテルの自動運転事業部門を統合するという組織形態にすると発表したのです。

モービルアイを買収するに際して、自動運転事業の本拠地を移すことになったイスラエルには、グーグル、アップル、マイクロソフトをはじめ、IT企業を中心に多くの米国企業がR＆D拠点を設けています。もっとも、インテルはすでに1974年から同国に開発拠点を置いており、先駆け的な存在として長い歴史を持っています。インテルは、来たる次世代自動車産業でも王座を奪還、優位に立つべく、自動運転事業の本拠地を移すほどの覚悟で臨んでいるのです。

モービルアイは車載画像認識チップであるEyeQで有名な企業ですが、筆者が最も注目しているのは、２０１６年にリリースされたマッピングソフトウェア「Road Experience Management（ＲＥＭ）」です。ＲＥＭは、独自のEyeQファミリーの車載チップと連携して、低帯域幅のインターネット経由で道路及びランドマークの情報を収集するソフトで、これによりリアルタイムで地図マップ更新ができるようになるものです。完全自動運転の段階になると、地図データシステムにおいては、リアルタイムで地図データと実際の道路状況との相違点が更新されることが必要となります。モービルアイでは、ＲＥＭに全ての自動車メーカーが参加し、走行データを集約させ、完全自動運転でのデファクトスタンダードにすることを目標に掲げているのです。

インテルは自動車業界との提携も進行中です。自動車メーカーでは、ドイツのＢＭＷ、フォルクスワーゲン、米国のＧＭ、日産自動車と提携関係にあります。また、車載コンピユータのドイツのコンチネンタル、高精度3次元地図のドイツのHEREとも協力しています。バイドゥやテンセントが出資する中国の新興EVメーカー「NIO」へもAI用半導体を供給。エヌビディアと同じように、バイドゥの自動運転プラットフォーム「アポロ計画」へもパートナーとして参画しています。

自動車業界の主要プレイヤーとエコシステムを構築しているという点ではエヌビディアもインテルも同じ。両者の戦いは、それぞれのエコシステム同士の激突でもあるのです。

本章で、次世代自動車産業の中心に位置付けられるAI用半導体の重要性をおわかりいただけたのではないでしょうか。そしてエヌビディアの項目でも述べたように、彼らはすでにAI用半導体から、それを基軸とするソフトやプラットフォームまでを狙っているのです。次章では、AI用半導体に代表される自動運転テクノロジーとも関連し、次世代自動車産業を支えるエネルギー・通信について詳しく見ていきましょう。

第9章

モビリティと融合するエネルギーと通信

——再生可能エネルギーと5Gが拓く未来

◆次世代自動車は、次世代通信と次世代エネルギーなしには成立しない

次世代自動車産業は、「クルマ×ＩＴ×電機・電子」が融合する巨大な産業です。半導体消費が大きいことに加えて、電力消費も膨大。必然的に、次世代自動車産業においてはクリーンエネルギーのエコシステムが求められるようになります。

この点に最も意識的なのは、イーロン・マスクのテスラだと言えるでしょう。第２章で論じた通り、ＥＶ事業はテスラの事業構造全体の一部でしかありません。真の狙いは「エネルギーを創る（太陽光発電）」「エネルギーを蓄える（蓄電池）」「エネルギーを使う（ＥＶ販売）」という三位一体の事業構造により、クリーンエネルギーのエコシステムを構築することにあるのです。

また、クルマが巨大なＩｏＴ機器と化す近未来においては、通信量も膨大になります。今よりもはるかに「高速・大容量」「低遅延」、そして「同時多数接続」が可能な通信環境が整備されなければ、「人間が運転するよりも安全な自動運転車」を世の中に広く普及さ

図表13　クリーンエネルギーを「創る×蓄える×使う」の三位一体事業（再掲）

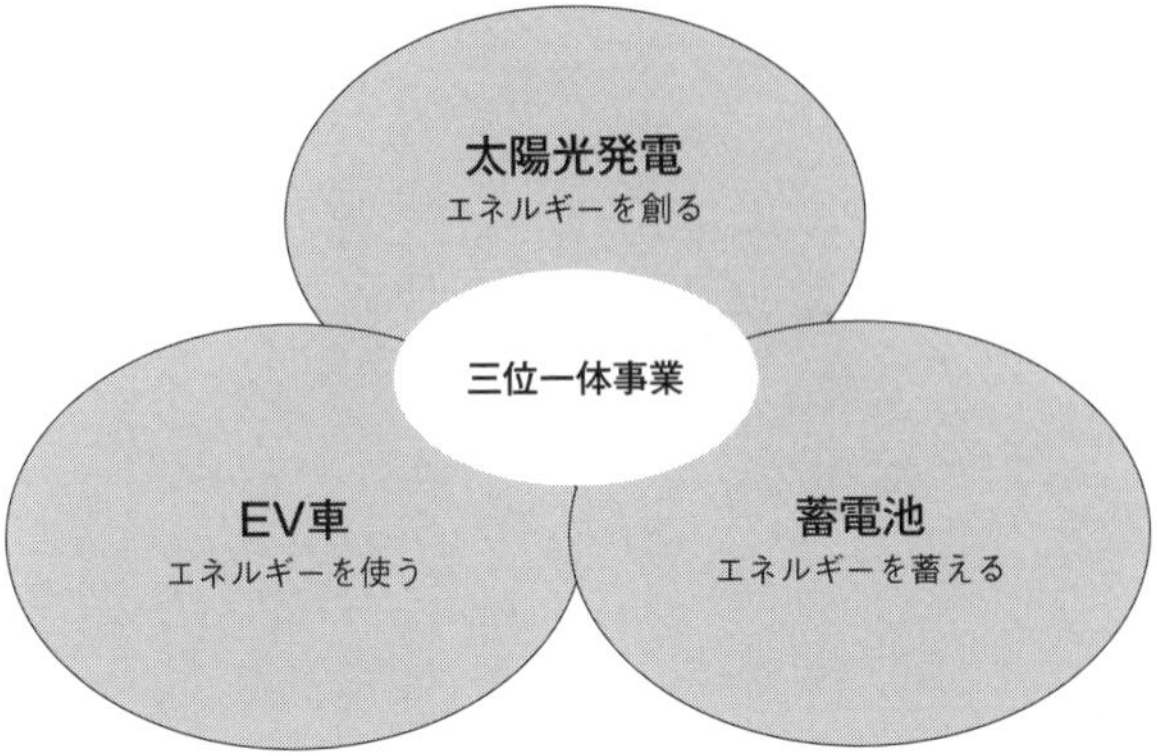

せることはできません。

つまり、「クルマ×IT×電機・電子」からなる次世代自動車が走る社会は、通信とエネルギーというインフラの進化なくしては絶対に実現しえないもの。そこで本章では、次世代自動車産業を支える次世代のエネルギーと通信、特に再生可能エネルギーと次世代通信規格「5G」について解説していきたいと思います。

なお、本章の内容を理解していただく上でも、先に述べたイーロン・マスクのビジョンは極めて重要です。本章の最初に「次世代自動車産業を中核とするクリーンエネルギーの新たなグランドデザイン」として図表を再掲しておきたいと思います。イーロンの描いているビジョンと地球を想う気持ちは、グローバルレベルでのグランドデザインになっていくと確信しています。

◆再生可能エネルギーで進展する価格破壊——もはや石油・ガスより安い！

いま、再生可能エネルギーの価格破壊が、次世代自動車産業にとっての追い風になっています。『「石油」の終わり』（松尾博文著、日本経済新聞出版社）によれば、アラブ首長国連邦（UAE）のアブダビで、丸紅、アブダビ政府、中国の太陽光発電パネルメーカーであるジンコソーラーの三者によって、「スワイハン太陽光発電事業」の建設が進められています。117万7000キロワット（kW）と言われる出力は原子力発電所に匹敵し、7・9㎢の敷地には太陽光パネル300万枚が並ぶとか。

しかし何より驚くべきは、その発電コストの安さです。なんと1キロワット時（kWh）あたり2・42セントと、3円以下。「高い」というイメージがあった再生可能エネルギーですが、それは昔の話。すでに、石油や石炭よりも安くなっているのです。

資源エネルギー庁によれば、世界の太陽光発電コストは2009年には35円／kWh

でした。これが、太陽光パネルの生産コストの低減、再生可能エネルギー導入の拡大、再生可能エネルギーの固定価格買取制度による買取価格の引き下げなどによって、2017年には10円／kWhを切るレベルにまで下がってきています。

2016年にはUAEとチリで3セント／kWhという太陽光発電コストが実現されましたが、スワイハン太陽光発電事業はさらに低コスト。また価格破壊は、太陽光発電に限った話ではありません。資源エネルギー庁によれば、風力発電についても、1984年には70円／kWhだったものが、2014年には10円／kWhを切るレベルにまで下がりました。再生可能エネルギーで進展しているこうした価格破壊は、次世代自動車産業のプレイヤーたちのEVシフトを強く後押しすることになるでしょう。

ちなみに日本はどうかといえば、2012年に導入された固定価格買取制度が再生可能エネルギーの普及に一定の成果を上げたと言われています。しかし、海外の再生可能エネルギーの発電コストに比べれば、その価格の下がり方は緩やか。2018年の太陽光発電の買取価格は18円／kWh（税別、10kW以上2000kW未満）。発電コストと買取価格はイコールではありませんが、日本の買取価格はスワイハン太陽光発電所の発電コストの約7倍と言えます。

また、世界の発電設備に占める再生可能エネルギーの発電設備の割合が増加し、2015年に稼働した発電設備の50％以上を再生可能エネルギーの設備が占めたと言われるなか、日本の発電電力量に占める再生可能エネルギーの割合は15％、火力発電は依然8割を超えています。この事実から「日本は取り残されている」ということがわかります。

◆限界費用ゼロ社会のドイツ
——本業を切り離し、再生可能エネルギーに注力するドイツの電力会社

続けて、環境先進国と言われるドイツの電力事情を紹介しましょう。ドイツは「2050年までに電力の80％を再生可能エネルギーで賄う」という具体的な目標を掲げています。

2014年11月、ドイツの四大電力会社のうちの最大手、エーオン（E.ON）は、経営方針の転換について重大な発表をしました。その内容は、まずこれまで本業としてきた原子力発電や石炭などの火力発電を採算悪化のために本社から切り離して分社化するというもの。もう一つは、本社の基幹事業を再生可能エネルギー・スマートグリッド・顧客ニ

ーズに対応する電力供給サービスの三つにするというものです。

これが意味するところを理解するには、まず原子力発電所や火力発電所と、再生可能エネルギーの違いをおさえておく必要があります。

原子力発電所や火力発電所は、その発電規模が大きいことが特徴です。消費地から遠く離れた広い土地に、規模の大きな発電設備を構え、大量の電力を作るという「大規模集中型」の発電だと言えます。発電に加えて、送電・配電（小売）も行うならば、大規模集中・独占型のエネルギー需給体制を構築することになります。

一方で、太陽光発電など再生可能エネルギーは、一般的には、それぞれの消費地に近いところで、小規模な発電設備を使って発電できます。いわばこちらは「分散型」の発電で、電力会社以外の企業はもとより、個人やコミュニティも電力を作ることができます。

そのため、「スマートグリッド（ＩＴの活用によって電力の流れを制御・最適化できる送電網）」のもと、電気を売ったり、自ら使用したり、コミュニティ内の消費者同士で電気を融通し合ったりと、状況に応じた電気の活用も可能です。原子力発電や火力発電が大規模集中・独占型の発電であるのに対して、こちらはＰ２Ｐのエネルギー生産・流通を可能にする、多元・分散型のエネルギー需給体制だと言えるでしょう。

石油・ガス、原子力発電の会社から、再生可能エネルギーの会社へ。エーオンの経営改革は、大規模集中・独占型の巨大電力会社から、多元・分散型の電力会社へシフトしたことを意味しています。

では、なぜエーオンはそのような判断を下したのでしょうか。これを読み解くカギは「限界費用（マージナルコスト）」です。限界費用とは、生産量を1単位増やすとき、それにかかる追加的な費用のことです。太陽光・風力・地熱による発電はインフラに投資するコストこそかかるものの、燃料費が不要であるために、限界費用がゼロに近づいていくという性質を持っています。すると、電力市場において再生可能エネルギーは価格競争力を発揮、再生可能エネルギーに比べて限界費用が高い原子力発電や火力発電の事業は、採算が悪化します。再生可能エネルギーの割合が低い電力会社ほど状況は厳しく、やがて経営方針の転換を余儀なくされることでしょう。エーオンの経営改革はまさしくこれにあたります。

ちなみに日本はどうかといえば、２０１７年8月から資源エネルギー庁の政策分科会などで「エネルギー基本計画」の見直しが議論されています。

もともと電源構成を決めるエネルギーミックスの議論では、限界費用やメリットオーダー効果が十分に検討されていないという批判がありました。メリットオーダーとは、限界費用の安い順に発電するのが経済的だとする考え方です。従来、日本では安定的・継続的に稼働が見込める電源（ベースロード）として原子力・石炭・地熱・水力を、次いで限界費用が安く、ベースロードでは足りなくなった場合に電力を供給する電源（ミドルロード）として天然ガスなどを、それでも足りない場合に使われる電源（ピークロード）として石油を使用してきました。ここに太陽光発電や風力発電など再生可能エネルギーが導入されると、必然的に、再生可能エネルギーから優先的に取引され、その結果、市場価格もさらに低下します。ところが、先述したように、日本の火力発電の割合は8割を超え、発電電力量に占める太陽光・風力発電の割合は8％にも届きません。このままでは日本は競争力を失うことになるでしょう。

◆EV車の燃料代がゼロになる社会

ドイツの再生可能エネルギーとて、懸念がないわけではありません。例えば、風や日照時間といった自然条件をコントロールすることはできず、電力の安定供給には不安が残ります。また太陽光や風力による再生可能エネルギーが増えれば増えるほど火力発電の採算が悪化しますが、火力発電も、太陽光・風力発電をバックアップするために必要です。「再生可能エネルギーへのシフトが進むから火力発電が破綻してもＯＫ」と楽観するわけにはいきません。

それでも、ＥＶを駆動させるために必要な膨大な電力をクリーンエネルギーのエコシステムとして賄えるのは、限界費用ゼロの電源、つまり再生可能エネルギーをおいてほかにないと結論づけていいでしょう。

現在は火力発電による電気で走っている電気自動車ですが、テスラが推進しているように、いずれは太陽光発電などの限界費用ゼロの電力が使用されるはず。繰り返し強調している通り、イーロン・マスクの目的は化石燃料からクリーンエネルギーへの移行にあるのです。並行して、自動車の「所有からシェアへ」というシフトもさらに進みます。

これらを考え合わせるとき、どのような社会が到来するのでしょう。『限界費用ゼロ社会』（ＮＨＫ出版）の著者で文明評論家のジェレミー・リフキンは、未来の自動車は無料の交通インフラと化し社会を活性化させることになると語っています。また燃料が無料になれば、運送費も安くなる。多元・分散型の需給体制である再生可能エネルギーなら、地域で賄うこともできるかもしれない、とも。これらは地域経済の活性化に大きく貢献することになるはず。再生可能エネルギーは、このように未来の交通インフラのあり方をも規定するのです。

◆EV化への対応をいち早く進めるエネルギー業界
――エネルギー業界で進展する「三つのD」

再生可能エネルギーの価格破壊、限界費用ゼロの再生可能エネルギー、多元・分散型のエネルギー需給体制といった、昨今のエネルギー産業の動きをご紹介してきました。

こうした変化を「三つのD」としてまとめる議論があります。すなわち「脱炭素化(Decarbonization)」「分散化(Decentralization)」「デジタル化(Digitalization)」です。

国際的なトレンドが「脱炭素化」にあることは、言わずもがなでしょう。2015年に採択されたパリ協定では、産業革命前からの世界の平均気温上昇を「2度未満」に抑える、平均気温上昇「1・5度未満」を目指すとして、CO_2などの温室効果ガスに対する方策が決定されました。エネルギー源の観点からは当然、石油・石炭などの化石燃料から太陽光・風力・地熱などの再生可能エネルギーへのシフトがトレンドに。自動車産業で言えば、脱ガソリンや電気自動車（ＥＶ）など新エネルギー車（ＮＥＶ）の急速な普及にそれは表れています。

「分散化」とは、多元・分散型のエネルギー需給体制へのシフトを指します。「脱炭素化」の要請にしたがって太陽光発電や風力発電などの再生可能エネルギー電源の導入が進むと、その小規模な電源設備が地域のあちこちに分散設置されます。これにより、Ｐ２Ｐのエネルギー生産・流通が可能になります。

「分散化」は、発電プロセスでCO_2など温室効果ガスが発生しない、限界費用がゼロ、家庭やオフィスでの電気料金が削減できる、電源から消費場所までの送電ロスが少ない、地方活性化につながるなどのメリットがあります。一方、デメリットは初期の設備投資コストが高いこと、大規模集中型の発電と比べて発電効率が低いこと、発電量は天候などの自然条件に依存すること。また、「分散化」は低炭素・分散電源が政策的に優遇されることによって、バックアップ・調整機能を持つ従来型電源の維持を難しくするという問題もあります。

「デジタル化」は従来、電力会社が顧客の電力消費量を計測する、顧客が自分の電気料金やその内訳を確認する、といったものが主流でした。しかし、あらゆるモノがインターネットにつながるＩｏＴ時代の「デジタル化」は、「ビッグデータ×ＡＩ」やスマートグリッドに関する技術によって「分散化」された電源や発電・送電・配電・蓄電などの制御、需要予測やその管理まで、様々な場面でエネルギーのスマート利用を促すものです。こうしたデジタル化は、発電分野を超えて交通・物流などの電動化・自動化へも影響を及ぼします。そしてインフラ間の相互補完性を高め、コミュニティを支える上で社会的に最適な配置・運用にもつながると期待されています。

エネルギーのトレンドとして、「三つのＤ」に、「セクターカップリング（Sector Coupling）」を加える議論もあります。

「セクターカップリング」とは、簡単に言うと、電力・熱・交通の三つのセクター間で、エネルギーを融通することです。例えば、電力セクターで発電した再生可能エネルギー電力を、そのまま電池に貯めるのではなく、温水などにしてタンクに貯めたりするのは、「電力→熱」の仕組みだと言えます。

次世代自動車産業を論じる本書において特に注目したいのは、「電力→交通」の仕組みです。再生可能エネルギーが交通として、つまり電気自動車に利用されるのです。こうして産業全体でエネルギーを効率的に運用するところにセクターカップリングの狙いがあります。先に触れた通り、いずれ電気自動車には太陽光発電などの限界費用ゼロの電力が使用されることになるでしょう。そこに「所有からシェアへ」というトレンドも加わる。こうして、自動車はクリーンかつ無料の、公共の交通インフラとなるのです。

こうしてみると、テスラがセクターカップリングにいち早く取り組んだ企業であることがわかります。「エネルギーを創る（太陽光発電）」「エネルギーを蓄える（蓄電池）」「エネルギーを使う（EV販売）」という三位一体をベースに、太陽光発電事業のソーラーシティ、パナソニックとのEV用電池の合弁であるギガファクトリー、そしてEV製造販売のテスラによってクリーンエネルギーのエコシステムを構築している。これはセクターカップリングを事業構造として取り込んだものとみなすことができます。

自動車産業では、CASEによって次世代自動車産業の方向が示され、既存のプレイヤーも大きく姿を変えつつあります。同時に、エネルギー業界では、3D＋S、すなわち「脱炭素化、分散化、デジタル化、セクターカップリング」のトレンドが環境を激変させている。これを受けて電力会社・ガス会社・石油会社といったエネルギー業界の既存プレイヤーも、再生可能エネルギーへと大きく舵を切っています。二つの業界の接点は、再生可能エネルギーです。自動車業界とエネルギー業界は、ここで大きなうねりとなって、一つの方向へ向かおうとしているのです。

◆攻める再生可能エネルギーのプレイヤー

次世代自動車産業の電力を担うエネルギー業界。その認識のもとに、エネルギー業界は自動車産業に先行してＥＶ化への対応を進めてきた、という側面もあります。

ソフトバンクの孫正義社長が２０１１年に設立した自然エネルギー財団は、２０１８年３月に主催した国際シンポジウム「REvision2018：自然エネルギー大量導入が世界を変える」に際して、「太陽光や風力発電は、すでに世界の多くの国や地域で火力や原子力発電より安価なエネルギー源になっています。大量の導入が進む中で、脱炭素をめざす新たなビジネスを生み出し、電力会社のありかたを変えています」（同財団ＨＰより）と述べています。

「脱炭素をめざす新たなビジネス」。その一例として、ソフトバンクグループの取り組みを紹介しましょう。

日本国内では、再生可能エネルギー発電事業のSBエナジー、燃料電池事業のブルームエナジー、電力小売りのSBパワーを展開。SBエナジーは日本に太陽光・風力発電設備を42サイト持ち、出力合計は650MWに達しています。SBパワーは2017年2月、SBエナジーなどが再生可能エネルギーで発電した電気「自然でんき」の小売りを開始しました。

海外では、モンゴルでの現地企業との合弁による風力発電事業、インドでの太陽光発電事業、サウジアラビアでの再生可能エネルギー発電事業に取り組んでいます。モンゴルでは、ゴビ砂漠に合計3260㎢もの土地を保有し、プロジェクト合計で13GWを超える風力発電のポテンシャルを持つと言います。インドでは、太陽光発電設備を2サイト持っています。驚くべきはその売電価格で、最も安価なものでは3・8セント/kWhとなっています。

近年、ソフトバンクに限らず、多くの日本企業で「再生可能エネルギーを利用する」という意識が高まっています。とりわけ脱炭素化については、コスト削減や企業の社会的責任などがインセンティブとなり、日本にも根付きつつあります。

しかし、再生可能エネルギーの買取価格は高止まりし、大規模集中・独占型のエネルギー需給体制が根強く残っています。また分散化、デジタル化、セクターカップリングまで含めて構想し、「電力会社のあり方を変える」と言えるほどの事業展開は、日本ではまだ見られません。

自然エネルギー財団は、世界の多くの国・地域ではすでに自然エネルギーが基幹電源であること、2030年には電力の40〜50%を自然エネルギーで供給することを目指していることを引き合いに出しながら、「日本政府の2030年目標は22〜24%という消極的なもの」と警鐘を鳴らしています。このままでは、世界の潮流から取り残されてしまう。ソフトバンクが自然エネルギー発電に乗り出した背景には、そんな危機感もありそうです。

◆守りから攻めへ、次の一手を打つ産油国と石油メジャー：脱石油・脱炭素に舵を切る

脱石油・脱炭素の動きは、世界規模で進んでいます。産油国や石油メジャーですら、その例外ではありません。

2016年4月、世界最大の原油輸出国サウジアラビアは、長期経済計画「ビジョン2030」を発表しました。このとき目玉となったのが、政府所有の資産の「民営化」とあわせた、国営石油会社サウジアラムコの「石油生産大手からグローバル複合工業企業への変革」です。サウジアラムコの株式公開も予定されているとされ、原油収入に依存し過ぎない国づくりの一環と言えるでしょう。

2017年11月には、運用資産が1兆ドルと言われる世界最大の政府系ファンド、ノルウェー政府年金基金が、石油・ガス関連銘柄への投資を引き揚げる方針を打ち出しました。その額は、エクソンモービル、ロイヤルダッチシェル、シェブロン、BPなど石油メジャー全株式の約6％。売却総額は日本円で約1兆3400億円にも上ります。

産油国や石油メジャーまでが脱石油に向かう背景には、「新ピーク・オイル論」もあります。簡単に言えば、石油は今後儲からないと予想されているのです。

1956年、米国の地質学者マリオン・キング・ハバート博士が「ピーク・オイル論」を唱えました。これは、地球上の石油資源は有限であり、いつかは枯渇するという考え方。

資源が少なくなれば需要が供給を上回り、石油価格は高くなるというのです。その後、シェールオイルやオイルサンドなど新たな石油資源が発見されたことでピーク・オイル論は後退していきましたが、かわって近年提唱されているのが、新ピーク・オイル論です。これは、資源が枯渇するより前に需要がピークを迎えるという説。供給が需要を上回るので、いずれ石油価格は下落していくことになります。

現在、世界的には新ピーク・オイル論が優勢です。なぜなら、3D＋Sの流れや電気自動車（EV）の普及が進む限り、今後、石油需要は落ちていくと考えられるからです。

需要のピークがいつやってくるかは定かではありません。石油メジャーやIEA（国際エネルギー機関）、OPEC（石油輸出国機構）らは、「2035年や2040年までのあいだにはピークは来ない」という見方でほぼ一致、EVへの移行にも20年程度はかかると考えているようです。

しかし、いつかやってくるその日のための準備はすでに進めています。例えば、石油メジャーのロイヤル・ダッチ・シェルは2017年10月、欧州最大のEV充電ステーション・ネットワークを持つオランダのニューモーションを買収することで合意しました。また同年11月には、欧州10ヶ国でEV向け高速充電器を整備するために、米国のフォードやドイツのBMW・ダイムラー・フォルクスワーゲンが出資するEV充電所運営事業のイオニティと提携することを発表しています。世界のエネルギー転換の流れに逆らうことなく、化石燃料からクリーンエネルギーへの事業多角化を進めるロイヤル・ダッチ・シェル。石油需要が長期的には停滞することを見越し、今後普及が見込まれるＥＶ分野で収益拡大を狙う方針がうかがい知れます。

◆次世代原発も再生可能エネルギーも強力に推進する中国

世界的なＥＶシフトを牽引する存在となった中国も、国を挙げての脱石油を急速に進めています。中国での新エネルギー車（ＥＶ・ＰＨＥＶ）の販売台数は約77・7万台に達し（２０１７年）、対前年比50％以上の伸び。中国の次世代自動車産業にとっても、安定したエネルギー供給は喫緊の課題です。

２０１６年から始まった第13次５カ年計画では、一次エネルギー消費に占める非化石燃料エネルギーの比率を２０２０年には15％へ引き上げるという目標が設定されました。その実現のため、非化石燃料では、原子力と再生可能エネルギーの開発という二本柱で開発を推進しています。

一般社団法人日本原子力産業協会のレポート「中国の原子力開発：第13次原子力計画での安全追求と国産化の課題」（２０１７年９月２９日）によれば、中国の原子力発電所は38基（３６１２・５万ｋＷ）が稼働中、加えて19基（２２１９・３万ｋＷ）を建設中とのことです。２０２０年には運転中５８００万ｋＷ・建設中３０００万ｋＷ以上を目標とする一方、福島原発事故を踏まえ、２０２５年には国際先進レベルの安全の達成も謳っています。

さらに、２０３０年までに１００基を超える原子力発電所の稼働を計画しており、これは現在99基の原子力発電所を持つ米国を超えるレベルです。つまり、中国は世界一の原発大国になろうとしているのです。２０１５年時点の原子力発電は全電源の３％弱しか占めていないなかで、原子力発電事業を国策として捉え、それを強力に推進し、資金提供など具体的な政策を進めています。

国内のみならず、原発の輸出にも積極的です。中国国有原子力大手の中国核工業集団がパキスタンに原発を建設しているほか、２０１６年にはケニア・エジプトと第三世代原発の輸出に関する覚書に署名しています。また、ルーマニアやアルゼンチンからも注文を取り付け、中東やアフリカ地域の市場を集中的に開拓しています。２０１６年９月に中国広核集団・仏電力最大手のフランス電力・英国政府とのあいだで、原発新設プロジェクトの一括契約を締結。2017年5月には、中国原子力大手の中国広核集団が出資する英国ヒンクリーポイントC原子力発電所の建設が着工されたことが発表されました。

中国は、次世代型と呼ばれる原子力発電の開発も進めています。次世代型原発の特徴は、大型圧力容器が不要、燃料のリサイクルが容易、ウランの使用量が削減可能、万が一故障の際にも壊滅的な事故を避けられることです。2017年11月には、中国国有原子力大手の中国核工業集団などが、ビル・ゲイツ氏が会長を務める原子力ベンチャー企業のテラパワーと合弁会社を設立しました。ここでの狙いは「進行波炉（TWR）」の実用化。燃料は核燃料廃棄物、なおかつ安全性にも優れているといいます。

こうした海外進出や米国との協業は、安全面も含めて、中国の原子力事業はもはや外国の成熟した技術を単に移転・転用するレベルにはない、ということを示しています。

一方で、風力発電や太陽光発電など、再生可能エネルギーの開発は、原発以上のスピードです。習近平国家主席は、2017年10月の共産党大会で「エネルギー生産と消費で革命を起こし、クリーンで低炭素、安全で高い効率のエネルギー体系を築く」と宣言しました。そこでは、再生可能エネルギーを２０５０年までに全電力の８割にまで拡大するとの目標も設定されています。

もともと中国政府は、２０１７年1月に、「第13次5カ年（２０１６年～２０２０年）エネルギー発展計画」を発表しています。これによると、石炭は58％以下にまで低減、天然ガスを10％に、水力・原子力・再生可能エネルギーを含む非化石燃料エネルギーは先述したように15％にまで引き上げるとしています。

２０２０年までの発電設備容量の増産でいえば、原子力発電０・31（百万ｋＷ）に対して、水力発電０・43（百万ｋＷ）・風力発電０・79（百万ｋＷ）・太陽光発電０・68（百万ｋＷ）・天然ガス０・44（百万ｋＷ）となっています。風力発電・太陽光発電の発電設備容量の増産幅は、ともに原子力発電のそれよりも倍以上となっているわけです。世界のＥＶ大国たらんとする中国は、再生可能エネルギー大国も目指しているのです。

◆日本では進まぬ再生可能エネルギーのコストダウン

ひるがえって、日本はどうか。脱石油・再生可能エネルギーへ、というシフトは順調に進んでいるのでしょうか。

２０１２年にスタートした「再生可能エネルギーの固定価格買取制度（ＦＩＴ）」以降、再生可能エネルギーの設備容量は年平均26％の伸びを示しています。特に、太陽光発電の伸びは著しいと言ってよいでしょう。

ＦＩＴは、再生可能エネルギーで発電された電気を20年間の調達期間にわたって電力会社が固定金額で買い取ることを政府が義務付ける制度です。買取価格は、設備建設等に要する費用に適正な利潤を加えて買取価格を決める「総括原価方式」によって決まります。例えば太陽光の場合、10ｋＷ以上２０００ｋＷ未満の電力は、２０１８年は18円（税別）の固定価格で買い取られています。

またＦＩＴは、電力会社が電気を買い取る費用を、電気の利用者から「賦課金」という形で徴収し、依然コストの高い再生可能エネルギーの導入を支援する制度でもあります。つまり再生可能エネルギーの普及を国民が広く負担しているわけです。家庭の電気料金の内訳を確認したことがある方は「再エネ賦課金」という請求項目にお気づきでしょう。ちなみに、筆者の２０１８年2月分の「再エネ賦課金」は１５９９円。電力会社からの請求金額の約10％を占める結構な額でした。太陽光発電が伸びている一方で、コストダウンが進んでいないという見方もできます。

２０１７年4月、国民の賦課金負担を軽くするための制度改正が行われ、太陽光であれば２０００ｋＷ以上は競争入札を通して買取価格が決定されるようになりました。

競争入札の仕組みはこうです。まず、その年度に電力会社が買い取る電力の「募集容量（ｋＷ）」と「上限価格（円／ｋＷｈ）」を政府が決めたうえで、入札が行われます。売り手である太陽光発電事業者は「上限価格（円／ｋＷｈ）」の範囲内で買取価格を記載した札を入れ、自ら太陽光発電した電力を買い取ってもらおうとします。もちろん、売り手なので、できるだけ高く買い取ってもらいたいわけです。

対して、買い手はできるだけ安価な買取価格で買い取りたいので、できるだけ安価な買取価格の札を入れた売り手と売買取引をしようとします。つまり、競争入札上、安価な買取価格から落札されていく形で、「募集容量（ｋＷ）」がうまっていきます。売り手が高い買取価格を入札してしまえば、落札されずに、せっかく発電した電力が売れ残ってしまうリスクがあるのです。

しかし、２０１７年の入札では、募集容量50万ｋＷに対して入札が9件で合計約14万ｋＷ。すべて落札。うち保証金未納付の5件が取り消され、結局落札は4件で合計約4万ｋ

W。募集容量の1割未満です。となれば、買取価格は実質売り手の言い値。競争原理が全く働かなかったわけです。

つまり、太陽光発電の設備容量は伸びているにもかかわらず、買取価格の低下は進んでいないのが、日本の現状。今後は、競争原理を適切に機能させる仕組みを整えるなどして、買取価格の低下を促す必要があるでしょう。限界費用ゼロの再生可能エネルギーは、便利で快適なモビリティを実現するカギ。次世代自動車産業において日本が取り残されないためにも、再生可能エネルギーの健全な普及を促す必要があります。

◆トヨタ×ソフトバンク×東電がフュージョンする⁉
――モビリティとエネルギーの融合

今後も、次世代自動車産業と電力・エネルギー産業は、不可分に絡み合いながら進化を遂げていくと予想されます。この先に、どのような未来が待っているのか。この点で、ソフトバンクが興味深いビジョンを打ち出しています。それはモビリティとエネルギーの融合です。

ソフトバンクは「ビッツ（Bits）・ワッツ（Watts）・モビリティ（Mobility）のゴールデントライアングル」と評しています。簡単に言うと、ビッツとは、情報革命やIoTのこと。ワッツはエネルギー革命、モビリティは人・モノ・金・情報などの移動の最適化を指します。そして、このゴールデントライアングルのなかで「プラットフォーマー&サービスプロバイダーを目指す」ことが、ソフトバンクグループのコアビジネス戦略だといいます（ソフトバンクグループCEOプロジェクト室室長でSBエナジーの社長でもある三輪茂基氏の「REvision2018」での講演資料より）。

たとえて言うなら、トヨタとソフトバンクと東電がフュージョンするといったところでしょう。

いずれは、EVには太陽光発電などの限界費用ゼロの電力が使用されるようになります。自動車は所有するものからシェアされるものへ。交通燃料費は限界費用ゼロの再生可能エネルギー電力によって限りなく無料に近づき、自動車は公共の交通インフラ化します。ソフトバンクグループが目指しているのは、その交通インフラをIoTで制御するプラットフォーマーであり、モノではなくサービスを売るサービスプロバイダー。それは、米国ウーバー、インドのオラ、中国の滴滴出行、東南アジアのグラブといったライドシェア会社への出資からも明らかです。

そんな社会が到来する頃には、「東京電力のような電力会社やＮＴＴドコモのような通信会社がクルマを売る」「トヨタのような自動車会社が電力や通信を提供する」「近未来のメルカリのようなシェアリング会社がクルマの最大の買い手となる」といったことも現実になってくるでしょう。これが、ソフトバンクが思い描くプラットフォーマー＆サービスプロバイダーとしての事業展開なのです。

◆次世代自動車産業は通信消費の大きい産業となる

エネルギーと並んで、もう一つ忘れてはならないのは、通信の重要性です。次世代自動車産業のトレンド「ＣＡＳＥ」を推し進めていくには、大きな通信消費が伴うからです。

ここでのキーワードは、「５Ｇ」です。

５Ｇとは、ひと言でいえば、ＩｏＴに必要とされる通信インフラ技術です。インターネットにあらゆるモノやデバイスが接続されるＩｏＴ時代においては、既存の通信規格である３Ｇや４Ｇでは性能面でとても追いつきません。そこで、４Ｇに比べてはるかに「高速・大容量」「低遅延」「同時多数接続」の５Ｇが必要だとされています。

最大データ通信速度で比較すると、４Ｇが１ギガビット／秒であるのに対し、５Ｇは20ギガビット／秒。遅延時間は、４Ｇは10ミリ秒であるのに対し、５Ｇは１ミリ秒。同時多数接続は、４Ｇが１㎢当たり10万台であるのに対し、５Ｇでは１００万台に。つまり５Ｇは４Ｇと比べて、20倍の速さ・10分の１の遅延・10倍の接続可能デバイス数を誇るということです（ユーザー体感速度は４Ｇの１００倍程度とも言われています）。

では５Ｇによって通信環境が劇的に良くなると、何が起こるのでしょうか。

まず臨場感あふれる映像配信です。例えば、スポーツ観戦、３次元のリアルタイム中継は、別の場所にいながらにして、スタジアムで直接観戦しているような臨場感を味わえることでしょう。１ミリ秒の遅延は、人間の感覚では全く遅れを感じないレベルです。

ＶＲ（バーチャルリアリティ）やＡＲ（拡張現実）にも５Ｇは利用されます。例えば、物理的に離れている数名が３次元の空間を共有する。これなら、離れていても相手が目の前にいるのと同じように会議ができます。わざわざオフィスまで通勤する必要もなくなります。

遠隔建設・遠隔製造・遠隔医療・遠隔介護などにも利用できるでしょう。「触覚」も進化すると言われ、医者が遠隔で外科手術をしたり、熟練大工が遠隔で家を建てたり、遠隔で小さい子や高齢の両親を見守ったりすることができます。遠隔で数名のバンドメンバーが別々の場所にいながらにして楽器を同時演奏するなど、考えるだけでワクワクします。ほかにも、街のセキュリティ・ゲーム・バーチャルな海外旅行など、遅延を感じることなく、画面の解像度も格段に高くなるので、様々な3次元体験が可能となるでしょう。

そして、自動運転です。5Gは、自動運転にどんな恩恵をもたらすのでしょう。

運転手を務めるAIに、「学習」段階と「推論」段階があったことを思い出してください。「学習」段階では、「察する」テクノロジーであるカメラ・レーダー・ライダーなどから「認知」した情報を、ビッグデータとしてクラウド上のマシーンラーニング・ディープラーニングにまわす必要があります。このとき生じる「高速・大容量」の情報伝送を担うことができるのは、5Gだけです。

またAI「推論」段階においては、「認知」した情報は、クラウド上のマシーンラーニング・ディープラーニングを通して習得されたAIのドライビングテクニックに照会され、解析されることで、自動運転車の制御に活かされることに。ここでは「高速・大容量」のみならず、「低遅延＝リアルタイム」の情報処理が求められます。このとき5Gは、

ＡＩの「学習」「推論」に関わる膨大な情報処理やデータ転送を、リアルタイムかつ確実に実行する役割を担うのです。なにより、時速数十㎞で走る車にとっては、数ミリ秒の遅延が命取りになりかねません。自動運転車の安全性が保証されるためには、「高速・大容量」「低遅延」の情報伝送という条件が不可欠なのです。

さらには、自動運転車が広く公共の交通インフラとなる社会においては、「同時多数接続」も必須。いずれも、５Ｇなしでは実現できません。すなわち５Ｇは、自動運転車を社会実装するにあたってなくてはならない社会インフラなのです。

◆次世代通信５Ｇの導入スケジュールが前倒しになる

日本では２０２０年にサービス開始の予定です。スタート時は、既存の４Ｇインフラをベースにしながら、都会など需要が多い地域のアクセスネットワークから５Ｇを追加していくとされています。

世界的にも、２０２０年に商用化開始で足並みが揃っていました。ところが、２０１８年２月にスペイン・バルセロナで開催された「モバイル・ワールド・コングレス」で、米国・欧州・韓国などの通信事業者や通信機器メーカーが、5G導入を前倒しすることを相次いで表明したのです。米国では最大手のAT&Tとベライゾンが2018年中に商用展開を開始する計画を発表、韓国のKTも2019年に商用化を予定しています。

こうした各国の素早い動きに対して、日本全体としては依然、商用化の前倒しには慎重で、世界の情勢をみながら検討が進められている模様です。しかし次世代自動車産業において5Gは、再生可能エネルギーとともにモビリティを支える重要なインフラです。米国・欧州・中国が相当なスピードで準備を進めているなか、日本の遅れは、もはや通信産業の問題にとどまるものではありません。それは次世代自動車産業の行く末をにらむ自動車業界、そしてエネルギー業界も含めた、まさにオールジャパン体制で取り組むべき課題であると私は考えます。

本章の最後に、電力・エネルギーについて筆者の意見を改めて述べておきたいと思います。私は、現在の三菱UFJ銀行時代、プロジェクト開発部というセクションにおいて、資源エネルギーやインフラストラクチャー等のファイナンスを担当していました。具体的には、海外における石油や天然ガスのエネルギープロジェクト、通信・空港・高速道路等のインフラプロジェクト、自動車メーカーやメガサプライヤー等の大型設備投資プロジェクト、そして大型複合不動産開発プロジェクトなどのファイナンス組成の仕事でした。そこでの経験からも、資源エネルギーの世界は、国内外ともに極めて「政治的」な分野であり、「アンタッチャブル」なものも少なくない領域であることをまさに痛いほど体験してきています。

その一方で、世界や地球を30年、50年、１００年単位で見た場合、太陽光発電などの再生可能エネルギーにいかに早期にシフトしていけるかは、後世の子供たちのことを真剣に考えたならば極めて重要なテーマであると確信しています。枯渇可能性のあるエネルギーは後世の危機管理のために温存し、再生可能エネルギーに可及的早期に転換していくこと。このための重要なカギを次世代自動車産業は握っているのです。

日本では、家庭からの太陽光発電の高額買い取り制度が終了する「２０１９年問題」が存在しています。この問題が顕在化する前に本章で述べたようなクリーンエネルギーのエコシステム構築に向けた動きが本格化するかどうか。ピンチをチャンスに変えていけるかどうか。ここでも「日本の活路」が問われているのです。

第10章

トヨタとソフトバンクから占う日本勢の勝算

◆「生きるか、死ぬか」トヨタの危機感の正体

ＥＶなど、次世代自動車産業において「トヨタ自動車は出遅れている」という論調があります。とりわけ次世代エコカーにおいては20年来、「プリウス」に代表されるハイブリッド車を主力としていたことから、トヨタは世界的なＥＶシフトに取り残される格好にも見えます。

また本書をここまで読み進めてくださった方々には、従来型の自動車メーカーが置かれている厳しい状況は、ご理解いただけているでしょう。自動車メーカーのなかにはトヨタを脅かすような企業はないかもしれませんが、自動車業界そのものが大きく姿を変えようとしているいま、トヨタが業界の盟主であり続けることが果たしてできるのか。事態は混沌としています。「トヨタ自動車は出遅れている」か否かを検証していきたいと思います。

ここであえて、豊田社長が抱いているであろう「トヨタの危機感」を10項目に整理するなら、次のようになるでしょう（図表35）。

・自動車産業の構造、需給関係が変化し、業界全体の規模や販売台数が減少する恐れがあ

ること。

・業界内外との競争で厳しい展開となり、自社のマーケットシェアが減少する恐れがあること。

・次世代自動車産業における競争のカギが、ハードからOSやサービスなどに変化し、テクノロジー企業などに覇権を握られる可能性があること。

・既存の自動車メーカーはハードの納入会社化してしまう可能性があること。

・中国や欧州のEVシフトが急速化していること。

・中国が推し進める新エネルギー車（NEV）の対象からハイブリッド車を除外するなど、トヨタ狙いの動きが明らかであること。

・EV化や自動運転化での短期間での収益化・量産化が読めないこと。

・CASEでの対応が最先端プレイヤーと比較すると出遅れている可能性があること。

・ライドシェアなど日本国内では規制で手が打てない分野は状況が見えにくく、会社全体として必要なレベルにまで危機感が高まらないこと。

・次世代自動車産業においては巨大なトヨタや関連企業、関連産業の雇用を維持するのが困難となる可能性があること。

図表35 「トヨタの危機感」

■自動車産業の構造、需給関係等が変化し、業界全体の規模や販売台数が減少する可能性があること
■業界内外との競争で厳しい展開となり、自社のマーケットシェアが減少する可能性があること
■次世代自動車産業においては主役が交代し、テクノロジー企業などに覇権を握られる可能性があること
■次世代自動車産業における競争のカギが、ハードからOSやサービス等に変化し、自社本来の強みが発揮できない可能性があること
■既存の自動車メーカーはハードの納入会社化してしまう可能性があること
■中国や欧州がEVシフトの流れが急速化してきていること
■これらの動きがトヨタ狙いであることが明らかであること
■EV化や自動運転化での短期間での収益化・量産化が読めないこと
■CASEでの対応が最先端プレイヤーと比較すると出遅れている可能性があること
■ライドシェアなどにおいて日本国内では規制で手が打てない分野もあり、危機感がなかなか高まらないこと
■次世代自動車産業においては巨大なトヨタや関連企業、関連産業の雇用を維持するのが困難となる可能性があること

なかでも、最後の項目「雇用維持」という使命感が、トヨタの足かせになったという可能性は重要です。

トヨタは、エンジン関連の部品を下請け企業、孫請け企業からなる巨大なピラミッド構造によって製造してきました。しかし、ガソリン車に比べ部品数がはるかに少ないＥＶにシフトすれば、下請け企業、孫請け企業の事業の根本的な見直しが必要となり、数十万人とも言われる雇用に影を落とすと懸念されているのです。

◆トヨタの大改革、始まる

トヨタ危うし。この事実は、多くの日本人が誇りとし、愛してやまない企業だけに、ショッキングなことかもしれません。

ですが、誰が指摘するまでもなく、危機を誰よりも自覚しているのは、トヨタ自身。それは、「自動車業界は100年に一度の大改革の時代」「勝つか負けるかではなく、生きるか死ぬか」といった、豊田章男社長の言葉からも、痛いほどひしひしと伝わってくるものです。

CES2018では、「私はトヨタを、クルマ会社を超え、人々の様々な移動を助ける会社、モビリティ・カンパニーへと変革することを決意しました」と宣言。同時に、モビリティ・サービス専用の次世代EV「イー・パレット・コンセプト（e-Palette Concept）」を発表しました。

イー・パレット・コンセプトは、一見すると箱型のEV。しかしその実態は、EV、シェアリング、自動運転といった次世代自動車の技術の全てを取り込み、なおかつ、用途に応じて柔軟に形を変えるプラットフォームです。例えば、朝夕はライドシェアリングとして利用され、昼間は移動店舗や移動ホテル、移動オフィスにと、「パレットのように」姿を変えられるとしています。「将来はイー・パレットにより、お店があなたのもとに来てくれるのです」と豊田社長。すでにアマゾン、滴滴出行、マツダ、ピザハット、ウーバーなどがパートナーとして発表されており、今後は彼らと実証実験を進め、2020年の東京オリンピックでもイー・パレットで貢献する、と宣言しています。

「100年に一度の大改革」。その言葉を裏付けるように大掛かりな組織改革も次々に発表し、次世代自動車への対応を急いでいます。

2017年9月には、電気自動車の構想を他社も含めたオープンな体制で進めるため、トヨタ、マツダ、デンソーの三社で新会社「EV C.A. Spirit」を設立。のちに、スバル、ダイハツ、スズキ、日野自動車が合流し、「オールジャパン」体制を整えました。豊田社長は「幅広く自動車メーカーの電動車の普及に貢献したい」と語っています。同年11月には、大規模な組織改革・人事異動を敢行。トヨタは2016年から製品ごとに組織をまとめるカンパニー制を導入していますが、このとき九つあるカンパニーのうち4カンパニーのトップが交代しました。

トヨタ自動車の豊田章男社長(写真:時事)

２０１８年に入ってからも、改革の手は緩んでいません。

３月には、トヨタコミュニケーションシステム・トヨタケーラム・トヨタデジタルクルーズのＩＴ子会社三社を統合し、２０１９年１月に新会社トヨタシステムズを設立することが発表されました。これには、自動車業界が直面する「１００年に一度」の大変革期においてＩＴが果たす役割がますます大きくなるなか、三社がこれまで個別に担ってきたノウハウを一本化、ＩＴソリューションを一気通貫に提供することで、トヨタグループの連携強化に貢献するという狙いがあるようです。

同じく３月に、デンソー、アイシン精機と共同による自動運転の新会社「トヨタ・リサーチ・インスティテュート・アドバンスド・デベロップメント（TRI-AD）」を都内に設立することも発表。英語を社内公用語とし、国内外から1000人規模の技術者を採用、また三社で3000億円以上を投資することで、自動運転技術の開発を急ぎます。CEOには、元グーグルのロボティクス部門長が就任することが決まりました。トヨタは2016年にAI、自動運転、ロボティクスなどを研究するTRIをシリコンバレーに設立していましたが、国内に新会社を設立することでさらなる競争力の強化を図ります。

◆ダイムラーとの比較から探るトヨタの現在地

しかし正味のところ、トヨタはいま、どのようなポジションにあると見るべきなのでしょう。ここでは、CES2018の段階でのトヨタと、トヨタと同じく従来型の完成車メーカーからの脱皮を図るドイツの雄、ダイムラーとの比較を試みたいと思います。

先に述べた通り、CES2018において「モビリティ・カンパニー宣言」をしたトヨタ。それに対してダイムラーは、2016年のパリ・モーターショーで新たな中長期戦略「CASE」を発表し、次世代自動車産業の指針を示すとともに、新たなEVシリーズ

「EQ」を発表しました。

ダイムラーのディーター・ツェッチェ会長はそのときこう言いました。「（EQは）移動手段としてのクルマの存在意義を拡張し、特別なサービスと体験、イノベーションを生む全く新しいモビリティである」。その「存在意義の拡張」を包括的に実現するものが「CASE」という位置付け。それは自動車のあり方や概念を変える革新的なプランでした。

両社のメッセージの内容は、重要な骨格部分ではほぼ同じと言っていいでしょう。しかし発表時期には1年以上の差があります。トヨタの「モビリティ・カンパニー宣言」は、ダイムラーの「CASE」を少し遅れて踏襲したものでしかないようにも見えるのです。

モビリティ・サービスの中身はどうでしょう。トヨタはイー・パレットによりMaaS（サービスとしてのモビリティ）参入を謳いましたが、これとて、乗り捨て型カーシェアリングサービスの「Car2go」の会員数が300万人を超え、ウーバー並みの躍進を見せるダイムラーには水をあけられています。

コネクトの点では、トヨタは車載システムとして自社で進めてきたものに加えてアマゾン・アレクサの搭載を発表、2018年中にトヨタとレクサス車の一部を対象にするとしました。一方のダイムラーは、自動車メーカーとしては唯一、エヌビディアをパートナーとする独自開発のＩＴ大手並み音声アシスタント「ＭＢＵＸ（メルセデスベンツ・ユーザー・エクスペリエンス）」を発表、ユーザー・エクスペリエンス追求の姿勢を鮮明に打ち出しています。

そして、トヨタにとって一番の目玉であったはずのイー・パレット。日本からは画期的なものに見えたかもしれません。事実、そのように高く評価する論調の記事も目にしました。しかし他社のブースと相対比較ができるＣＥＳ２０１８の現場においては、イー・パレットに新味があったとは言いがたいのです。よく言えば「パレットのように自在に姿を変えられるクルマ」ですが、現地では「パレットとは、タブララサ（白紙）のことか。クルマ表面の画像を差し替えただけ」という厳しい指摘も耳にしました。

対するダイムラーのブースでは、ＭＢＵＸ搭載の完全自動運転車の車内でどのように時間を過ごすのかを魅力的かつ具体的に伝える動画を発表していました。

以上を踏まえると、「現状、次世代自動車への対応において、競合とはかなりの差があるように見える」という結論が導き出されてきます。表面に見えている部分だけではなく、中身もしっかり検証したくなるところです。

◆それでもトヨタが勝ち残る理由

しかし、それでもなお、トヨタは勝ち残る。そう結論づけるに足る理由があると、私は考えています。

第一の理由は、トヨタを率いる豊田章男社長の、危機感の高さです。自称「カーキチ」、現役のレーシングドライバーでもある彼が社長に就任したのは2009年、52歳のときです。リーマンショックによる大打撃からの復活、そしてさらなる経営強化のため、組織の変革に積極的に取り組んできました。しかしそれも、従来の自動車産業の枠内での話。ここにきてにわかに、次世代自動車への対応に向け、危機感を募らせています。

「私は豊田家出身の3代目社長ですが、世間では、3代目は苦労を知らない、3代目は会社をつぶすと言われています。そうならないようにしたいと思っています」

CES2018のスピーチで豊田社長が口にした言葉ですが、これはあながちジョークとは言えない、本心を多分に含んだものだと私は見ます。同時に「3代目のボンボン」であることをネタにするところに豊かな人間性と頼もしさを感じるのです。現在の日本企業では珍しく、経営者のセルフブランディングがコーポレートブランディングにもなっている好事例。これだけの大会社の経営者がボケ役として振る舞うというのは、なかなかできることではありません。

豊田社長の危機感は、メガテック企業の競争優位の源泉を正確に理解しているためでもあるのでしょう。２０１７年のアニュアルレポートから豊田社長の発言を引用します。

「いま、私たちの前には新しいライバルが登場しております。彼らに共通するのは、『世の中をもっと良くしたい』というベンチャー精神です。かつての私たちがそうであったように、どの業態が『未来のモビリティ』を生み出すのか、それは、誰にも分からないと思います。ただ、間違いなく言えるのは、次のモビリティを担うのは、『世の中をもっと良くしたい』という情熱にまさる者だということです」

ここでいう「世の中をもっと良くしたい」という精神は、コトラーが提唱した「マーケティング３・０」そのものです。多くの社会課題が叫ばれる現代においては、個人のニーズを満たす製品やサービスではなく、世界をより良い場所にすることが企業の存在意義となります。

例えば、第2章で触れたテスラは「人類救済」、第3章で触れたウェイモは「(完全自動運転技術によって）人々がもっと安全かつ気軽に出かけられ、物事がもっと活発に動き回る世界をつくること」をミッションに掲げています。こうしたミッションにおいて優れており、そこに込められた哲学・こだわり・想いでユーザーの共感を集めているのがメガテック企業の強み。それを知る豊田社長であればこそ、彼らが異業種からの参入組だからといって油断することはありません。第一トヨタも、自動織り機の発明を機に創業した会社なのです。自分たちもそもそもは異業種の会社というところからスタートしており、次のステージでもあえて自らも異業種の会社と捉えて自戒していると言ってもいいでしょう。

「私たちの競争相手はもはや自動車会社だけではなく、グーグルやアップル、あるいはフェイスブックのような会社もライバルになってくると、ある夜考えていました、なぜなら私たちも元々はクルマを作る会社ではなかったのですから」と豊田社長は実際に語っているのです（CES2018でのスピーチにて）。

そして「世の中をもっと良くしたい」という情熱であれば、トヨタも決して負けてはいません。トヨタのこれまでの歴史は、「自動車産業をつくる」という、大きなミッションとともにありました。

豊田社長は、トヨタに入社直後、先代から「創業者を研究しろ」と命じられたそうです。研究の結果、創業者が「自動車産業をつくる」ことを使命としていたことを知りました。豊田社長は、この使命感を受け継ぎ、自動車産業全体を担う覚悟を内外に示してきています。その思いが、自動車会社からモビリティ・カンパニーへのシフトや、「勝ち残りではなく生き残り」という強い言葉などに示されているのだと私は考えます。

ならば「次世代自動車産業をつくる」ことが、豊田社長のいま目の前にあるミッションであるはずです。その実現のために、トヨタグループが総力を結集させることになるでしょう。

◆EV追撃へオールジャパン体制で臨む

個別の取り組みを見ても、トヨタにしかない「凄み」があります。

2017年12月には、EVの基幹部品である電池の開発でパナソニックとの提携を検討すると発表しました。

電池はEV車のコストの大半を占めるものであり、EV事業を黒字化する際のボトルネックになるもの。パナソニックとの協業で、黒字化を急ぐ構えとみられます。

また既存のリチウムイオン電池に替わる次世代電池の有力候補であり、小さく軽量でありながら航続距離の長さや充電時間の短さ、安全性で優れる「全固体電池」の共同開発にも乗り出すといいます。各国も研究開発を進めるなか、全固体電池はいまだ実用化の手前。それでもトヨタは2000年代から基礎研究を続けたという実績があります。そしてパナソニックは現在、リチウムイオン電池の世界最大手であり、テスラのパートナーでもある。トヨタとパナソニック、EV用電池で手を組むには現状、最強の相手だと言えるでしょう。電池を制するものが、電動化を制するのです。

今後はハイブリッドに偏ることなく、EV、燃料電池車（FCV）、プラグインハイブリッド車（PHV）といった電動車の全方位戦略を進め、2030年までに世界で550万台以上の電動車を、そのうちEVとFCVであわせて100万台以上の販売を目指す方針です。前述の通り、トヨタ、マツダ、デンソー、スバル、スズキ、ダイハツ、日野自動車の「オールジャパン」体制による新会社では「EV C.A Spirit」でEVの基盤技術を開発し、さらにはパナソニックとも連携。EVを本格展開する準備を着実に進めています。

メガテック企業の強みとされるビッグデータの集積も進めています。ここでいうビッグデータとは、加減速や位置データなどの車両情報に、車両前方の動画データなど、車載センサーを通じて集められる全てのデータを指します。これらを、通信機能を搭載したコネクティッドカーから集めて蓄積しているのです。

ビッグデータといっても、音声情報や位置情報にとどまるIT企業を凌駕していると言えるでしょう。ここは極めて重要なポイントです。2016年には、こうしたビッグデータを活用して新しいサービスを開発する新会社「トヨタ・コネクティッド」を設立しました。集められたビッグデータは「モビリティサービスプラットフォーム（Mobility Service Platform＝MSPF）」に蓄積、サービス事業者向けにAPIを公開することで、自動運転の開発会社やライドシェア事業者、カーシェア事業者、物流事業者など、世界中の企業とオープンに共有、新たなサービスにつなげるとしています。前述のイー・パレットも、このプラットフォーム上で運用されます。

また2017年4月からは、KDDI、東京ハイヤー・タクシー協会と共に、都内を走る500台のタクシーからビッグデータを集めて解析する実証実験を行っています。こちらは2018年春から、トヨタの無料カーナビアプリ「TCスマホナビ」で配信する「レーン別渋滞情報」に活用される予定です。

IT業界ならずとも「データを握った者が勝つ」。次世代自動車産業における戦い方を、

図表36　トヨタ生産方式の本質

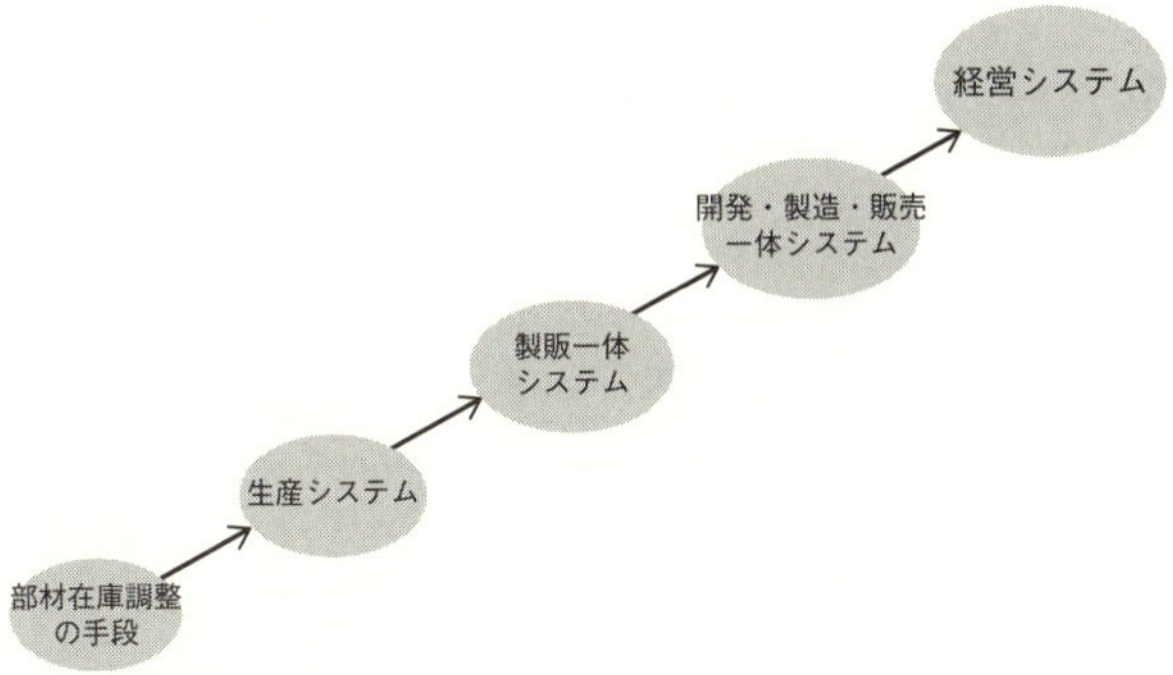

トヨタはしっかりおさえています。

◆トヨタ生産方式の競争優位は次世代自動車産業でも活かされる

トヨタ生産方式の競争優位も、次世代自動車産業への移行後も揺らぎそうにありません。スマートファクトリーを標榜していたテスラがいま量産化で苦しんでいることからもわかるように、ハードがまだ「従来のガソリン車の延長」にある限りは、従来型の自動車産業の生産ノウハウ、量産化のテクノロジーがモノを言うからです。

そうなるとトヨタは強い。欧米のビジネススクールでも、オペレーションの授業で必ず取り上げられているのが、「カンバン方式」も含めたトヨタの生産方式です（図表36）。

ご存知の方が多いかと思いますが、カンバン方式の特徴は徹底的なムダの排除にあります。異常が発生したら機械が止まるために不良品が生産されず、人間1人が何台もの機械を運転できるという「自働化」や、必要なものを必要なだけ必要なとき製造することでムダ、ムリ、ムラをなくそうという「ジャストインタイム」の考え方が象徴的です。カンバン方式の名称は、後工程が前工程に部品を調達しに行く際に、何が使われたかを相手に伝える道具として「カンバン」と呼ばれるカードを使用することに由来します。

トヨタのこうしたオペレーションシステムは「世界最高」と評価されています。だからこそ、世界中でトヨタの生産方式が研究されているのです。『ハーバードでいちばん人気の国・日本』（PHP新書）の著者、佐藤智恵氏はこう書いています。

「ハーバードの学生は、一年目の必修科目『テクノロジーとオペレーションマネジメント』でトヨタの事例を学ぶ。グローバル企業の経営者や管理職を対象としたエグゼクティブプログラムでも、真っ先に学ぶのがトヨタの事例だ。

ハーバードで二十年以上、オペレーションを教える前出のアナンス・ラマン教授は『私はトヨタの大ファンだ』と公言してはばからない。

『オペレーションの存在目的は、〝普通の人々が力を合わせて大きな偉業を成し遂げること〟です。トヨタほど、それを伝えるのに適した会社はありません』」

いまでは、「カンバン」をはじめとするアンドン、ポカヨケ、ゲンバといったトヨタ式の日本語が、海外でもそのまま用いられるようになっています。トヨタの生産方式を研究し、その成果を体系化した「リーン生産方式」も普及しました。

しかし、学んだところでその真髄までは、簡単に真似できるものではないのです。

なぜなら、「カンバン方式」というのは、単なる在庫調整の手段ではなく、単なる生産方式でもありません。また単なる製販一体方式でも、製造業で言われている開発・製造・販売の一体方式でもありません。むしろ、長年にわたって築き上げてきた「経営モデル」そのものであると見るべきです。

裏を返せば、メーカーにおいては生産管理システムが経営システムに深く結びついている、とも言えます。メーカーでは、製造現場で求められてきた生産管理の手法を、必然的に全社レベルでの経営モデルとして導入しています。生産管理が、経営における各主要機能と深く結びついているためです。ある生産管理システムを本格的に稼働させていくには、全社レベルでの経営モデルとしての導入が不可欠。ならば、次世代自動車産業においても、ふさわしい生産管理の手法を経営レベルまで浸透させなければなりません。

この点においても、トヨタは他社に大きく先行していると言えるでしょう。次世代自動車産業においても、トヨタがこれまで蓄積してきた知見に、他社がキャッチアップするのは、容易なことではないのです。


「スピード、すなわち同期化を見れば、その会社の業績や成長力が見える」

これは経営コンサルタントとして私が企業を最初に見るときの重要な視点の一つです。スピード経営がより重要な時代が到来していますが、特に開発・製造・販売での三位一体、関連部門間における経営の連鎖、高頻度でのPDCAの徹底などが必要となる製造業においては、その会社がどれだけのスピードで経営サイクルを回しているのかに全てが凝縮されているのです。そしてそのスピードの大きな源泉となっているのが同期化。関連するすべてのプロセスのタイミングを揃えること。トヨタの生産方式のみならず、セブン-イレブンとメーカーのチームMD、ユニクロのSPA方式なども同期化が生命線になっています。

組織における課題には多くの場合、組織間に壁がある、連鎖がされない、情報共有されない、リードタイムが長い、在庫が減らせない、欠品が減らせない、誰も意思決定しない、誰も責任を取らないなどの問題があります。開発・製造・販売が連鎖しないで、独自の考えに基づいて商品・販売・生産計画を立てることで、それぞれの部門間にバッファーやグレーゾーンとして在庫や欠品が蓄積してしまうことも、少なくない企業で引き続き経営課題になっているでしょう。

実は、「製造工場において在庫を減らすポイントとは何か」と「組織において経営スピードを上げるポイントとは何か」とは酷似しています。これらの問題解決を組織的かつ継続的に行ってきているトヨタの経営方式こそが、次世代自動車産業でもトヨタ最大の武器になると筆者は考えているのです。

◆「人や社会を幸せにする」トヨタのロボット戦略

「トヨタはＥＶシフトで遅れている」という論調に対する反論もあります。例えば、インバーターやモーターなどＥＶの技術そのものは全てハイブリッド車に含まれている、「やろうと思えばできる」状態にあるのだと言います。つまり、ＥＶシフトの遅れは、技術的な遅れを意味してはいない、むしろ冷静に準備を進めてきた、とも言えるのです。実際、トヨタ自動車副社長の寺師茂樹氏も、こう語っています。

「EVをお客さんが買う経済合理性はない。規制で売らないといけない一定数に対して、買いたいと思っているお客さんの数が足りない。何が何でも普通のお客さんにEVを売るとなるとビジネスは成り立たないだろう」（『週刊東洋経済』2018年3月10日号）

トヨタというブランドの強さは言うまでもありません。「自動車は文化である」と言われます。「移動する」という機能的価値にとどまらず、乗っていて楽しい、嬉しいといった「情緒的価値」を持つものであり、ライフスタイルや自分のあり方を表象する「精神的価値」を持つものでもあり、さらには先端技術の結晶であり、そして私たち日本人の誇りでもあります。

そしてトヨタは存在自体が「文化ブランド」だと言えるでしょう。コトラーは、「ブランドは、文化ブランドになったとき、真のブランドになる」としています。文化ブランドとは、社会的・文化的問題に立ち向かい、それに解決策を提供していると消費者が認識しているブランドのことです。もっとも、自動車をめぐる価値観や文化が変化している昨今、トヨタの文化ブランドとしてのあり方も変化せざるをえないかもしれません。

そしてもう一つ、ここで指摘しておきたいのは、トヨタのロボット戦略です。トヨタのミッションやビジョンは、もう従来の自動車産業の枠に収まるものではありません。

トヨタは「人との共生」を目指して、人のパートナーとして人をサポートする「パートナーロボット」の開発を進めています。

トヨタのＨＰによれば、パートナーロボットは、「『パートナー』という言葉が示すとおり、『やさしさ』と『かしこさ』を兼ね備え、人のパートナーとして人をサポートするロボット」。また、「創始者の理念である『ものづくりを通じての豊かな社会づくり』に貢献すべく、工場で培った産業ロボット技術を発展させ、自動車技術やＩＴ技術やその他の最先端技術を組み合わせ、パートナーロボットの開発に取り組んでいます」としています。

具体的には、医療介護支援、移動支援、生活支援、仕事支援のロボットです。

２０１６年10月には、コミュニケーションロボット「キロボ　ミニ」を３万９８００円で発売しました。高さ10㎝の小型ロボットが、人の表情を認識、そこから読み取った感情にそった会話や質問ができます。会話の内容や、ユーザーと一緒に出かけた場所を記憶し、思い出を共有するなど、変化・成長していきます。トヨタが個人向けロボットを開発した理由について、人と愛車がパートナーになるように、心を通わせる存在をクルマとは別に作るためだとしています。

２０１７年11月には、離れた場所から操作できる人型ロボット「T-HR3」を公開しました。操縦者は、外骨格式操縦システムを装着、操縦者が動くと、肩や肘などの動きや強さをシステムがトレース、ロボットに同じ動きをさせることができます。同時に操縦者はロボットが外から受ける力を感じます。つまり、自分の分身のようにロボットを操れるのです。

もともと、産業用ロボットは日本のお家芸ですが、トヨタの取り組みは、コミュニケーションや生活支援といったところにまでロボット市場を広げる試みであるともいえます。

また、「社会的・文化的問題に立ち向かい、それに解決策を提供する」文化ブランドとしてのトヨタを、さらに推し進めるものになるでしょう。メガテックの競争優位の源泉の一つは「使命感の大きさ」にあると指摘しましたが、この点でもトヨタは勝るとも劣らないのです。そして、私はトヨタのロボット戦略は近い将来、ＣＡＳＥ戦略のコネクトの重要な一部を形成するのではないかと予測しています。

◆ＣＡＳＥから占う「あしたのトヨタ」

今後トヨタはどうなるのか、どうするべきなのか。最後は「ＣＡＳＥ」を軸に、分析してみたいと思います。

まず「ＣＡＳＥ」の「Ｃ」、コネクティビティです。私がトヨタのサービスが「ガラパゴス化」しないか最も懸念している部分です。それは、コネクティビティでは、クルマと通信や各種サービスをつなげるだけではなく、生活の全てが相互につながるということが期待されているからです。

トヨタは２０１８年1月にアマゾン・アレクサの搭載も発表した一方で、かなり前から、テレマティクスサービスに挑戦し、独自のプラットフォーム「T-Connect」を展開していました。もっとも、T-Connectは自動車内で使うことを前提としたサービス。アマゾンがアマゾン・アレクサを武器としてスマートホームからスマートカーに攻めてきているのに対して、トヨタはT-Connectでスマートカーから攻めていくという構図になっています。

この構図は、アマゾンがＥＣからリアル店舗を攻め始めているのに対して、リアル店舗の企業がＥＣを攻めようとしているのに酷似しています。物流倉庫内にある膨大な在庫を背景とする優れた品揃えと「ビッグデータ×ＡＩ」をもとにしてリアル店舗を展開するアマゾン。かたや「限られた店舗での品揃えをもとにさらに限られた品揃えでEC店舗を展開しようとしている」というリアル店舗の企業側が仕掛けている戦いの構図。後者には厳しい戦いです。

結論を言うと、次世代自動車産業におけるコネクティビティは、スマートホームからスマートカー、スマートシティに至るまで消費者の生活すべてをつなげることができたところが覇者になると予想しています。消費者は同一のデバイスや同一のサービスで、すべてがつながることを求めるようになると予想されるからです。ユーザー・インターフェースそのものである音声認識AIは、広い意味で「次世代自動車のOS」になる可能性が相当高い、重要なパーツ。もちろん、アマゾンにすべてを委ねてはいけない部分なのです。

ひと口に音声認識AIと言いますが、大きく分けると、モバイルのインターフェース、アレクサのようなスマートホームでのインターフェース、そしてクルマのなかのインターフェースと、三つの領域があります。ただし、スマートホームからスマートカー、さらにはスマートシティまでのエコシステムをおさえるとなると、トヨタ単体では困難な領域。そこでは業界の垣根を超えることが必要になるでしょう。それこそ、トヨタ、ソニー、あるいはパナソニックなどが手を組むような、真の「オールジャパン」体制で、モバイル×

ホーム×クルマの音声認識ＡＩのプラットフォームを全力で取りにいくべきではないでしょうか。すでにスマートホームのエコシステムとなっているアマゾン・アレクサに対抗するのは単独企業では簡単ではないことを、まずは日本企業は再認識する必要があると思います。

「ＣＡＳＥ」の「Ａ」、自動化のところは正直出遅れ気味です。タクシーやライドシェアなどに利用される「サービスカー」と、自分が所有・運転する「オーナーカー」とを比較した場合、「オーナーカー」のほうが自動運転車を開発・実用化するハードルは高くなります。「サービスカー」であれば地域限定で走らせることもできますし、ドライバーの人件費が不要になるのでライドシェア会社は多少高額でも購入するかもしれないからです。トヨタがメインで生産しているのは、もちろん「オーナーカー」。そこがトヨタと、グーグルなどのメガテック企業やウーバーなどのライドシェア会社との決定的な違いです。

それでも、また国内外で、自動運転の研究所を設立。ビッグデータの蓄積はＩＴ大手を凌駕する規模です。特に、全ての車載センサーから集積されるデータの量と質は、街や人の様子まで詳しくわかるほどです。このデータを蓄積する「モビリティサービスプラットフォーム（ＭＳＰＦ）」を通じて世界中の企業とオープンに共有する構想のなかでは、開発会社に自動運転キットを提供することまで示唆されていました。

トヨタのＨＰ（https://newsroom.toyota.co.jp/jp/corporate/20508200.html）には「e-Palette Conceptを活用したＭａａＳビジネスにおけるＭＳＰＦ」の図が掲載されていますが、図の一番左上部分にある「自動運転キット」「開発会社」という部分に筆者は注目しました。ＯＥＭとして他社にプラットフォームを開放すること、スタートアップ系開発会社のＯＥＭになることを企図したものだと思われます。総合プレイヤーだったトヨタがＯＥＭに徹することもありうる。総合自動車メーカーとしての目先の誇りよりも、次世代自動車産業への様々な布石を優先した戦略であると評価できるでしょう。

そして何よりも見逃せないのは、トヨタの出自です。「トヨタはもともと自動車ではなく自動織機の発明により創業した会社であることを知らない方もいらっしゃるかもしれません。私の祖父である豊田喜一郎は、当時多くの人が不可能だと考えていた、織機を作ることから自動車を作ることを決意しました」。ＣＥＳ２０１８のプレスコンファレンスで豊田社長はこのように語りました。異業種戦争でありテクノロジー企業側が有利と見られがちなＣＥＳという場において、自分たちは再び異業種の会社として次世代自動車産業での戦いに臨む決意を示したものであると私は感じました。

その一方で、トヨタ生産方式の本質の一つは自働化。もともとの自動織機の会社だった時代、豊田佐吉が「自ら働く織機」という意味を込めて、その機械を「自働織機」と命名し、当初の社名もしばらくは豊田自働織機製作所になっていたそうです。創業者の精神を大切にする豊田社長であれば、「自ら働く自動車」である自動運転車を中核とする次世代自動車産業は自分たちこそが創るのだ、という使命感に持ち溢れているのではないかと想像しています。

「CASE」の「S」、サービスの領域では、「モビリティ・カンパニー宣言」に続くイー・パレット構想のほか、サービスを全方位に広げようとしています。国内では、日本交通傘下で配車アプリを開発しているジャパンタクシーに75億円を出資することで合意、配車支援システムの開発や走行データの活用で提携を進めます。

また、レンタカー市場は欧米では独立系レンタカー会社がシェアをおさえていますが、国内ではトヨタレンタリースが王者の位置を維持。ライドシェア会社への出資、さらに自社でもライドシェアの実証研究を行っていることから、いざとなったら、駅前など利便性の高い立地にあるトヨタレンタカーの店舗網を活用してライドシェアにも乗り込めるポテンシャルを秘めています。

2017年12月には、トヨタレンタリース東京と、法人向け自動車リース事業を展開するトヨタフリートリースを統合、新会社「トヨタモビリティサービス」を設立すると発表しました。ライドシェア会社は、トヨタが日本国内でライドシェア事業が展開できていないとしても決して侮るべきではないと思います。

さらにトヨタは、従来のトヨタレンタカーWebサイト、スマートフォンサイトに加え、全国約1200店舗のトヨタレンタリース店での予約時・利用時の利便性向上を目的に、スマートフォン向け「トヨタレンタカーアプリ」の無料提供を2018年4月16日より開始しました。同アプリは、これまでのサイトと比較して操作数を半分以下にするなど「お客様の多様なニーズに応える予約機能」、店舗までのルート案内や周辺情報を検索できる外部サイトやアプリとの連携などによる「利用時のサポート機能」のほか、会員情報をまとめたマイページ、出発・返却前の通知機能などを搭載することで、顧客の利便性を高める工夫が施されています。そしてもちろんビッグデータ集積装置でもあるわけです。

私は、このアプリはかなり近い将来にトヨタがライドシェア事業を展開するための布石になる一手ではないかと予想しています。トヨタレンタリースから改名、統合された「トヨタモビリティサービス」からイー・パレットとしてのサービスカーが提供されることは論理的な帰結ではないかと思います。

もっとも、トヨタがどれだけやりたくても、様々なしがらみから国や行政がゴーを出そうとしないのが、国内のライドシェア事情ではあります。この点では、トヨタの自助努力というより、国や行政が中長期的な視点から考えられるかどうかが、肝になりそうです。

いずれにしても、次世代自動車産業において、特に完全自動運転が実用化されて以降のタイミングでは、シェアリングやサービス事業者が覇権を握るとも言われているなかで、「トヨタモビリティサービス」をグループ内に抱えているトヨタは、大きな可能性を秘めているのです。

「CASE」の「E」、つまり電動化においては、トヨタグループや業界構造の維持を考えるあまり、思い切ったシフトができなかったという背景がありました。しかし、先ほど触れたように、トヨタはEVとその量産の技術において他のプレイヤーより優れた潜在力をもっています。また、黒字化のカギを握る電池でも世界最大手のパナソニックと提携。

中国勢が海外勢を量で圧倒している状況を質でも凌駕し始める前に、トヨタが巻き返しできるかどうかの勝負となりそうです。

加えて、トヨタの「バリューチェーン×レイヤー構造」を整理すると、トヨタの強み、弱みが見えてきます。図表32では自動運転のバリューチェーン構造を示しました。また次世代自動車産業のレイヤーは、道路、電気、通信、車体、車両レファレンス、ハードウェア、車載OS、ソフトウェア、クラウド、商品・サービス・コンテンツなどに分かれています。

バリューチェーン構造においては、トヨタは系列の部品メーカーを含めて垂直統合型プレイヤーとして勝ち抜くという選択をすべきでしょう。この領域においては、ダイムラーやGMが強敵となるのとともに独メガサプライヤーが従来のOEMの領域にまで手を広げようとしています。系列部品メーカーの戦いも支援すべきポイントです。

レイヤー構造においては、トヨタが現在の盟主としてのポジションを維持していくためには、主要レイヤーすべてを獲りにいくことが必要になると思います。特につながるクルマとなる次世代自動車産業において「モビリティカンパニー」になることを宣言した以上、商品・サービス・コンテンツのレイヤー部分でいかに大手IT企業と勝負できるかが大きなポイントになるでしょう。

いまはっきりしているのは、それだけで巨大な産業を形成しているトヨタグループであるからには、全方位戦略で「全てやる」しかない、ということです。特定の領域にフォーカスする方向には、トヨタグループ全体や業界全体の舵取りができません。そして全方位戦略を進める上では、とにかく「孤立しない」ことが肝要です。トヨタが目指すモビリティ社会の実現に向けて、他社とのアライアンスをさらに加速させていくことになるでしょう。例えば、次世代自動車が「クルマ×IT×電機・電子」であるなら、「トヨタ×パナソニック×ソニー」のようなオールジャパン体制で戦う。あるいは、「ロボット大国・日本」の旗印のもとで共闘していく――。

「日本」という言葉を主語にした、日本の活路については、最終章でさらに深めていきたいと思います。

◆ソフトバンクの次世代自動車産業への投資全容

トヨタと並んでもう一社、日産でも、ホンダでもマツダでもない、孫正義社長率いるソフトバンクを挙げることを、意外に思われるかもしれません。

もちろん、ソフトバンク自体が完成車メーカーになることは将来的にもおそらくないでしょう。ですが、トヨタとは異なる形で、ソフトバンクもまた全方位型のプレイヤー。次世代自動車産業の全レイヤーに対し、すでに「投資をし終わっている」という事実があります。モバイル然り、電力然り。ソフトバンクは従来からプラットフォームをおさえる戦略をとってきた会社ですが、同じ戦いを、次世代自動車産業相手にも仕掛けているのです。

図表37は、同社が次世代自動車産業にどれだけ投資をしているかを整理したものです。見ての通り、ほぼ全領域といっても差し支えないでしょう。

第一には、彼らの本業でもある通信です。ロボットカー、ＩｏＴカーである次世代自動車産業は、通信量、電力ともに膨れ上がります。第９章で見た通り、そこで４Ｇから20倍も高速化する次世代高速通信の「５Ｇ」や、自然エネルギーにいち早く着手していたのがソフトバンクでした。

ＡＩ、ＩｏＴ、半導体の領域では、３・３兆円をつぎ込んで英半導体設計のアーム（ＡＲＭ）を買収、ＡＩ用半導体の王者エヌビディアへも出資済みです。コネクトの領域では、アリババへの投資を通じて、アリババとホンダが共同開発しているコネクティッドカーに関与しています。またアリババが出資をする小鵬汽車がＥＶを、ソフトバンクと先進

図表37　ソフトバンクによる次世代自動車産業への関与

商品・サービス・コンテンツ（ビッグデータ）			
	日本	欧米	中国・アジア
サービス	ソフトバンク ヤフー	ファナティクス	アリババ
ライドシェア	ウーバー、滴滴出行、SBドライブによる進出	ウーバー	滴滴出行 オラ Grab
自動運転	SBドライブ	Nauto	アリババ
EV		レーダー　HMI	小鵬汽車 （アリババ）
コネクト			アリババ
AI・IoT・半導体		ARM NVIDIA	アリババ
電力・エネルギー	ソフトバンク		ソフトバンク
通信	ソフトバンク	スプリント	

モビリティの合弁によるＳＢドライブなどが自動運転を手がけています。

　次世代自動車産業の覇権を握ると言われているライドシェアへの投資も盤石そのもの。世界最強の布陣です。まずソフトバンクはウーバーの筆頭株主です。また中国の滴滴出行、インドのオラ、シンガポールのグラブといった主要プレイヤーにも出資することで、日本、欧米、中国・アジアの全てをカバーしています。

国内ではトヨタとの「ガチンコ」勝負の様相を呈しています。トヨタは、タクシー業界を最大の顧客層としているために表立ってライドシェア解禁を叫びにくいなか、前述の通りタクシー業界と手を組み、配車支援システムの開発などで協働しています。対するソフトバンク陣営は、ウーバーや滴滴出行を担ぎ、狭義のライドシェアが認められていない日本国内に対してもタクシーの配車システムを提供するとしています。おそらくはビッグデータを収集、なし崩し的にライドシェアを国に認めさせようという思惑があるはずです。

これらはAI、IoT、ロボットと、今後10年の急成長が見込まれる市場をおさえる動きでもあり、巨額な買収を重ねて時価総額も急拡大中。『日経ヴェリタス』(2018年3月25日)での投資家アンケートでは、10年後の時価総額はトヨタを抜いてソフトバンクグループが1位に躍り出ると予想されていました。

さて、一体これは何を意味しているのでしょうか。

まず言えるのは、巨額の投資を通じて次世代自動車産業のあらゆるレイヤーに出資領域を広げることで、各レイヤーから着実に利益が入ってくる仕組みを整えた、ということです。通信、自動運転、半導体、EV、電力・エネルギーと各レイヤーの主要プレイヤーに残らず投資をしているため、「ソフトバンクは、誰が勝っても儲かる仕組みを構築しようとしている」とよく指摘されます。

今後もソフトバンクはサウジアラビア政府と立ち上げた10兆円規模の超巨大な投資ファンド「ソフトバンク・ビジョン・ファンド」（通称「10兆円ファンド」）などを通じて、投資を進めていく方針です。

◆事業家、投資家としての孫正義社長

ここで評価するべきは、希代の事業家&投資家としての孫正義社長の手腕でしょう。

彼がしていることは一貫して、有名な「孫の二乗の法則」（図表38）に則ったものです。

「孫の二乗の法則」とは、中国の兵法書「孫子」からとった14文字に、孫正義社長自身が独自に選んだ11文字を加えた25文字によるもの。彼はこれを20代で考案し、以来、常に経営や人生の指針とすることで、ソフトバンクを年商9兆円企業に育て上げました。

次世代自動車産業に相対するにあたっても、孫正義社長はこの「二乗の法則」を忠実に実行しています。理念を示す「道天地将法」、ビジョンを示す「頂情略七闘」、戦略を示す

す。

「一流攻守群」、将の心得を示す「智信仁勇厳」、戦術を示す「風林火山海」とありますが、とりわけ重要な文字は「群」です。すなわち、「単独ではなく集団で闘う」という戦略です。

「300年成長し続ける企業になる。その解決策が群戦略だ」と孫正義社長は語っています。超長期にわたって成長するには、特定の領域に縛られるわけにはいかないからです。

そのためソフトバンクは意識的に、多くの企業に投資を行い、「30年以内にグループ5000社を目指す」としています。

「あえてブランドを統一せず、資本関係を意図的に弱めることで№1の企業を集めることができる。グローバルでの競争力は高く、長期的なリスクが低い戦略的提携グループ。言うのは簡単だが、実行は難しく、これまで他に存在しなかった」（ソフトバンクHPより）

2017年にサウジアラビアなどと共同で設立し、「IT関連のベンチャーに投資する」としている10兆円ファンドも、群戦略を実行に移したものだと言えるでしょう。孫正義社長は2018年3月期第1四半期決算説明会において、「情報革命で人を幸せにする」という同社のミッションを重ねて強調しながら、次のように語りました。

「我々は単に投資家になるつもりではないんです。単にマネーゲームとして、投資事業を

図表38 「孫の二乗の法則」25文字とそれぞれの意味

孫正義のオリジナル

『孫子』始計篇より　　『孫子』軍争篇より

道 志を立てる	天 天の時を 得る	地 地の利を 得る	将 優れた 部下を 集める	法 継続して 勝つ仕組み をつくる
頂 ビジョンを 鮮明に 思い描く	情 情報を 可能な限り 集める	略 戦略を 死ぬほど 考え抜く	七 ７割の勝算 を見極める	闘 勝率７割と みたら 果敢に闘う
一 一番に 徹底的に こだわる	流 時代の 流れを見極め 素早く仕掛ける	攻 あらゆる 攻撃力を 鍛える	守 守備力を鍛え あらゆるリスク に備える	群 単独 ではなく 集団で闘う
智 あらゆる 知的能力を 磨く	信 信頼に 値する 人物になる	仁 人々の 幸せのため に働く	勇 闘う勇気と 退く勇気 を持つ	厳 時として 部下に対し 鬼になる
風 動くときは 風のように 素早く	林 重要な交渉 は水面下で 極秘に	火 攻撃は 火のように 激しく	山 ピンチでも 決して 動じない	海 勝った 相手を 包み込む

各段横に読む

出典：板垣英憲著『孫の二乗の法則』（PHP文庫）

やろうということではないんです。我々は情報革命をしたいんです。情報革命をするには、1人の人間ではできません。多くの人々の力を結集して、初めて革命ができると考えております。ですから、多くの起業家たちを集めて起業家集団とし、その起業家集団として、一緒の塊として、情報革命を起こしていくというのが我々の組織論です」

この言葉からは、10兆円ファンドもまた、ソフトバンクのミッションに基づいたものであること、あるいは、外部環境の変化を読む「タイミング戦略」や、自社の強み弱みや業界構造などを見極めて戦い方を変える戦略を見越したものであることがわかります。

「海」という文字も、象徴的です。ソフトバンクの戦い方を指す文字ですが、「闘った相手を包み込む」ところに特徴があります。

端的には、買収した相手への態度に、それが表れています。

米国の「ブルームバーグ」本誌（2018年1月8日）に孫正義社長が登場したときの見出しは、「Masayoshi Son Has A Deal You Can't Refuse.」。直訳すると「孫正義の買収提案は拒絶できない」という感じでしょうか。日頃「ナンバーワンにしか投資しない」と明言している孫正義社長ですが、普通、ナンバーワンは足元のお金を必要としていないのに、孫正義社長は会社を売らせてしまう、投資マネーを受け取らせてしまう。そこが上手いというのです。そしてその存在が脅威にもなっていると伝えているのです。

彼の常套手段は次のようなものであるとブルームバーグの同記事では伝えています。B社と競合しているA社に出資を持ちかける。出資はいらないと言われたら「それならB社に出資しますよ」と脅威を与える。ソフトバンクが競合と組むというのはA社にとって大変な恐怖のはず。それならソフトバンクに買収されたほうがいい、出資を受け入れたほうがいいという判断になるわけです。加えて、孫正義社長の人柄は情熱的のひと言。「競合と組まれたどうしよう」という恐怖と、人間的な魅力を武器に、買収・出資提案をどんどん受諾させているのです。


「孫正義の参謀」と呼ばれ、ソフトバンク社長室長を8年間務めていた嶋聡氏から直接おうかがいした内容をここで紹介したいと思います。

孫社長の投資基準は明快で、「的確な市場×的確なアイデア×的確なチーム」の三つを重視しているとのこと。より具体的には、「世界でナンバーワンになれるビジネスモデルかどうか」「ソフトバンクと組むことによって一挙に世界に広がる可能性があるか」「CEOの才覚のみならず、COOやCFOなどチームとして優れているかどうか」を吟味してきたとのこと。それと同時に大型案件への投資の場合には、「ソフトバンク自身が伸びる企業と手を組んで一緒にやる」ということに強いこだわりを持っているとのことでした。「世界に広がる」「世界で伸びる」が重要なキーワードであるようです。

嶋氏は、孫社長の参謀を務めるにあたって、「日本を代表する参謀」でもあった伊藤忠商事元会長の瀬島龍三氏から直接訓示を受けた「まずは生存条件をおさえ、それから発展条件をおさえ、発表するのは発展条件から」という戦略の要諦を実行するのに腐心されていたとのこと。大胆不敵に見える孫社長の戦略も実際には生存条件が確保された上でのものなのです。

◆孫正義社長は何を目論んでいるのか

さて「孫の二乗の法則」によれば、ソフトバンクは「一番に徹底的にこだわる」会社でもあります。「孫の二乗の法則」を実行すれば一番になれるという側面もありますが、ここでは「一番になれる領域にこだわる」という側面にも注目すべきです。例えばそれは、グーグルが強い米国での自動運転には明快に積極的でなく、同時に、グーグル不在の中国

ソフトバンクグループの孫正義社長（写真：AFP＝時事）

ではアリババを通じてその覇権を握ろうとしているところにも顕著に表れています。

先ほど私は、次世代自動車産業の全レイヤーに投資をすることで誰が勝ってもソフトバンクに利益が落ちる仕組みが整った、と言いました。しかし実態は、そんな生ぬるい話ではないのです。

「孫の二乗の法則」と、通信、電力から自動運転、ライドシェア、サービスまでフルラインナップの投資ポートフォリオを見れば、孫正義社長の真意は、次世代自動車産業そのものの覇権を取りにきていると判断すべきではないでしょうか。

「孫の二乗の法則」は、道、頂、ミッシ

ョン、ビジョンから語るものです。同時に、投資先のミッション、ビジョンも見通しているはずです。「孫の二乗の法則」のうちビジョンを示す「頂情略七闘」を噛み砕くなら、ビジョンを鮮明に思い描いたら、徹底的に情報を集め、戦略を死ぬほど考え抜き、しかし勝率10割を期すのではなくあえて7割のところで戦いを決断する。それが孫正義社長です。

ソフトバンクのもとには、投資先からあらゆる情報が寄せられていることでしょう。100％買収したARMはモバイル半導体で圧倒的なシェアを持っています。そこからは、半導体というインフラに関するトレンドやその行末が伝わってくるはず。同様に、次世代自動車産業のあらゆるレイヤーの、あらゆる主要企業からもコンフィデンシャルな情報を入手しています。そして、それぞれの投資先のキャラが立った創業経営者と直接親しく話をしている孫正義社長。どのような話が密室で行われているのか想像を絶するものでしょう。10兆円巨大ファンドの主たる目的は、そこにもあるのではないでしょうか。

いまや、次世代自動車産業を含むハイテク産業の主要企業をおさえ、世界の「クルマ×IT×通信×電力・エネルギー」をカバーしています。中国ではアリババ、あるいは滴滴出行を通じて全ての覇権を狙っている。日本ではライドシェア企業を中心に、出資先とソフトバンクの掛け算によって覇権を取りにいこうとしています。300年という超長期のビジョンを実現する布石として、足元では次世代自動車産業を支配しようとしている。私はそう考えます。

とはいえ、最後に若干の留意点を述べたいと思います。

ソフトバンクが次世代自動車産業の覇権を握る。国内外の様々な主要プレイヤーを傘下に置き、自動車王国日本は引き続き健在。そのような輝かしい未来を思い描くとき、両手を挙げて素直に喜べない気がするのは、現在のソフトバンクから、トヨタほどの社会的使命や大儀がなかなか伝わってこないからでしょうか。無論、「情報革命で人を幸せにする」というミッションを掲げていることは重々承知していますが、このところ孫正義社長からは、日本をどうしたいのか、世界をどうしたいのか、といった強い想いが感じられません。ともすると、「孫正義帝国を巨大化させたいだけではないか」という見方も必要になってくるようにも感じられます。

もっとも、先述の「孫正義の参謀」だった嶋氏によれば、孫社長は「個人としては歴史上の英雄になることを目標としている」人物であり、投資や事業の規模が拡大するにつれて、日本や世界を想う気持ちも実際には拡大しているとのこと。そして、目標とする「歴史上の英雄」も常にグレードアップしてきたそうです。そんな孫社長の想いを正確に市場に伝えていくためには、もはやPRやIRではなく、国家元首の報道官レベルの人材が不可欠であると話していました。

ソフトバンクの時価総額を分析してみると、いわゆる「コングロマリット・ディスカウント」の状況で推移していることがわかります。これは、積極的なM&Aなどを通じて事業を多角化している企業において、単体でそれぞれの事業を営む場合と比較したとき、株式市場からの評価が低く時価総額が毀損している状況を指しています。孫正義社長の標榜する群戦略が、真に社会的意義という面でも大きく正当に評価されているなら、このディスカウントは発生していないはずなのです。

ソフトバンクが世界的にもこれだけの影響力を持つようになった以上、もう一度、ソフトバンクの社会的な使命というものをもっと顕在化させてほしいと期待しています。その方向性のなかにこそ、ソフトバンクの時価総額も「コングロマリット・プレミアム」の状況となる、つまりは、投資先企業の時価総額の総和をソフトバンクの時価総額が大きく上回るという状況が生まれてくるのではないかと思うのです。

◆日本でガラパゴス化が進む理由

ここまで読み進んできた読者の方には、次世代自動車に対する日本と海外との対応の違いがかなりご理解いただけたのではないかと思います。

日本市場だけを予測すると、おそらく3年単位くらいで見ても日本企業が苦境にあえぐことはまずないでしょう。税制優遇などでＨＥＶ（ハイブリット車）を中核とする日本独自の電動化がさらに進み、ライドシェア会社の本格参入も拒み続けられ、完全自動運転の導入にも海外と比較すると3年程度は遅れることでしょう。日本国内だけの状況を見ていれば特に問題を見つけることはできません。日本市場や日本企業は国内では「安泰」である一方で、海外からは取り残されるガラパゴス化の現象です。

スイスのビジネススクールであるＩＭＤの学長のドミニク・テュルパン氏は、その著作『なぜ、日本企業は「グローバル化」でつまずくのか』（日本経済新聞出版社）のなかで以下のように述べています。

「海外企業のグローバル戦略の中で、日本市場の優先順位はもはや高くない。成功するのが難しく、かつ、縮小する市場と見られているのです。〈中略〉大半の海外企業がわざわざ成長余力の小さい日本市場に挑戦するよりも、アジアの他国や他地域で勝負したほうがチャンスも大きいと考えているのです。日本にいると、世界の様子が見えてこないという傾向は、こうしてさらに強まっていきます」

「日本にいると世界の様子が見えてこない」という状況を、海外を飛び回っているトヨタの豊田社長はよくわかっているからこそ、社内外に対して強い危機感や焦燥感を持っているのではないかと私は想像しています。

ドミニク・テュルパン氏はまた、日本企業は成長著しい新興国市場での展開に立ち遅れ、元気な新興国企業が日本企業にとってかわりつつあるにもかかわらず、日本市場だけを見ているためにこれらのことに気づくこともない、という極めて厳しい指摘もしているのです。中国企業の躍進になかなか気がつかなかったのも、中国企業が上記のような理由で〝日本パッシング〟をしていることが大きな理由ではないかと思います。

それでは、日本や日本企業は、ドミニク・テュルパン氏の指摘するような構造のままで本当にいいのでしょうか。最終章では、日本と日本企業の生きる道について考察していきたいと思います。

最終章

日本と日本企業の活路

◆「ポスト東京オリンピック2020」の日本のグランドデザインをどのように描くのか

「2022年の次世代自動車産業　異業種戦争の攻防と日本の活路」。ここまでお読みいただいていかがだったでしょうか。ここまで全てをお読みいただいた方は、主要プレイヤーや論点が多岐に及ぶ次世代自動車産業についての整理がかなりついたのではないかと思います。次世代自動車産業に直接従事する人もそうではない人も、同産業をきちんと整理し、分析しておくことは、世の中全体の変化のスピードが加速度を増しているなかで極めて重要なことです。

本のタイトルに「2022年」という東京オリンピック（東京オリンピック・パラリンピック）2020後の年号を入れた筆者の責務として、最終章では「ポスト東京五輪」のグランドデザインをどのように描くのかということを論じていきます。そして、そのなかから次世代自動車産業を基軸とした日本の活路も考察していきたいと思います。

◆東京オリンピック1964の検証

1964年に開催された東京オリンピックは、日本が復興を遂げた象徴として語り継がれています。94の国と地域から代表が参加し、大会の運営、選手村の管理などが高い評価を得たとされています。

そして東京オリンピックの開催に合わせて、世界初の高速鉄道となった東海道新幹線、首都高速道路なども建設されました。テクノロジーの分野では、人工衛星を使って世界で初めての五輪同時テレビ中継に成功し、日本の技術を世界に示しました。戦後復興や平和国家としての日本を世界にアピールし、日本人に大きな誇りと自信を与えた前回の東京五輪。そこからさらに右肩上がりとなる高度成長を加速させました。

なお、1964年におけるグローバルなテクノロジーでの話題と言えば、同年4月にIBMが「IBM360」を発表したことです。「近代的コンピューティングの祖父」として敬意を払われている、簡単にアップグレードできる汎用目的コンピュータ。現在の自動運転技術における日米の格差以上のものがあったのではないかと思います。日米間ではその後、IBMとのあいだで富士通が知的財産権紛争を起こしたりしましたが、これは日本が急速に米国にキャッチアップした証左でもあったのです。

◆ロンドンオリンピック２０１２の検証

過去のオリンピックの統計データを見ると、オリンピックの開催前後には開催国で経済成長が記録されることが多かったことがわかります。その一方で、近年は開催費用の増大や世界的に低成長の時代に突入したことから、「五輪不況」や「五輪後不況」が懸念されるようになってきました。そんななかで、東京オリンピック２０２０開催検討にあたって重要な研究対象となったのがロンドンオリンピック２０１２です。

ロンドン五輪では、開催にあたって「サステイナビリティ」（持続可能性）が旗印に掲げられる一方、「開催後に何を遺すのか」という「大会レガシー」が計画段階から重要視され、「２００７年、五つの約束」として提示されました。「イギリスを世界トップのスポーツ国家にする」「イーストロンドン地区の再開発」「若い世代の啓発」「持続可能なオリンピックパークの設計」「英国の創造性、協調性、ビジネス機会を世界にアピールすること」の五つから構成されていました。そして開催の翌年には、「2013年、実績報告」が提出され、詳細に五つの約束の履行状況が報告されています。

ロンドン五輪は、2008年のリーマンショック、2010年の欧州債務危機のあとでの開催というなかで、高度成長期に開催された東京五輪のような目を見張る成果は残せませんでした。それでも、オリンピック開催によって同年の経済成長率が0・5%程度上乗せされたと分析されており、総じて経済・社会・文化・スポーツ・技術等にプラスの影響を与えたと総括されています。メインスタジアムだったオリンピックパークは、その後「クイーン・エリザベス・オリンピックパーク」と名称を改めて再オープンされ、スタジアムのほか、会場となった四つの競技施設が残された一方で、テクノロジーの集積地としても再開発が進められているのです。

◆東京オリンピック2020で計画されていること

東京オリンピック2020は、先に述べたようにロンドン五輪への検証を強く意識して計画されており、開催計画も「アクション&レガシープラン」とレガシーという部分が重要視されています。同計画は、「スポーツ・健康」「街づくり・持続可能性」「文化・教育」「経済・テクノロジー」「復興・オールジャパン・世界への発信」の五つの柱から構成されています。

「2020年東京大会に向けた科学技術イノベーションの取組み9分野」としては、スマートホスピタリティ、感染症サーベイランス強化、社会参加アシストシステム、次世代都市交通システム、水素エネルギーシステム、ゲリラ豪雨・竜巻事前予測、移動最適化システム、新・臨場体験映像システム、ジャパンフラワープロジェクトが掲げられています。

◆東京オリンピック2020で起きると予想されること

1964年開催時には世界同時テレビ中継を成功させ、経済復興や技術大国となったことを誇示した日本。それでは2020年開催時にはどのようなことが起きるのでしょうか。以下は国や企業で計画されていることをまとめたものです。

東京は、完全自動運転の「ショールーム」となる

東京は、８Ｋテレビの「ショールーム」となる
東京は、５Ｇ通信の「ショールーム」となる
東京は、ロボットの「ショールーム」となる
東京は、ＡＩ、ＩｏＴの「ショールーム」となる
東京は、ドローンの「ショールーム」となる
東京は、「空飛ぶクルマ」の「ショールーム」となる

さらには、２０２０年に向けて、東京オリンピックで外国人向けガイドのボランティアをしたいという人が増えること、そのために外国語を学びたい人が増えることなども予想されています。

筆者としては、東京オリンピックを最先端テクノロジーの「ショールーム」にしていくとするなら、最も効果的な演出の一つは、東京の晴海通りを銀座4丁目から豊洲を通り、お台場に至るまで、五輪開催中は一般車両は通行止めにして、安全性が徹底された完全自動運転車専用道路として使用することではないかと考えています。完全自動運転車には、自動運転技術はもとより、ＡＩ、ＩｏＴ、５Ｇ通信などの最先端テクノロジーが凝縮され

ているからです。そこではトヨタのイー・パレットが「移動する記者会見場」「移動する会議場」「移動するレストラン」などとして活用されていることでしょう。さらにはそこでは、ソフトバンクやDeNAが運営する自動運転バスなども外国人観光客などを乗せて走っているのではないでしょうか。

もっとも、これまでの章でも見てきたように、次世代自動車や5G等の実用化タイミングが急速に前倒しになってきているなかで、日本においても東京五輪を「ショールーム」とするだけではなく、「社会実装スタートの場」にまでスピードアップしていくことが必要であると考えられます。

ただし、単に様々なテクノロジーをタイミングばかり焦って導入すること自体に意味はありません。むしろ、そういったやり方では弊害のほうが大きいことになってしまうでしょう。そこで日本に求められるのは、次世代自動車をはじめとして、最先端テクノロジーを誰のために、何のために活かしていくのか、というグランドデザインの提示だと思うのです。

社会問題先進国として、他国に先行して様々な社会問題をどのように解決し、どのような新たな価値を創造していくのか。最先端のテクノロジーは何のためにあるのかというミッションやビジョンを提示することが、東京オリンピックが真に世界から評価される最重要ポイントになるのではないでしょうか。

◆小国の戦略から学ぶ

「閉じていく大国、開いていくメガテック企業や小国」。近年、米国や英国などが自国中心の「閉じていく」政策を展開している一方で、人口や経済規模では「小国」に分類される国が国際競争力などで高い評価を得ています。

典型的なのは、世界経済フォーラム（WEF）の国際競争力ランキングにおいて、2009年以降9年連続で第1位を獲得しているスイス。面積は4・1万㎢と九州と同程度で、人口も842万人と約1300万人の九州の6割強。さらに、国土の約7割までもが「ヨーロッパの屋根」と言われるアルプス山脈とジュラ山脈が占めている、天然資源にも乏しい「小国」です。しかし、各種の競争力ランキングで高い評価を得るだけでなく、国民の豊かさを表す指標となる1人あたり名目GDPでも8万345ドルと第2位（以下、各国とも17年数値）。3万8882ドルである日本の2倍以上を誇っています。

スイスのほかには、国土の面積は日本の四国と同程度、人口では大阪府と同程度の「小国」であるイスラエル。近年、「スタートアップ大国」「技術大国」としても注目を集めている同国の1人あたり名目GDPは3万7192ドルと、日本にほぼ並んでいます。面積でも人口でも地理的にも不利なはずのこの二つの小国が、なぜ圧倒的な強さを持つのか。日本の活路を考える上で、これら2国の戦略を参考にしていきたいと思います。

(1) スイスの事例

スイスは、国際競争力ランキングで最上位レベルであるという事実にとどまらず、世界でもトップレベルの豊かさや安定感・安全性などを兼ね備えた国です。人口が少ない、国土が小さい、天然資源が乏しいといった恵まれない内的要因を強烈な危機感とチャレンジスピリットに転化させ、グローバル市場に成長の活路を見出してきました。

国家の競争力のみならず、精密機械、ライフサイエンス、金融・保険等で産業クラスターを形成しているほか、食品のネスレ、時計のスウォッチグループ、保険のチューリッヒ等、グローバル企業も数多く輩出、海外からもグローバル企業やグローバル人材を引き寄せてきています。

全寮制の寄宿舎を基本とするボーディングスクールなどグローバル人材がスイスに学びに来る仕組み。本社機能や研究機関機能に特化し、グローバル企業がスイスに拠点を構える仕組み。さらには優れたインフラや高い生活水準といったクオリティー・オブ・ライフの高さを維持し、スイスに学びや仕事で来た人がそのまま住み続ける仕組み。これらの仕組みを構築することで、スイスは優れた事業環境・教育環境・生活環境を整備し、グローバル企業やグローバル人材を引き寄せてきたのです。

(2) イスラエルの事例

近年は、世界屈指の技術大国とも呼ばれるイスラエル。世界最高峰の軍事技術を民間に転用、AI、IoT、自動運転、サイバーセキュリティなど現在の「メガテック」で優位なポジションを構築、さらには「小国」「陸の孤島」という不利な条件から、イノベーションを創造し、製造業よりはハイテク技術分野における研究・開発という知識集約型産業に特化してきました。

イスラエルが近年「技術大国」と言われるようになったのは、ハイテク技術に優れた国づくりをするという国としてのグランドデザインを描くとともに、実際に国のマネジメント体制として、ハイテク技術における国家構造やエコシステムを構築したことが要因として指摘されます。

イスラエルには、グーグル、アップル、マイクロソフト、インテルなど世界トップレベルのグローバル企業が多数進出して研究開発拠点を設けています。また同国は「第二のシリコンバレー」とも呼ばれ、ハイテク技術やスタートアップのエコシステムを構築しています。実際に米国のコンサルティング＆リサーチ会社であるCompassの２０１５年調査においては、スタートアップのエコシステム世界ランキングにおいて、イスラエルのテルアビブが世界第５位にランクされています。１位から４位はすべて米国の都市（シリコンバレー、ニューヨーク、ロサンゼルス、ボストン）であり、米国以外の都市ではトップという評価を得ているのです。

◆小国の戦略からの示唆

両国の共通点から、日本が世界に影響を与えるようなイノベーションを起こし、国際競争力を高めていく要諦を考察してみたいと思います。

1点目は、両国とも、国家レベルでの問題や高い危機感をイノベーションの源泉に転じてきたことです。

スイスでは、例えば1970年代に日本メーカーがクオーツ時計を実用化したことにより、時計産業が壊滅的な影響を受けたことを現在でも「クオーツ・ショック」として国全体の教訓にしています。その当時、機械式時計が主流だったスイスの時計産業はまさに存亡の危機を迎えましたが、スウォッチが「低価格×ファッショナブル」というポジショニング戦略で息を吹き返し、その後同国の名門ブランドであるオメガ、ロンジン、ラドーなどを続々と買収、グループ全体でのブランド戦略が功を奏し、同社グループは世界一の時計メーカーとなりました。現在の時計メーカーの売上高ランキングでは、1位：スウォッチグループ、2位：リシュモングループ、3位：ロレックスと、スイス勢が上位を独占しています。離散と迫害という長年の歴史を持つイスラエルでも、政治・宗教・信条等が異なる国々に取り囲まれているという危機感をイノベーションの源泉としてきました。

少子高齢化、構造的な人手不足、都市化・過疎化など、いまの日本は問題が山積する一方で、「社会問題の先進国」とも言われます。この課題の大きさとチャンスの大きさとは表裏一体であると考え、数年後からより深刻化する問題を今からもっとリアルに深刻に捉え、社会問題の解決をオールジャパンで一致団結して行っていくことが、世界に影響を与えるようなイノベーションを起こすことにつながるのではないでしょうか。

2点目は、両国とも小国で国内市場だけではビジネスが成立しないことから、最初から世界を目指すしかないという過酷な環境のなかで事業を展開してきたことです。

スイスでは、国内市場の規模が小さいという難点に対して、スイスブランドという競争優位を最大限に活かし、最初から世界市場を目指すことで競争力を高めてきました。極めて不利な地理的環境に置かれているイスラエルでも、製造業よりもハイテク技術分野の開発という知識集約型産業に特化、国内市場の規模が小さいという難点に対しては最初から世界市場を目指すことで競争力を高めてきました。

日本は幸いにも人口が多く、国内市場だけで事業が成立する環境であったことから、最初から世界市場を目指すという企業は少なかったのだと思います。それが「ガラパゴス」とも揶揄《やゆ》される状況を生んできた要因でもあるでしょう。もっとも、最近ではメルカリのように、創業時からグローバルレベルでのメガテック企業を目指す企業も増えてきていています。「最初から世界の舞台で勝負すること」を日本のデフォルト（初期設定）とすること、それを促進する産学官の取り組みが重要になるのではないでしょうか。

最後に、あえてイスラエルと日本との最大の違いを指摘しておきたいと思います。イスラエルに渡航して改めて驚いたのは、起業に何度か失敗した人のほうが投資家からのスタートアップ資金を集めやすいという状況でした。失敗しても取り返しができる国、むしろ失敗経験を高く評価する国がイスラエルなのです。それに対して日本は現実的には「失敗すると取り返しがつかない国」であり、その慣習がイノベーションを生み出すことやリスクを取ることを阻害しているのではないかと思います。失敗から学ぶことを真に評価する国に生まれ変われるかどうか、日本の真価が問われていると言えるでしょう。

◈日本の活路：10のポイント

それでは次に、2022年の次世代自動車産業の分析や予測を行ってきた観点から、同産業を基軸とした日本の活路について考察していきたいと思います。

(1)「社会問題先進国」の活路は、「生産性向上」よりは「新たな価値の創造」

現在、日本では超高齢化社会に向けて生産性向上に取り組んでいます。生産性向上は2017年からの最重要キーワード。もちろん生産性向上を実現することが重要なのは言うまでもありません。

もっとも、生産性向上とは持続的イノベーションの範疇の概念、現在の延長線上にある概念ではないかと思います。欧米で生産性向上がここまで最重要概念にまで高められているのはあまり見受けられません。また、生産性向上とは何かの目的のための手段であると思うのです。

課題設定は、日本の活路を見出していく上で最も重要なことであると言っても過言ではないでしょう。なぜなら、トップダウン方式による政府や大企業の課題設定で国全体が動くことになるからです。未曾有で人類史上初の体験をする日本においていま考えるべきなのは生産性向上ではなく、いかに新たな価値や仕組みを創造し、社会問題を克服するのかという点ではないかと思うのです。

このようなことから、次世代自動車産業という観点においても、日本や日本企業は欧米

図表39　日本の活路 10のポイント

(1)　「社会問題先進国」の活路は、「生産性向上」よりは「新たな価値の創造」

(2)　欧米プラットフォーム企業の仕組みを真似る輸入モデルから日本発のプラットフォーム輸出モデルへの転換

(3)　東京オリンピック2020を「ショールーム」ではなく「社会実装スタートの場」としていくこと

(4)　「社会問題先進国」は「ニーズと機会の先進国」であると捉えること

(5)　「弱みの克服」ではなく、「強みを活かし伸ばす社会」への転換を進めること

(6)　「失敗が許されない社会」から、「失敗から学ぶことを評価する社会」への転換

(7)　日本から、働き方・暮らし方・生き方の新たな価値観を発信する

(8)　次世代自動車産業を基軸に日本の新たなグランドデザインを描く

(9)　ロボット産業としての次世代自動車産業育成が日本の活路になる

(10)　超長寿社会を分散型P2P社会で実現する

のプレイヤー以上に新たな価値の創造を目指して、より視座の高い事業展開を志向していくべきではないかと考えられます。特にこれまで述べてきたように、次世代自動車産業が自動運転実用段階にまで進むと、「クルマのなかでどのように過ごすのか」ということが問われるようになってきます。これは従来、日本の「お家芸」だった電機・電子×自動車産業連合の出番やチャンスとも捉えることができるのです。

（2）欧米プラットフォーム企業の仕組みを真似る輸入モデルから日本発のプラットフォーム輸出モデルへの転換

次世代自動車産業の「ゲームのルール」は残念ながら欧米企業から持ち込まれました。すでに述べたＣＡＳＥの全ての要因も欧米企業が潮流を作り、日本企業はそれらを追いかけています。

もっとも、日本企業は、欧米のプラットフォーム企業がすでに先駆者利益を確保しつつあるビジネスモデルに追いつき追い越せで本当にいいのでしょうか。私は、日本の活路の具体策とは、以下の（9）（10）で述べるような事業構造を日本が構築し、それを日本発のプラットフォーム輸出モデルに昇華させていくところにあるのではないかと思うのです。

日本の強みを活かして次世代自動車産業を育成し、世界に先駆けて理想的な超長寿社会を実現する。そしてその構造全体を輸出する。そこに日本の活路があると思うのです。

（3）東京オリンピック2020を「ショールーム」ではなく「社会実装スタートの場」としていくこと

「100年に一度の大変革」と言われるタイミングが到来しているなかで、日本にとって幸運だったのは、2020年に東京オリンピックが開催されることです。開催が決定した際に多くの国民が歓喜の声をあげました。この世紀の大イベントが開催されることで、経済的効果はもとより、心理的に2020年までの大きな上昇気運を感じている人は少なくないことでしょう。

そして日本は国を挙げて東京オリンピック2020を様々なテクノロジーのショールームにしようとしています。もっとも、次世代自動車産業、AI、IoT、ロボット等の覇権争いの決着タイミングが急速に前倒しになってきているなかで、日本はこの世紀のイベントを様々なテクノロジーの「社会実装スタートの場」へとスピードアップすべきではないかと考えます。

すでに述べたように、晴海通りを銀座4丁目から豊洲方面、さらにはお台場まで、東京五輪開催中は完全自動運転車専用道路として活用したのち、豊洲地区やお台場地区で完全自動運転の社会実装をスタートさせることができるか。東京五輪開催中に東京と並行して完全自動運転の「ショールーム」役を担っていた地方公共団体においても、閉会後も引き続き地域住民のための安全性や利便性の高い自動運転車を社会実装できるのか。テクノロジーは社会実装され、人々の生活を豊かにすることに貢献してこそ真に意義のあるものに転化されると思うのです。

(4)「社会問題先進国」は「ニーズと機会の先進国」であると捉えること

日本は社会問題先進国です。これから他の先進国も対峙していけなければならない大きな社会問題に先行して立ち向かっていくのが日本なのです。特に大きなものとしては、超高齢化の進展とそれに伴う構造的な人手不足、介護などの問題が指摘されます。

次世代自動車産業は主要各国がこぞって力を入れている分野ではありますが、それが本当に定着し、産業として育っていけるか否かは、需要サイドが決定付けるものではないかと思います。いかに優れたテクノロジーや仕組みが整ったとしても、需要やニーズがないところでは企業が量産化や収益化を果たし、産業として成長を遂げていくのは困難です。

このようななかで日本が抱えている社会問題は、実際にニーズや機会と捉えることのできる、産業として育っていく上での大きな成功要因だと思います。他国に先駆けてニーズや機会が顕在化している国こそが日本である、とポジティブに捉えることがイノベーションの源泉になるのではないでしょうか。

また、この文脈から、自動運転車が東京オリンピック開催を契機として本当に社会実装されるべきなのは、過疎化に悩む地方なのではないかと思います。そこには移動するのに困っているという明白なニーズと機会が存在しているからです。

(5)「弱みの克服」ではなく、「強みを活かし伸ばす社会」への転換を進めること

第2次世界大戦敗戦国である日本は、特にバブル経済崩壊後の「失われた20年」以降、失敗要因や弱点を克服しようという面に目が向けられてきました。これは、(1)で述べた生産性向上を大きな目標に掲げるという課題設定上のミスマッチとも重なり合う部分ではないかと考えられます。

米国の社会は、教育制度から企業経営に至るまで、いかに強みを伸ばしていくかに大き

なウェイトが置かれています。米国最大の世論調査会社であるギャラップ社のストレングス・ファインダーやエンゲージメントのプログラムはまさに人や組織の強みに焦点を当てたものですが、これらが同国で浸透しているのも、この価値観を反映してのものでしょう。

日本の強みには世界に誇れるものが多い。このことはいまさら言うまでもありません。繊細さ、正確さ、真面目さ、器用さ、律儀さ、安全性への追求、平均レベルの高さなど。日本の活路が、日本の弱みを克服するところにあると考えるのか、日本の強みを活かしていくところにあると考えるのか、そもそもどちらの方向を進めることにワクワクするか。答えは明白だと思います。

これを次世代自動車産業に置き換えてみると、やはり日本が強みを活かして世界をリードすべきなのは、安全性の徹底やその要素技術なのではないかと思われます。もっとも、安全性の徹底ばかりを武器として振りかざすのではなく、その他の分野でも安全性とともにリードしていく気概が必要となるのは言うまでもないでしょう。

（6）「失敗が許されない社会」から、「失敗から学ぶことを評価する社会」への転換

先にも述べた通り、私が「スタートアップ大国」イスラエルに渡航して改めて驚いたのは、起業に何度か失敗した人のほうが投資家からのスタートアップ資金を集めやすいという状況でした。失敗しても取り返しができる国、むしろ失敗経験を高く評価する国がイスラエルなのです。

それに対して日本は現実的には「失敗すると取り返しがつかない国」であり、その慣習がイノベーションを生み出すことやリスクを取ることを阻害しているのではないかと思います。日本は規制が厳しい国とも指摘されていますが、規制の問題はあくまでも表面上の問題。その深層はリスクを取ることを阻む文化。そして、そのさらなる深層が失敗を許さない文化なのではないかと思うのです。

日本が失敗から学ぶことを真に評価する国に生まれ変われるかどうか。ここに、日本にそもそも活路が存在するか否かの根源的分岐点があるのではないかと思っているのです。

(7) 日本から、働き方・暮らし方・生き方の新たな価値観を発信する

そもそも次世代自動車や自動運転車は、人がより豊かに幸せに生活していくための手段であって、目的ではありません。何のための次世代自動車なのかという目的を見失ったところに日本の活路はありません。むしろ何のための次世代自動車であり、それをどのように活かしていくことで新たな価値を創造していくのかに、日本が先行して答えを出していくところに日本の活路があると思うのです。

次世代自動車には、安全性の問題、法律やルールの問題、「トロッコ問題」のような倫理上の問題などがまだ解決されずに残されています。安全性を徹底し、新たな価値を創造するところに日本の強みを発揮すべきでしょう。そして、日本が次世代自動車と真に共生し、働き方・暮らし方・生き方の新たな価値観を発信することでルールづくりのリード役を務めていく。ルールありきではなく、次世代自動車によりどのような社会問題を解決していくのか、そこからどのような価値を生み出すのか、そのためにはどのようなルールが必要なのか。その先導役を担ってこそ、自らの活路も開けてくるのではないでしょうか。

（8）次世代自動車産業を基軸に日本の新たなグランドデザインを描く

次世代自動車産業は、これまで述べてきたように、「クルマ×IT×電機・電子」が融合された産業です。さらには電力・エネルギーや通信ともつながってくる巨大な産業です。そして自動運転車が実用化してくると、これまでのクルマ中心の都市デザインから、人中心の都市デザインへと変革が起きてくるのではないかと考えられます。

次世代自動車産業を基軸に、社会問題を解決し、新たな価値を生み出し、都市デザインを変革し、クリーンエネルギーのエコシステムを構築し、最先端の通信ネットワークを構築し、テクノロジー大国に復活する。次世代自動車産業は、日本が新たなグランドデザインを描き、再びテクノロジー大国としての活路を見出していくのに最適な産業なのです。

（9）ロボット産業としての次世代自動車産業育成が日本の活路になる

ロボット大国、日本。日本はロボットに大きな強みがあります。従来の産業ロボットはもとより、民生用ロボット、さらには今後の超高齢化社会において介護ケアの一端を担うことを期待されているものまで、ロボットに大きな強みを持っている国が日本なのです。

次世代自動車産業とは、見方を変えれば、ロボット産業という側面が大きい産業です。そもそも欧米では、完全自動運転車のことを、ロボットカーやロボットタクシーと呼んでいます。そして、この文脈のロボット産業には、すでにトヨタのような自動車メーカー、ソフトバンクのようなＩＴ企業、ソニーのような家電メーカーも参入しているのです。

特にソニーが２０１７年に発表した新型アイボは、「感情ロボット」として超長寿社会において人のパートナーになる可能性を持ち、さらにはロボット世界のＯＳとなることまで期待できる可能性を秘めているのではないかと思います。足を持ち、動き、優れた音声認識ＡＩや画像認識ＡＩを搭載、情緒価値や精神価値を提供し、より自然にビッグデータを集積するロボットがアイボなのです。アマゾンが家庭用ロボットを発売するまでにいかにアイボ経済圏を拡大できるのか、アイボを音声認識ＡＩと捉えていかに市場を拡大していけるのか。ソニー一社だけの問題ではないと思います。

日本が強みを持つ重要な産業としてロボット産業を捉え、同時に人間のパートナーとしてのロボットのテクノロジーやそのあり方を世界に提示していく。そこに産業としての日本の活路があると思います。

(10) 超長寿社会を分散型P2P社会で実現する

インターネットの影響力を上回るテクノロジーとして期待されているのがブロックチェーンです。テクノロジーが進化し、中央集権型モデルではなく、一人ひとりが力を持つ分散型モデルが実現できるタイミングが到来しています。日本ではメルカリが急成長を遂げていますが、C2CやP2P、仲間対仲間を事業ドメインとする同社は、分散型社会が創造される基盤を作っているとも言えるのではないかと私は考えています。中央集権型プラットフォームの王者、アマゾンが、他社に先行して非中央集権型・分散型のブロックチェーンをサービスとして提供している一方で、ブロックチェーンとして重要なのは、その価値観であると確信しているからです。

日本には、メルカリなどのニューエコノミー企業の誕生によって、現実的に、一人ひとりが自分の個性や自分らしさを活かして何かを生み出し、それを発信していくことで働くことが可能な時代が到来しています。それに共感する人が増えています。

２０１７年、メルカリに出品されたトイレットペーパーの芯が話題になりました。一見、何の用途もなさそうに見えるものが、何十本と同時に出品されると小学生の工作の材料という用途が生まれ、新たなバリューが見出されたのです。

メルカリはこれまで全く価値のつかなかったものでさえ、新たな評価とそれに基づく「資産化」を可能にしたのです。そして「資産化」というテクノロジーを通じて、一人ひとりが自分の個性や自分らしさを活かして何かを生み出し、それを発信していくことで働くことを可能にしたのです。

メルカリには手づくりのアクセサリーやトートバッグなども出品されていますが、まもなく「teacha」と呼ばれるサービスも開始され、料理や漫才、映画解説などありとあらゆる個人の「スキル」がお金に換えられるようになります。そして、シニアの人たちが、年齢や経験を積み重ねたからこそ持っている貴重なスキルもいろいろとあることでしょう。

老若男女、誰もが自分らしさを活かして価値を生み出せる社会へ。
現実世界で本当に大切だったことが本当に価値を持つ社会へ。
そして、その超長寿社会の仕組みを世界に輸出する。

超長寿社会を分散型P2P社会で実現する。
分散型とは、テクノロジーのみならず、人々の価値観こそが重要である。

ここにも日本の活路があると思います。

◆日本企業の戦い方

最終章、そして本書の最後として、次世代自動車産業における日本企業の戦い方を三つのポイントから考察していきたいと思います。

最初に指摘したいのは、次世代自動車産業における主要な選択肢を考え、そのなかから主体的にどれを選ぶのかを決めるということです。「〝クルマ×IT×電機・電子〟の次世代自動車産業」においては、第1章で述べたように主に以下のような10の選択肢があると考えられます。

①OS・プラットフォーム・エコシステムを支配する
②端末・ハードを提供する

③重要部品で支配する
④OEM・ODM・EMSプレイヤーとなる
⑤ミドルウェアで支配する
⑥OS上のアプリ&サービスでプラットフォーマーとなる
⑦シェアリングやサブスクリプション等のサービスプロバイダーとなる
⑧メンテナンス&サービス等のサービスプロバイダーとなる
⑨P2P・C2Cといった違うゲームのルールでのプレイヤーとなる
⑩特長を持てず多数乱戦エリアでの一プレイヤーで終わる

最初に提示されている「OS・プラットフォーム・エコシステムを支配する」という選択肢を選ぶという決意を行い、実際にそれを実現するのは容易ではありません。

もっとも、日本企業のなかでは、例えばトヨタは、自社や自社グループのためはもとより、まさに日本全体の利益のためにも必ず獲得しなければならないポジションなのではないかと考えられます。

よりわかりやすく表記すれば、トヨタが目指すべきなのは、(現在のスマホビジネスにおける）グーグルではなくアップルのポジションです。「ＯＳ・プラットフォーム・エコシステムを支配する」一方で、ソフトやサービスもおさえ、そのなかでハードとしてのクルマを提供していく。次世代自動車産業においても、トヨタが現在のようにハードとしてのクルマの覇権を握り続けていくためには、上記のような全ての項目をおさえていくしかないのです。ＯＳ・プラットフォーム・エコシステムを支配することができなかったなら、現在のスマホにおけるサムスンのように、「端末・ハード」を提供することがメインのプレイヤーにとどまってしまう可能性が高いのが、次世代自動車産業の怖さではないかと思います。

次世代自動車産業を10年単位で考えれば、トヨタが既存の自動車産業領域で現在の企業規模や雇用を維持するのは容易ではないと考えられます。もっとも、ここで述べているように、トヨタが次世代自動車産業のＯＳ・プラットフォーム・エコシステムを支配することができたなら、むしろ現在以上の企業規模や雇用を確保していることは確実でしょう。

なお、「日本企業の戦い方」として、電機メーカーの戦略オプションについても、パナソニックを事例に述べておきたいと思います。「クルマ×ＩＴ×電機・電子」の次世代自動車産業は、多業種が融合され生み出される新たな業態です。そのなかでパナソニックは、車載、住宅、B2B等ですでに一定以上の規模や存在感でグローバルに活躍している数少ないプレイヤーの一社であると考えられます。EVの要である電池に強いことも大きな差別化要因です。

CES2018でも次世代自動車の中での過ごし方として、リビング、ビジネス、リラックス、エンターテインメントの四つのシーンを具体的に提案していたのが注目を集めていました。同社が確実に自動車会社やIT大手より優れていた部分です。クラウド化・IoT化の進展で既存三大事業のノウハウは車中での過ごし方の要になると予想しています。

もっとも、パナソニックにおいても、3年単位の時間軸で考えた場合、「クルマ×IT×電機・電子」のなかにおいて、「IT×電機・電子」の要素が「クルマ」の要素よりも重要となる完全自動運転や本格的なスマート化社会においては、完全自動運転車の完成車メーカーとなるなどの大胆な大戦略が必要だと筆者は思っています。アップルは必ず完全自動運転車の完成車メーカーとして「iCar」に進出してくる、と予想するくらいの危機感も必要です。また、「iCar」が実用化されるようなタイミングにおける次世代自動車産業の製品ライフサイクルは、従来の自動車と比較するとかなり短くなることが予想されるため、アップルや韓国・台湾・中国勢を凌駕する事業スピードを構築していくことが不可欠でしょう。

さらに、「ビッグデータを獲得できるか」で勝ち負けの明暗が分かれることはすでに明白であり、製品同士がコネクトされるか否かが重要ではなく、コネクトされたものからデータが得られるような事業ポジションを構築することがより重要になってくるでしょう。

最後に、「所有→シェア」やサブスクリプション、サービス化の流れは、自動車や宿泊等に限らず、すでに米国等では時代の必然にまでなっており、電機・電子の領域でもこれから本格的に進んでくると予測されます。「エレクトロニクス・アズ・ア・サービス」（サービスとしてのエレクトロニクス）を第四の柱にもってくるくらいのサービス化を先行して図っていくことが、勝ち残りには必要となるのではないでしょうか。筆者は、ホーム・車載・B2Bの既存三大事業と連携させて、エレクトロニクスをスマートサービスとして提供し、競合に先行して次世代の電機産業のビジネスモデルを構築するところに、パナソニックの新たな活路があるのではないかと考えています。

二つ目に指摘したいのは、次世代自動車産業における新たな「バリューチェーン構造×

レイヤー構造」です。図表32においてイメージとして示したように、次世代自動車産業においては新たなバリューチェーンのプロセスが生み出される一方で、バリューチェーン自体も破壊され、各主要プロセスにはそれに特化したプレイヤーが登場してくるものと予想されます。

その一方で、これまでの章でも見てきたように、次世代自動車産業最大の特徴の一つは、業界全体が、電力や通信から始まって、車載OSやサービスに至るまで様々なレイヤーで構成されるようになるということです。そしてバリューチェーンの各プロセスがさらに細かなバリューチェーンを構成する一方、レイヤー構造の各レイヤーでもさらに細かなレイヤー構造が展開されてくると予想されるのです（図表40）。

したがって、次世代自動車産業における各日本企業の戦略は、前述の10の選択肢から何を選び、さらにはより細分化されたバリューチェーンとレイヤー構造のなかでどれを選ぶのかが重要になってくるのです。

そして、ここで大きな注意が必要なのは、「OS・プラットフォーム・エコシステムを支配する」プレイヤーがバリューチェーンとレイヤー構造のなかで、どの部分を垂直統合してくるのか、どの部分を自社以外の企業に委ねていくのかを競合に先行して予測してい

図表40　バリューチェーン構造×レイヤー構造

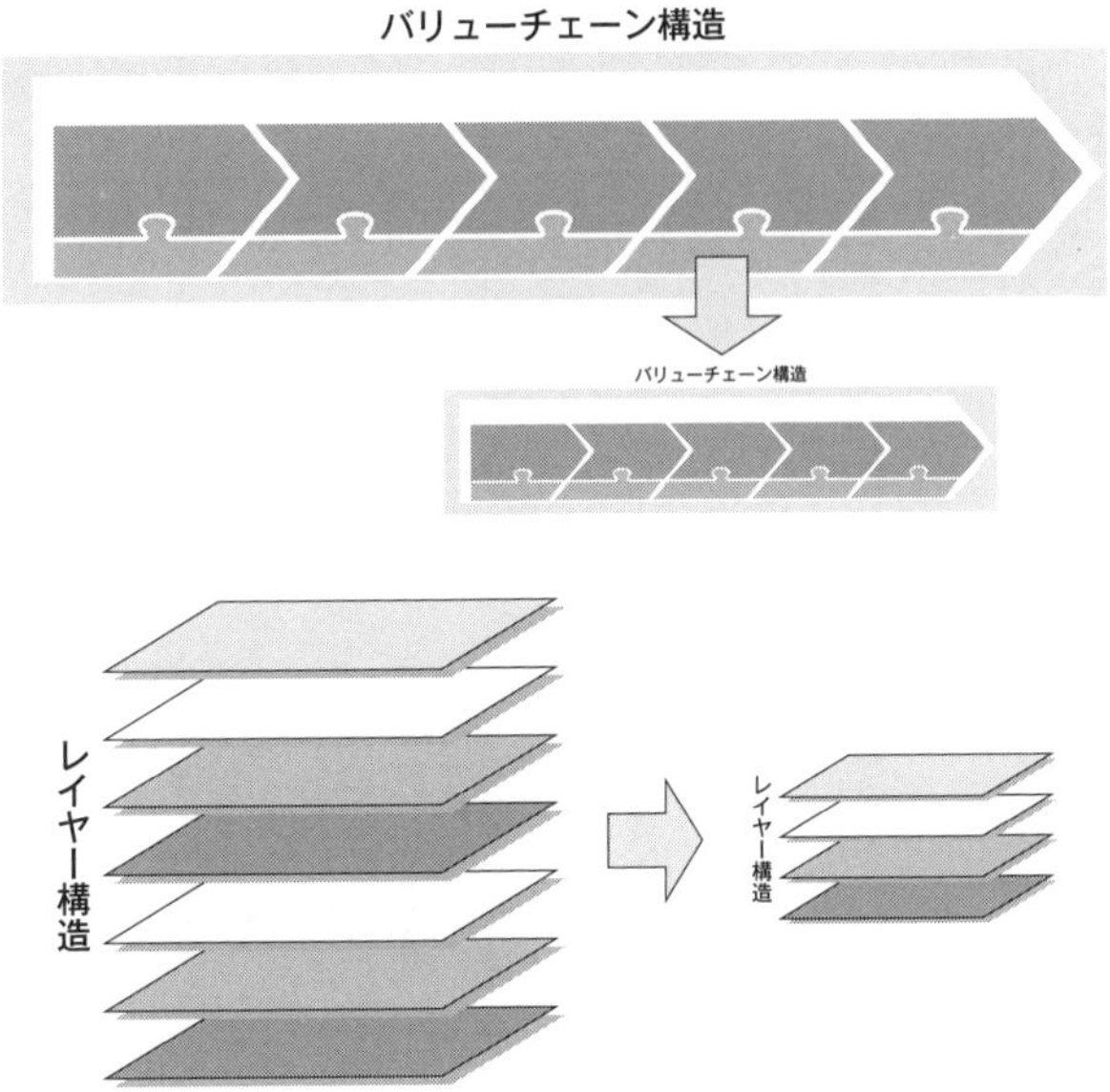

くことなのです。「OS・プラットフォーム・エコシステムを支配する」企業が、自社が構築してきた部分まで垂直統合してきたら、中長期的には勝ち目は低いと考えなければなりません。だからこそ外部環境の予測をきちんと行っていくことが重要になるのです。

　メガサプライヤーや部品メーカーにとっても、次世代自動車産業は機会と脅威が表裏一体の産業です。この分野では、ドイツのメガサプライヤーが自動運転プラットフォームやライドシエア事業にまで乗り出し、自動車メーカーや大手IT企業を凌駕するような展開を見せています。もともとそれぞれの専門分野では自動車メーカーを凌ぐ技術力や情報力を持っていたメガサプライヤーが他の領域まで垂直統合してくる可能性は低くないと思います。日本の部品メーカーは先に述べたように、どこの「バリューチェーン構造×レイヤー構造」を捨てて、どこを選び取るのか。戦略とはそもそも略すること、何かを捨て何かを選択することであると考え実行することがより重要になってくるでしょう。

今後、需要が増えるものと需要が減るもの・無くなるものを冷徹に予測する。後者の冷徹な予測と迅速な行動が、今や3年単位で企業の明暗を分けることになります。前者においても自社の競争優位が続くのか、それともさらなるコスト削減を求められるのか、やはり冷徹な分析が重要です。関連するテクノロジーの進化を予測し、要素技術もターゲットにしてきた中国をはじめとする競合の移動スピードを予測し、製品価格の変化や製品のコモディティ化の動きを予測すること。さらには競合に先行して、OEM志向から顧客志向へ、製品志向からサービス志向、さらにはCX志向へと転換を図り、モジュール化・効率化・軽量化への対応を進めていくことも必要です。今こそ、どこに集中するのか、どのニッチを攻めるのかを意思決定し、自社の強みを再定義し、より先鋭化させることで対応するという戦略の要諦が問われているのです。

そして、最後に三つ目として指摘したいのはグランドデザインの重要性です。

「アリババは、もはや単独の日本企業や企業グループをライバル視していないのか」

これは、筆者が２０１７年に、日本を代表するような、ある企業の役員・経営幹部向けに「アマゾンvs.アリババ」の戦略レクチャーを行った際に、同メンバーの一人から吐露された率直な感想です。別の役員からは、「当社にも、長年にわたって守ってきた社是・社訓のレベルから事業や企業のあり方を見直す時期が到来している」という極めて危機感の高い発言もなされました。アリババの「米国、中国、欧州、日本に次ぐ世界第5位のアリババ経済圏を構築すること」というビジョン。そして２０２０年の流通総額の目標を約１０兆円としており、２０１７年実績はすでに約60兆円という事実は、日本を代表する企業の経営幹部さえも圧倒するものだったのです。

商品・サービスレベルの改革でいいのか、それとも社是・社訓レベルからの抜本的な改革が求められるのか。単体の中国企業の戦略を詳細に分析していくだけで強い危機感を抱かざるを得ないような激しく厳しい環境の変化のなかで、これまで述べてきた次世代自動車産業における異業種戦争の攻防にどのように対峙すべきなのかは、おのずと明らかなのではないかと思います。

いま求められているのは、各社におけるグランドデザインの構築なのです。グランドデザインとは、世界観・事業観・職業観・歴史観・人間観に基づく大局的で壮大な視点から、国家・社会・ビジネス・企業のあり方を描いていくことであり、それらの全体像と構成要素を明快に指し示していくことなのです。グランドデザインにおいて重要なことは、それが全体像や構成要素を指し示すだけではなく、実際に提供していく商品・サービスの細部にまで哲学として行き渡っていくことを凡事徹底していくことなのです。

グランドデザインの中核は、徹底した分析や洞察に基づいて、自らの世界観・ミッション・ビジョン・アイデンティティーを構築していくことです。「今、世界はどのような状況にあり、自分たちが置かれている国家や社会や業界はどのような立場にあるのか?」「自分たちが求められている／果たすべき役割とは何であるのか?」「その役割にしたがって自分たちは何をしていくのか?」。

そして、グランドデザインとは「自分たちがどのようにありたいのか?」という自己実現上の目標でなければならないものでもあるのです。つまりは、「自分たちはこうありたい」という理想の提示でなければならないのです。自分たちの自己実現上の目標であり理想の提示であるからこそ、また現時点においては挑戦的であるからこそ、グランドデザインは自分たちや周りの人たちを鼓舞し、大きな威力を発揮するものとなるのです。

人口が減少し、人口構造が大きく変化し、閉塞感が強まっている現在の日本に置かれているからこそ、次世代自動車産業での戦いが厳しいものであるからこそ、小手先の事業再構築程度では不十分であり、グランドデザインから愚直に問い直し、真のイノベーションを通じて新たな価値を創造していくことが求められているのです。ありきたりの戦略、ましてや戦術レベルだけで改善を図っていこうとしても、もはや次世代自動車産業において勝ち残っていくのは困難な時代に突入しているのです。

志向するバリューチェーンやレイヤー構造の分野を問わず、「自分たちは何者か／自分たちは何を目指すのか／自分たちは何を目指したいのか?」から愚直に問い直し、「自分たちはこうありたい」という理想の提示とその実現を目指していくなかに、日本と日本企業各社の活路があると確信しています。

そこに必ず活路はあるのです。

PHP
Business Shinsho

田中 道昭（たなか・みちあき）
「大学教授×上場企業取締役×経営コンサルタント」
立教大学ビジネススクール（大学院ビジネスデザイン研究科）教授。シカゴ大学経営大学院ＭＢＡ。専門は企業戦略＆マーケティング戦略及びミッション・マネジメント＆リーダーシップ。三菱東京ＵＦＪ銀行投資銀行部門調査役、シティバンク資産証券部トランザクター（バイスプレジデント）、バンクオブアメリカ証券会社ストラクチャードファイナンス部長（プリンシパル）、ＡＢＮアムロ証券会社オリジネーション本部長（マネージングディレクター）等を歴任し、現在は株式会社マージングポイント代表取締役社長。小売り、流通、製造業、サービス業、医療・介護、金融、証券、保険、テクノロジーなど多業種に対するコンサルティング経験をもとに、雑誌やウェブメディアにも執筆中。NHK WORLD 経済番組『Biz Stream』のコメンテーターも務める。
主な著書に『アマゾンが描く2022年の世界』（PHPビジネス新書）、『ミッションの経営学』『人と組織 リーダーシップの経営学』（以上、すばる舎リンケージ）、『あしたの履歴書 目標をもつ勇気は、進化する力となる』（共著、ダイヤモンド社）、近刊に『「ミッション」は武器になる あなたの働き方を変える５つのレッスン』（ＮＨＫ出版新書）がある。

連絡先：michiaki.tanaka@icloud.com

構成・編集協力：東　雄介
編集協力：村上利弘
図版作成：朝日メディアインターナショナル株式会社

PHPビジネス新書 394

2022年の次世代自動車産業

異業種戦争の攻防と日本の活路

2018年6月1日　第1版第1刷発行
2018年10月18日　第1版第3刷発行

著　　者　田中道昭
発行者　後藤淳一
発行所　株式会社PHP研究所
東京本部　〒135-8137　江東区豊洲5-6-52
第二制作部ビジネス出版課　☎03-3520-9619(編集)
普及部　☎03-3520-9630(販売)
京都本部　〒601-8411　京都市南区西九条北ノ内町11
PHP INTERFACE　https://www.php.co.jp/
装　　幀　齋藤稔(株式会社ジーラム)
組　　版　有限会社エヴリ・シンク
印刷所　共同印刷株式会社
製本所　東京美術紙工協業組合

ISBN978-4-569-84059-8

「PHPビジネス新書」発刊にあたって

わからないことがあったら「インターネット」で何でも一発で調べられる時代。本という形でビジネスの知識を提供することに何の意味があるのか……その一つの答えとして「**血の通った実務書**」というコンセプトを提案させていただくのが本シリーズです。

経営知識やスキルといった、誰が語っても同じに思えるものでも、ビジネス界の第一線で活躍する人の語る言葉には、独特の迫力があります。そんな、「**現場を知る人が本音で語る**」知識を、ビジネスのあらゆる分野においてご提供していきたいと思っております。

本シリーズのシンボルマークは、理屈よりも実用性を重んじた古代ローマ人のイメージです。彼らが残した知識のように、本書の内容が永きにわたって皆様のビジネスのお役に立ち続けることを願っております。

二〇〇六年四月

PHP研究所